U0012599

DEEP Thinking:

Where Machine Intelligence
Ends and Human
Creativity Begins

深度思考

從深藍到**AlphaGo**，
了解人工智慧的未來、探索人類創造力的本質，
大腦最後防線與機器鬥智的終極故事

Garry Kasparov
加里‧卡斯帕洛夫

王年愷——譯

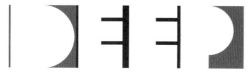

獻給我的子女波麗娜（Polina）、瓦丁姆（Vadim）、阿依達（Aida）與尼古拉斯（Nickolas）。

挑戰自己，你就能挑戰全世界。

目次

DEEP Thinking:

深度思考——

前言

一九八五年六月六日的漢堡是個好天氣，但西洋棋手很少有辦法享受好天氣。我那時身在一個擁擠的大廳裡，漫步在一圈桌子之中，桌上總共擺了三十二副西洋棋盤。每一副棋盤對面都坐著一名對手，我每走到一副棋盤前面，對方會立刻下一步棋。這種形式稱為「同步展演賽」（simultaneous exhibition (simuls)），幾百年來一直是西洋棋界常見的事，讓業餘棋手可以挑戰大師。但這一回展演賽不一樣：我的三十二名對手全部都是電腦。

我從一台機器走到下一台機器，花了超過五個小時下完所有的棋步。最著名的四家西洋棋電腦商分別運來他們最頂尖的機型，包括賽鈦客電子產品公司（Saitek）八台「卡斯帕洛夫牌」機器。一位主辦人警告我，和機器對戰會不一樣，因為它們不像人類對手那樣，絕對不可能疲倦，或是棄子投降；它們一定會苦戰到最後一兵一卒。然而，我倒很享受這個有趣的新挑戰——以及隨之而來的媒體鎂光燈。我那時二十二歲，到了那一年年底，我就變成史上最年輕的西洋棋棋王。我那時無畏無懼；以那次比賽而言，我的自信也完全獲得印證。

我最後的成績是三十二勝零負，完勝的成績並沒有多讓人意外（至少在西洋棋界並不意外），而「沒人感到意外」也說明了當時電腦西洋棋的狀況。不過，我有一次不自在的時刻：在那個時刻，我發現有一盤和一台「卡斯帕洛夫牌」電腦的棋出了一點問題。假如這台機器贏了，或甚至跟我下成和棋，可能會有人開始傳言，說我是為了讓那間公司獲得媒體關注，才會故意失手，因此我必須更集中火力才行。最後，我找到騙過那台機器的方法：我故意犧牲一顆棋子，機器必須回絕我的犧牲棋才能獲勝，這一招確保我完勝。從人類的觀點來看（或至少從我身為這場比賽裡的人類棋手之觀點），這是人機對戰的好日子。但是，這個黃金年代會短得無情。

十二年後，我在紐約市，為了我的西洋棋生涯奮力搏鬥，對手卻只有一台機器：造價一千萬美元的ＩＢＭ超級電腦，暱稱為「深藍」（Deep Blue）。這次對戰其實是雙方再次相遇，最後成為史上最著名的人機對戰。《新聞週刊》（*Newsweek*）的封面故事稱之為「大腦最後的防線」，許多書籍更將之與萊特兄弟的第一次飛行或人類登陸月球相比。當然，這都是誇大其詞，可是從人類與所謂「智慧機器」的愛恨糾葛史來看，這一切不足為奇。

再往前跳個二十年，到現在的二〇一七年，你可以在手機上下載各種免費的西洋棋程式，實力能與任何一位人類特級大師（Grandmaster）相比。現在可以想像一位機器人取代我在漢堡的位置，在圍成一圈的桌子之中走動，同時擊敗三十二位最頂尖的人類高手。局面已經扭轉過來了；我們不斷與自己創造的科技競賽，無論如何一定會面臨局面扭轉的一天。

諷刺的是，假如真的是一台機器和一整個房間的職業棋手進行同步展演賽，它在棋盤之間移動、實際移動棋盤上的棋子，反而會比它計算棋步來得困難。就算幾百年以來的科幻故事想像著看起來像人類、動起來像人類的自動機器，就算當今的機器人取代了多少人類的勞力，我們可以客觀地說，「複製人類思想」的進展遠勝過「複製人類動作」。

人工智慧和機器人學專家稱此為「莫拉維克悖論」（Moravec's paradox）：無論是西洋棋，或是在其他許多事情上，機器的長處是人類的短處，人類的長處是機器的短處。一九八八年，機器人學專家莫拉維克（Hans Moravec）寫道：「讓電腦在智力測驗或下西洋跳棋（checkers）展現出成人般的實力，是一件相對簡單的事；讓它們在認知和行動能力上具備一歲孩童般的能力，是一件困難或不可能的事。」[1]我那時還不知道這些理論，在一九八八年時將西洋跳棋（而非西洋棋）納入機器能勝任之事也是穩當的說法；過了十年以後，西洋棋也明顯成為機器勝任之事。西洋棋特級大師擅長辨認特定模式與規畫長期策略，這兩件事都是西洋棋機器的弱點；然而，機器可以在幾秒鐘內計算出複雜的短期戰術，最強的人類高手卻需要研究好幾天才能找出來。

我和深藍的比賽獲得這麼多的關注後，這個能力差異讓我有個進行實驗的想法。這也許可以稱為「打不過他們，就加入他們」，即使ＩＢＭ不想再繼續電腦西洋棋的實驗，我倒很想要繼續。我這樣想：假如不是人機對戰，而是人機合作，這樣會如何？我的想法在一場一九九八年於西班牙雷昂（León）進行的比賽實現了，我們稱之為「先進西洋棋」（Advanced

Chess）。每一位棋手在下棋時，手邊都有一台個人電腦，執行棋手自選的西洋棋軟體，用意是結合人類和機器各自的優勢，創造出史上最高等的一盤西洋棋。如後文所述，這場比賽並沒有完全如計畫進行，但這種「半人半機」的競賽帶來驚豔的結果，也讓我深信西洋棋對人類認知與人工智慧仍然能帶來貢獻。

我絕對不是第一個有這種信念的人：早在人類有辦法創造出西洋棋機器以前，「西洋棋機器」就是個宛如聖杯的夢想，我只不過是在科學有辦法創造出這種機器之時，正好拿著聖杯的那個人。我可以選擇逃離這個新的挑戰，或是選擇迎接挑戰；這根本不是什麼選擇。我怎麼能抗拒呢？這是個向一般大眾推廣西洋棋的契機，推廣的幅度之大，甚至勝過美國怪傑費雪（Bobby Fischer）在冷戰時期對戰斯帕斯基（Boris Spassky），或是我自己與卡爾波夫（Anatoly Karpov）的冠軍賽。這樣做有可能吸引一票荷包滿滿的新贊助商，特別是科技公司。舉例來說，英特爾（Intel）在一九九〇年代中期就贊助了一輪的國際棋聯大獎賽（FIDE Grand Prix），以及我與印度特級大師安南德（Viswanathan Anand）於一九九五年在紐約世貿中心頂樓的世界冠軍賽。另外，我還感受到一股無法抗拒的好奇心：這些機器真的有辦法下出世界冠軍賽等級的西洋棋嗎？它們真的有辦法思考嗎？

早在人類的科技有辦法嘗試製造智慧機器之前，「智慧機器」已經是長久以來的夢想了。十八世紀末，一個叫做「機器土耳其人」（Mechanical Turk）的自動西洋棋機器就讓當時的人嘖嘖稱奇。一個木頭雕刻的人像會移動棋子；最讓人訝異的是，它下的西洋棋非常出色。機器土耳其人毀於一八五四年的大火；在那之前，它在歐洲和美洲巡迴表演，所到之處皆風靡一時，手下敗將還包括著名的西洋棋愛好者拿破崙和富蘭克林。

這一切當然是個騙局：桌子底下的箱子裡藏了一個人，有一整套的滑動板和機械巧妙地掩飾了他。另一件諷刺的事情是，當今的西洋棋比賽經常有人作弊，使用超強的電腦程式來打敗人類對手。棋手作弊的方式包括由共犯打暗號、在帽子裡暗藏藍芽耳機、在鞋子裡藏電子裝置，或是單純在廁所用智慧型手機。

第一個真正的西洋棋軟體其實比電腦更早出現，寫這個軟體的人正是破解納粹「謎」式密碼機（Enigma machine）的英國天才圖靈（Alan Turing）。一九五二年，他用紙條寫下一個西洋棋演算法，自己扮演電腦處理器的角色，而且這個「紙機器」還下了一手不錯的棋。這個連結超出圖靈本人對西洋棋的興趣：西洋棋早就被認為是人類智能之獨特集結，若要製造出一台擊敗世界冠軍的機器，就表示需要製造真正具有智慧的機器。

圖靈的名字永遠會和一個思想實驗連結在一起，這個思想實驗後來成真，稱為「圖靈測試」（Turing test）。這個測試主要是看一台電腦是否有辦法騙過一個人類，讓人以為電腦也是人類；假如騙得過去，這台電腦就會被認為通過圖靈測試。即使在我對戰深藍之前，電腦就已經開始通過所謂「西洋棋圖靈測試」：它們還是下得很糟，常常會走出人類明顯不會走的棋步，但已經有些電腦與電腦對弈的比賽，看起來與人類高手之間的比賽無異。我們越來越清楚，機器的能力每年變得越來越強；同理，我們也越來越清楚，這種進展並未讓我們更理解人工智慧，反而是讓我們更明白西洋棋的侷限。

一項歷時四十五年的追求，最後總結時風靡全世界，這絕非以反高潮的方式作結，不過這個結果與圖靈和其他人的夢想不一樣：製造出一台強大的西洋棋電腦，並不是製造出一台媲美人類頭腦的智慧機器。深藍具備的智慧，就跟一台可以設定功能和時間的鬧鐘所具備的智慧一樣；當然，假如我覺得我輸給一台要價一千萬美元的鬧鐘，這並不會讓我更好受。

人工智慧的圈子也對這個結果感到高興，並樂於受到媒體關注，但幾十年前的老前輩幻想製造出打敗西洋棋世界冠軍的電腦，深藍卻跟這些幻想完全不同，這一點讓人工智慧的圈子相當失望。他們最後得到的電腦，並不會像人類一樣思考、下棋，也沒有人類般的創意和直覺，反而只會像機器一樣下棋，每秒有系統地評估多達兩億種可能的棋步，最後靠暴力計算數字獲勝。這並不是說這項成就不值得喝采，畢竟這是人類的成就，所以雖然敗者是人類，勝者也是人類。

比賽的緊綳讓我難以承受，而ＩＢＭ的行徑可疑，我自己也有所猜忌；經歷這一切之後，我才沒有敗而不餒的心情。我必須說，我從來就不是個彬彬有禮認輸的人：我認為，太輕易就接受自己輸掉比賽，不應該是成為偉大棋王的特質，至少我自己是這樣。然而，我相信比賽應該要公平；在這一點上，我認為ＩＢＭ辜負了我，也辜負了全世界觀賽的人。

我承認，二十年以來首次重新檢視那場惡名昭彰的比賽並非易事。二十年來，任何與深藍有關的討論，我幾乎完全避開，只會提到原本就已經公開的事。[2]有許多書談論深藍，但這是第一本講出所有事實的書，也是唯一一本從我的角度敘述的書。撇開痛苦的記憶不論，這也是個反省、獲益的經驗。我偉大的老師、第六屆西洋棋世界冠軍博特溫尼克（Mikhail Botvinnik）教導我，必須尋找每一個盤面的核心真理。找出深藍核心的真理，是一件滿足人心的事。

深藍沒有終結我的職業生涯，也不是我探究人類與機器認知的終點；這本書也不是這兩者的終點，事實上都只是兩者的起點。像我那樣直接硬碰硬的人機對戰不是常態，那場對戰象徵了我們與我們所創造的機器既並肩作戰，又與之對戰，而且這種亦敵亦友的怪異情況日益頻繁。我的先進西洋棋試驗在線上蓬勃發展，人類與電腦一同組隊，獲得驚人的成績。成功的關鍵之一是電腦越來越聰明，但其實更重要的關鍵，是人機合作的方式變得更聰明。

探究這些議題的途中，我造訪Google、臉書、數據分析公司Palantir等公司；對這些公司而言，演算法是命脈。另外還有一些讓人意外的探訪，包括世界最大避險基金的總部，演算法在那裡天天牽涉到上億元的盈虧。我在那裡碰到「華生」超級電腦（Watson）的一位創造者，華生最著名的事蹟是參加美國益智搶答節目《危險邊緣！》（*Jeopardy!*），可以說是ＩＢＭ的深藍繼承者。另一趟行程是到澳洲參加一場辯論，觀眾是銀行主管，辯論的主題是人工智慧會如何衝擊銀行業。每一群人關心的利害都不一樣，但大家都想要走在智慧機器革命的尖端，或者至少不被智慧機器弄丟飯碗。

我對商業階層的觀眾發表演說已經行之有年，主題通常是策略、如何增進決策過程等。近年來，越來越多的場合邀請我談論人工智慧，以及我所謂「人機關係」等主題。這些場合除了讓我分享我的想法之外，也讓我有機會仔細聆聽商業界對智慧機器的看法。這本書有一大部分是針對這些主題，以及辨別必然的事實與臆測或誇大之詞。

二〇一三年，我有幸成為牛津大學馬丁學院（Oxford Martin School）的資深訪問學者，在那裡與許多傑出的專家共處。在牛津大學，人工智慧不僅屬於科技領域，也同樣屬於哲學領域，我樂於將這兩條路徑連結起來。他們的「人類未來研究所」（Future of Humanity Institute）命名至為貼切，那裡正是合力探究人機關係之未來的最佳機構。我的目標是從複雜且經常難以理解的研究、預測和看法裡取材，擔任你的翻譯和嚮導，指出它們在現實中會有什麼影響，同時附上我的啟發和疑問。

我這輩子一大半一直在思考人類是怎麼思考的，而我發現這正是絕佳的立足點，來看機器會怎麼思考，以及它們不會怎麼思考。這個啟發又會告訴我們機器能做得到的事，以及它們做不到的事……至少現在還做不到。

在十九世紀的美國黑人傳說裡，「擊鋼造鐵」的約翰．亨利（John Henry）與新發明的蒸汽錘對戰，比賽在岩山裡穿鑿出隧道。我身為西洋棋與人工智慧的約翰．亨利，既是福氣也是詛咒；在我身為世界排名第一西洋棋手的二十年間，西洋棋電腦從虛弱得可笑，變成幾乎無法打敗。

如下文所述，這是好幾百年來不斷重演的模式。每次有人嘗試用笨拙、脆弱的機器取代牛馬之力，大家嗤之以鼻。硬邦邦的木頭和金屬能模仿鳥類翱翔，也是一件被大家視為笑話的事。最後，我們只好被迫承認，不管什麼樣的勞力動作都能被仿製，或是被機器超越。

另外，現在普遍的看法是，這種無法阻擋的進展不是讓人畏懼的事，是值得慶幸的事，但這個觀念往往是向前走了兩步，就又後退一步。每當機器再向前逼近，就會有恐慌與疑慮之聲，這種聲音現在越來越大聲。汽車和牽引機問世後，牛和馬不可能寫信給報章雜誌的編輯抗議。無專業技能的勞工也不太有足夠的聲音，而且他們往後不必再出賣勞力，大家常常反而還認為他們幸運。

二十世紀便是如此演進，有無數的工作被自動化的機器取代或轉變。有些職業甚至完全消失，幾乎沒有時間讓人追憶憑弔。一九二〇年，美國電梯操作員工會有超過一萬七千人；一九四五年九月，工會成員在紐約發動罷工，癱瘓了整座城市，等到一九五〇年代，按鈕啟動的自動電梯取代了電梯操作員，鐵定有一些人完全不會懷念他們。美聯社報導罷工如下：「好幾千人拚了老命去爬看似永無止境的樓梯，包括在世界最高的帝國大廈裡。」[3]

「慢走不送啊！」你也許會這樣想。然而，當時大家對於無操作員電梯的憂慮，跟現今對於無人駕駛汽車的憂慮其實十分相似。事實上，我在二〇〇六年受邀到康乃迪克州奧的斯電梯公司（Otis Elevator Company）總部時，得知一件讓我訝異的事。自動電梯的技術其實早在一九〇〇年就有了，但大家不放心搭乘沒有操作員的電梯。等到一九四五年的罷工之後，電梯業還大費周章進行公關宣傳，才改變了世人的想法；同樣的過程現在又在無人駕駛汽車上看到。自動化、恐懼、最後接受：這樣的循環依然持續。

當然，旁觀者稱之為自由解放、顛覆傳統，當事的勞工稱之為失業。長久以來，已開發世界受教育的階級享有特權，可以對藍領階級的人說教，指出未來自動化的世界會有多美好。好幾十年以來，服務業勞工一直處在被裁員的邊緣：親切的臉龐、人的聲音、靈敏的手指，紛紛被提款機、影印機、電話聯繫網和自助結帳櫃台取代。在機場裡，負責點餐的不是服務員，而是 iPad。印度全國紛紛冒出龐大的海外電話服務中心後，不久就有自動服務專線演算法出現來取代他們。

動動嘴巴、叫成千上萬剛剛失業的勞工「重新訓練，迎接資訊時代」，或「成為創意產業的一員」，比起自己失業或重新接受訓練來得容易多了。再說，我們怎麼知道新訓練的技能什麼時候又會變得無用？當今有什麼「防電腦化」的職業？如今又有另一套局面要轉變了：機器總算逼近白領階級、大學畢業生、決策者。而且早該如此了。

約翰．亨利雖然贏了比賽，卻當場死亡，「手中還握著他的鐵錘」。我倒是倖免沒有遭逢這樣的命運，人類至今還在下西洋棋，事實上下棋的人比以前更多。有些人預言，電腦在遊戲裡凌駕人類後，這些遊戲就不會有人想要玩，但最後這些預言被證實是錯的。這種末世般的預言沒有根據，看似應該是很明顯的事情，畢竟我們到現在還會玩西洋跳棋、井字棋等更簡單的遊戲，不過只要談到新科技，末世預言一直相當盛行。

我仍然保持樂觀的心態，也許只是因為我從不覺得其他的方案有什麼好處。人工智慧正要逐漸轉變我們生活的每一個層面，轉變的方式是網際網路發明以來前所未見的，甚至有可能是人類使用電力以來前所未見。任何強大的新科技必有潛在的危險，我不會避而不談。包括物理學家霍金（Stephen Hawking）、特斯拉電動汽車執行長馬斯克（Elon Musk）等著名專家，都認為人工智慧有讓人恐懼之處，可能會威脅到人類的存在。專家比較不會隨便說出嚇人的話，但他們也在擔心。如果機器的程式是你設計的，你會知道機器能做什麼；假如機器的程式是機器自己設計的，誰會知道它能做到什麼？

機場裡有自助報到機和用 iPad 點餐的餐廳，但在漫長的安全檢查關卡還有好幾千名人類員工（大多數會用機器）。這是因為人類能做到機器做不到的事嗎？還是說，這其實和操作電梯或駕駛汽車一樣，只是因為這些工作攸關人的性命，我們一開始不放心將這些工作交給機器？電梯操作員被自動電梯取代後，電梯就變得安全許多。電影《魔鬼終結者》（*Terminator*）裡憎恨人類的「天網」（Skynet）系統，殺人的能力只不過和我們用汽車殺死自己的能力一樣。超過百分之五十的飛機墜機是人類過失造成的，但飛行變得越來越自動化後，也變得更加安全。

換言之，我們需要機器在失效時能確保安全的機制，不過同樣也需要勇氣。二十年前我坐在深藍對面時，就覺得這個感覺新穎卻讓我不安。也許你第一次搭乘無人駕駛汽車，或是上班時新到位的電腦上司下達命令，也會有同樣的感覺。我們必須面對這些恐懼，才能完整發揮我們創造的科技，同時也完整發揮我們自己。

當今前景好的工作，有許多在二十年前根本不存在，這個趨勢還會持續並加速。這裡只需要列出幾個近年才出現的職業即可：行動裝置程式設計師、3D列印工程師、無人飛機操作員、社群媒體經理、基因工程顧問。雖然我們會一直需要專家，機器越來越有智慧後，也會降低運用新科技進行創造的門檻。這表示勞工的工作被機器人取代後，不會需要再接受太多的新訓練；這是個良性循環，讓我們不再被例行、繁冗的工作綁住，更有能力用新科技進行生產。

取代勞力的機器，讓我們更能專注在我們之所以為人類的事：我們的頭腦。智慧機器會讓這樣的進程持續，取代比較低階的認知工作，讓我們的頭腦更向創意、好奇心、美感和喜悅昇華。這些才是我們之所以為人類的事，不是揮鐵錘或任何單一的活動或技能——甚至也不是下西洋棋。

第一章　用腦的遊戲

西洋棋的歷史非常悠久，古老到它的淵源幾乎不可考。大多數的歷史考證認為，印度的恰圖蘭卡棋（chaturanga，西洋棋的前身）可以追溯到公元六世紀以前，之後傳入波斯、阿拉伯和伊斯蘭教地區，最後和許多其他事物一樣，經由伊斯蘭教時期的西班牙傳入南歐。到了中世紀末，西洋棋已經是歐洲各地宮廷常見的事物，當時的手抄文本經常有相關的描述。

今日熟知的西洋棋，最早出現於十五世紀末的歐洲，王后與主教的走法這時拉長了，使得遊戲變得更有動力。雖然比較早期或區域性的規則依然持續，標準規則日後還有一些細微的修改，但到了十八世紀，當時的西洋棋已經和今日的西洋棋大同小異了。西洋棋豐富的歷史裡，有過去幾百年以來的大師所下的數千盤棋，無論有多精采，或是失誤有多麼嚴重，每一個棋步都完整以棋譜保存下來，彷彿凍結在琥珀中。

對認真的棋手來說，對弈的棋譜才是最重要的東西，但西洋棋的地位也奠定在它的歷史和實體文物之上。這些包括十二世紀用海象牙雕刻的劉易斯棋子（Lewis chessmen）；一五〇〇年的手繪本裡，波斯詩人魯米（Rumi）的作品配上彩繪的下棋圖案；卡克斯頓（William Caxton）將印刷術引進英國後，史上第三本以英文印刷出版的書是一四七四年的《西洋棋的規則與下法》（*Game and Playe of the Chesse*），出自卡克斯頓本人的印刷機；以及拿破崙的私人棋組。從這一切來看，就知道為什麼西洋棋迷會覺得這不只是「遊戲」而已。

西洋棋的歷史廣及全球，使得西洋棋成為獨特的文化遺產，但西洋棋之所以獨特，不只是因為悠久的歷史或盛行的程度。我們當然無法精確知道有多少人經常下西洋棋，從用現代取樣方式進行的大規模調查來看，下棋的人數有上億人。西洋棋流行於世界各大洲[1]，特別密集的地方包括傳統上盛行西洋棋的前蘇聯與東歐國家，以及近年來因為前世界冠軍安南德帶動蓬勃發展的印度。

我自己的調查方式完全不科學，根據的是我在外旅行時（我大半年都在外旅行）有多常被人認出來。我現在住在紐約市，在美國我可以沒沒無聞地經過好幾天才被人認出來，而且常常是被來自東歐的人認出來。無論這是好是壞，西洋棋冠軍可以安然走在美國街道上，不必擔心有人追著要簽名，或是有狗仔隊偷拍。相較之下，我有一次到印度新德里發表演說，在旅館裡被大批的西洋棋迷堵住，旅館還得安排安全人員將我護送出去，我實在無法想像他們的國家英雄安南德會碰到什麼樣的情況。

西洋棋在蘇聯的全盛時期中，冠軍棋手會在火車站和機場碰到高聲歡呼的群眾。這個景象現在只會在亞美尼亞看到，在這個全國瘋西洋棋的國家，總人口只有三百萬，但國家棋隊帶回來的金牌數量多到和人口不成比例。雖然我自己有一半的亞美尼亞血統，亞美尼亞人在西洋棋的成就不需要用基因遺傳來解釋。如果某個社會特別強調某一件事（無論是因為習俗或國家政策），不論這件事是官方宗教、某個傳統藝術形式或西洋棋，一定有驚人的成績。

「為什麼是西洋棋？」這個問題的答案，是否就是西洋棋本身的特性？西洋棋綜合長期策略與短期戰術，又需要結合事前準備、靈感和毅力，這個配方是否有特別吸引人之處？老實說，我不覺得有。沒錯，西洋棋的好處是有數百年的發展史，和達爾文的燕雀一樣，演化成符合周遭的環境。舉例來說，文藝復興時期的棋手有著浪漫情懷，把西洋棋變得活潑許多，使得西洋棋和當時周遭的思想一樣加速發展。再說，西洋棋八路乘八路的棋盤，是否比將棋九路乘九路的棋盤，或是圍棋十九路乘十九路的無底深淵更耐看、更平易近人？講這一切有些岔題，我們只需要看看啟蒙時代的世界，當時各種文化的交互連結變得越來越多，因此無論是拼字、啤酒釀製法或西洋棋，一切都標準化了。假如一七五〇年前後流行的是十路乘十路的棋盤，我們今天的棋盤很可能就是這個大小。

「擅長下西洋棋」的能力一直有特別神祕的地位，象徵著智慧，無論是人類或機器棋手皆然。我年輕時身為西洋棋明星和世界冠軍，親身體驗到這股神祕感，以及它帶來的副作用，而且可能比任何人的感受更深刻。有一些關於西洋棋菁英的刻板印象是真的：我們的確記憶力很好，專注能力也很強，但在這些真相之外，還有更多的錯誤印象，有些是正面的，有些是負面的。

「西洋棋能力」和「一般智慧」之間的連結其實很弱。如果說「西洋棋手都是天才」，就跟說「所有的天才都會下西洋棋」一樣，絕對不是真相。事實上，西洋棋之所以會那麼有趣，是因為我們至今仍然不知道「下得好的棋手」和「最頂尖的棋手」之間有哪些差異。近年來精密的大腦掃描檢查開始發掘出頂尖棋手最常使用哪些大腦功能，但幾十年來，心理學家早就透過諸多測驗方式，全面分析過這件事。

至今所有的研究結果，都確認了人類下西洋棋的行為非常難以描述。對職業棋手而言，開局通常是賽前準備、比賽中憑靠記憶的過程。我們會根據自己的偏好，以及針對對手進行的演練工作，從自己大腦內的資料庫挑選開局法。決定每一步的走法似乎需要大腦進行視覺空間相關的工作，而不是偏向數學解題所需的計算能力。換句話說，我們會將走法和盤面視覺化，但不是圖像化（早期許多研究人員推測我們會圖像化）。棋手的能力越強，辨認模式的能力也越強，更會進行「包裝」資訊的工作，亦即專家所謂的「意元集組」（chunking）。

再來需要的是理解、估算我們在頭腦裡看到的盤面，也就是評估的層面。面對同一個盤面，棋力均等的棋手往往看法相差甚大，建議的棋步和策略也會完全不同。這裡有許多空間發揮出不同的風格、創意、精采走法，當然還有可怕的失誤。一切視覺化和評估的工作必須用計算加以驗證，也就是初學者所想的「我這樣走，他會那樣走，我再這樣走」；在許多人的錯誤認知裡，西洋棋就只是這樣的計算而已。

最後，大腦的執行功能必須決定某個行動方案，而且必須決定要在**什麼時候**下決定。在真正的比賽裡，時間是有限制的，所以某一個棋步該用多少時間呢？要花十秒鐘，還是要花三十分鐘？時鐘一直在跑，你的心臟也一直狂跳啊！

西洋棋比賽的每一分鐘，這一切都在同時進行；在職業等級的競賽裡，一盤棋可能長達六至七小時，當中壓力一直持續。我們和機器不一樣，每時每刻還必須處理心理和生理反應，從看到某個盤面感到焦慮或欣喜，到疲倦、飢餓，以及日常生活中不斷在意識裡飄蕩的紛擾之事。

歌德筆下有個角色稱西洋棋為「智能的試金石」[2]；蘇聯時期的百科全書則是將西洋棋定義為藝術、科學和體育競賽。法國畫家杜象（Marcel Duchamp）也是能力高強的棋手，他曾經說：「我個人的結論是，藝術家不一定都是西洋棋手，但所有西洋棋手一定都是藝術家。」大腦掃描檢查會越來越精準確知大腦在下西洋棋時有哪些活動，甚至還可能推敲出一些結論，讓我們知道哪些特性會造就一位天生能力高強的棋手。我仍然深信，只要我們還會享受藝術、科學和競爭，我們也會一直享受、尊崇西洋棋。

由於網際網路散播傳聞與謠言的能力無與倫比，我一直被關於我自己智力的錯誤資訊轟炸。根據一些莫名其妙的「史上最高智商」排行榜，我可能排在愛因斯坦與霍金之間，不過這兩人真正做過智力測驗的次數可能和我一樣：完全沒有做過。一九八七年，德國新聞雜誌《明鏡周刊》（*Der Spiegel*）派了幾位專家到亞塞拜然首都巴庫（Baku），在一間旅館對我進行各種測驗來測量我的腦力，一些測驗是特別設計用來測試我的記憶力和模式辨認能力。

我不知道這些測驗和正式的智力測驗有多相似，而且我也不太關心。西洋棋測驗證實了我非常擅長西洋棋，記憶力測驗證實了我的記憶力絕佳，但這兩個結果都不是什麼意外。他們告訴我，我的弱點是「圖像思考」，顯然是因為我在做一項將點連成線的測驗時，腦袋空白了一陣子。我完全不知道那時我在頭腦裡想什麼，或是沒有在想什麼，但如果我覺得我不知道做某一件事有什麼目的，我一直會缺乏做這件事的動力；我的女兒阿依達要做功課的時候，我現在也在她身上看到這個現象。

《明鏡周刊》問我，我覺得自己身為世界冠軍有哪些地方與其他西洋棋高手不同？我回答：「迎接新挑戰的意願。」[3]若是今天問我同一個問題，我還是會回答同一個答案。如果你已經是某個領域的專家，「嘗試新事物的意願」（可能是新的方法，或是讓自己不順手的事情）就是「高手」與「頂尖」的差異。若要讓自己的表現頂尖，必須專注在自己的強項，但增強自己的弱處才是潛在獲益最多的事情。這項原則無論是運動員、企業主管，甚至整間公司都一樣適用。不過，跳脫舒適圈帶有風險，如果你的狀況相當好，「維持現狀」可能會是巨大的誘因，進而變成停滯不前。

雖然這種塑造「天才」的神話看似諂媚，其實這一切是在諂媚西洋棋本身。西洋棋大師被奉為神童，或是技藝被吹捧，已經有數百年的歷史，這樣的諂媚只是這種行為的延續。一七八二年，偉大的法國棋手菲利多爾（François-André Danican Philidor）蒙眼同時下了兩盤棋，就被推崇為無與倫比的天才。當時有一份報紙描述如下：「這是人類史上難得的現象，應被保存為人類記憶之最佳範本，直到記憶消逝之時。」[4]這樣確實很諂媚，即使菲利多爾在當時棋藝多麼超群，任何實力夠好的棋手只需要稍加練習，都能不看棋盤同時下兩盤棋。雖然許多人宣稱擁有蒙眼同時下多盤棋的世界紀錄，現代的官方世界紀錄是同時下四十六盤棋，棋手是一位德國人，實力不過是一般大師級的水準。[5]

無論淵源為何，無庸置疑的是西洋棋長久以來一直是智能和策略思考的象徵，也是一個被濫用的譬喻，用來形容的事情包括政治、戰爭，到各種體育活動，甚至還有感情狀態。也許每一次有人形容美式足球教練是「在球場裡下西洋棋」，或是司空見慣的政治角力被說成是「３D西洋棋」，西洋棋手都應該抽佣金才對。

流行文化長久以來一直對西洋棋執迷，將之當作聰穎與策略的指標。好萊塢硬漢亨弗萊．鮑嘉和約翰．韋恩都喜愛西洋棋，會在拍片休息時在片場下棋。我最愛的００７電影是《第七號情報員續集》（*From Russia With Love*），裡面處處充斥西洋棋。電影開頭不久，詹姆斯．龐德的同事就警告他：「這些俄國人是西洋棋高手。他們想要執行某個計謀時，會執行得華麗奪目。整個賽局精心規畫，敵人的招數他們會事先想到。」

就算冷戰結束、俄國人不再是每一部電影裡的壞人，流行文化還是喜歡運用這個古老的棋盤遊戲。當今許多著名的系列電影都有西洋棋的場景。在《X戰警》（*X-Men*）系列電影裡，X教授和萬磁王（Magneto）就是身在一套玻璃西洋棋組的兩端。《哈利波特》（*Harry Potter*）系列裡的巫師棋棋子會動，讓人聯想到《星際大戰》（*Star Wars*）裡C-3PO與丘巴卡（Chewbacca）下的西洋棋。就連迷倒人心的吸血鬼也會下西洋棋，只要看《暮光之城：破曉》（*Breaking Dawn*）就知道了。

虛構故事裡也有許多會下西洋棋的機器。在一九六八年的庫柏力克（Stanley Kubrick）電影《2001太空漫遊》（*2001: A Space Odyssey*）裡，電腦HAL 9000輕易打敗法蘭克．普爾（Frank Poole），也預言了他之後會被電腦殺死。庫柏力克喜愛西洋棋，因此電影中那盤棋就和《第七號情報員續集》裡的那一盤棋一樣，源於歷史上的一次大賽。克拉克（Arthur C. Clarke）原著的《2001太空漫遊》小說裡沒有明白描述一盤棋，不過有提到HAL若發揮完整的實力，可以輕易擊敗太空船上任何一位人類，但這樣會影響士氣，所以程式設計成它只會贏一半的比賽。克拉克還寫道：「他的人類同伴假裝他們不知道這件事。」

廣告商領了案主的錢後，會操弄權力的象徵，我們也一再看到西洋棋被當作獲勝的譬喻方式。銀行、投資顧問、保險業者的廣告裡使用西洋棋的意象看起來非常明白，但是為什麼豐田汽車公司的卡車廣告、BMW汽車的廣告看板和約會網站的線上廣告也用西洋棋當譬喻？美國大概只有百分之十五的人會下西洋棋，從這個數據看來，西洋棋在文化中的顯著地位格外奇特。

這個情況也與世界對西洋棋手的負面刻板印象矛盾，在這種刻板印象裡，西洋棋手缺乏社交能力，彷彿我們的大腦是犧牲情緒智商來發展運算處理能力。沒錯，對沉默寡言、喜歡與自己頭腦作伴的人來說，西洋棋可以是庇護所，而且要下得一手好棋當然不需要團隊合作或社交手腕。即使在高科技當道、矽谷成為香格里拉聖地、世人公認宅男宅女就是贏家的二十一世紀，美國社會仍然會定期冒出特有的反智主義之聲。

無論看法是正面或負面的，這樣崇媚西洋棋與西洋棋手只是因為不熟悉西洋棋所致。知道怎麼下西洋棋的西方人相對稀少，對西洋棋的理解超出單純知道規則的人更是少數中的少數。我發覺，完全沒有隨機成分的遊戲（隨機如擲骰子、洗撲克牌等）常常被認為是艱難的遊戲，不是休閒消遣，比較像是努力工作。西洋棋除了沒有運氣的成分之外，也是一個資訊百分之百的遊戲：雙方隨時都知道棋盤上的盤面是什麼樣子。西洋棋裡沒有藉口、沒有猜測、沒有任何一件事情在棋手的控制之外。

由於這些因素之故，西洋棋手的實力若有差距，就會無情地顯現出來；新手常常身邊沒有實力相等的對手，西洋棋因此顯得對新手比較不友善。畢竟，沒有人喜歡每下必輸，HAL的程式設計師就意識到這一點。撲克牌和雙陸棋需要看技術實力，但當中的運氣成分夠高，任何玩家都能幻想在比賽中爆冷門，而且這樣的幻想多少有實現的可能。西洋棋完全不是這麼一回事。

電腦和行動裝置上的西洋棋軟體加上網際網路後，就解決了這個問題：無論實力為何，隨時都能找到源源不絕的對手，不過這也讓西洋棋與不斷冒出的線上遊戲和其他分心之事直接競爭。這造成十分有意思的西洋棋圖靈測試，因為你在線上下棋時，無從得知對手是電腦或是人類。大多數人在面對其他人類對手時，會比面對電腦更加投入，即使電腦的實力被限制在可以與之匹敵的實力，人類玩家還是會覺得和電腦下棋無樂趣可言。

當今的西洋棋軟體已經強大到難以辨別它們下的棋與人類菁英特級大師下的棋，但製造弱得可以信服人的西洋棋機器，反而相當困難。電腦下棋時，往往極強的棋步和可笑的失誤會在同一盤棋裡交替出現。這樣實在很諷刺：人類花了半個世紀，試圖製造地表上最強大的西洋棋手，當今的程式設計師卻在煩惱要如何讓它們下得比較爛。可惜的是，克拉克在小說裡沒有提到HAL的程式設計師是怎麼讓它的實力變差的。

附帶一提，假如我們碰到好運，擲骰子丟出好數字，或是發牌時拿到一手好牌，我們贏的時候還會那麼高興與自滿，這不是有點奇怪嗎？無論是否憑靠實力，只要戰勝機運就會慶幸自己運氣好，我想這大概是人類天性；另外，不被看好的黑馬脫穎而出，是人人都愛的事情。雖然如此，「贏得好不如贏得巧」鐵定是史上最荒謬的箴言。無論是什麼樣的競爭，實力不夠好，再怎麼樣的好運都不會有用。

我在一九八五年成為世界冠軍之前，就已經非常想要改變西方世界對西洋棋的看法，因此竭力反抗世人對西洋棋與西洋棋手的負面刻板印象。我也熟知我在這方面有影響力，在訪談和記者會中刻意呈現出來的樣貌，是一個有完整人生、不只關注棋盤六十四個格子的人。

這並不難，因為我有多方面的興趣，特別熱衷歷史和政治；但主流媒體的文章仍然經常只關注特定的角度，讓我和其他特級大師看起來像是怪人，而不是有某項特殊才能的正常人。

跟所有的刻板印象一樣，這當中有現實和社會上的考量，文化傳統也改變得很慢。無論是好是壞，西方世界大致上將西洋棋視為一種緩慢又艱困的遊戲，說好聽是只有聰明人和書呆子才會玩，說難聽是下棋的人都是反社會的宅男腐女。拜學校西洋棋課程日漸流行所致，這樣的形象開始從根本改善了；畢竟，如果某個遊戲連六歲小孩子都能輕易學起來，享受其中，這個遊戲怎麼會困難或乏味呢？

我在蘇聯長大，蘇聯政府將西洋棋當作國民娛樂推廣，西洋棋在蘇聯比較沒那麼神祕，而且被視為職業運動看待。蘇聯的西洋棋大師和教練受到尊崇，也能過著十分像樣的生活。幾乎所有的國民都會學習下棋，由於會下棋的群體這麼龐大，自然能找到更多頂尖高手，而這些高手會接受特別訓練。在沙皇時代，西洋棋就在俄國有深厚的根基，一九一七年革命後又被布爾什維克黨員當成重點項目發展，目標是讓新的無產階級具備智慧和軍事美德。早在一九二〇年，功力強的西洋棋手就能拿到免服兵役的特權[6]，讓他們可以到莫斯科參與第一屆蘇聯冠軍盃，而不是被送到內戰戰場。

史達林本人雖然棋力不好，多年後他仍然繼續支持、推廣西洋棋，用以展現蘇聯人的優越，以及他所出身的共產體系之長處。[7]雖然我無法同意這個論點，但這樣的結果實在無庸置疑：蘇聯徹徹底底獨霸西洋棋壇好幾十年，自一九五二年至一九九〇年間，蘇聯總共參與十九次西洋棋奧林匹克（Chess Olympiad）比賽，獲得金牌的就有十八次。[8]世界冠軍的位置分別由五位蘇聯人占據，從一九四八年第二次世界大戰後首次世界冠軍賽起，一直到一九七二年，然後又從一九七五年一直到蘇聯瓦解之時；這讓我於一九九〇年在紐約市與卡爾波夫進行世界冠軍比賽時，可以驕傲地將手上的蘇聯國旗，換成我母親克拉拉（Klara）臨時手製的俄羅斯國旗。[9]

我自己在亞塞拜然首都巴庫最初專注成為西洋棋手時，受益於一九七〇年代政界重新重視西洋棋。美國人費雪接二連三擊敗各個蘇聯高手後，蘇聯領導階層開始恐慌了。費雪在一九七二年從斯帕斯基手中奪走世界冠軍頭銜後，找到並訓練可以搶回世界冠軍的棋手頓時成為國家面子的問題。世界冠軍倒是比預期中更早回到蘇聯手中：費雪在一九七五年拒絕衛冕，因此將世界冠軍頭銜拱手讓給卡爾波夫。

我在年紀很小時就進入蘇聯的西洋棋體制，在前世界冠軍博特溫尼克的學校就讀與接受訓練。博特溫尼克被稱為「蘇聯西洋棋流派元老」，這個稱呼實至名歸，他也在電腦西洋棋史上留下紀錄。博特溫尼克原本是工程背景出身，退休後與一群蘇聯程式設計師合作多年，試圖開發西洋棋程式，但這項嘗試幾乎完全失敗。

因此，對我來說，把西洋棋當作職業和休閒是完全正常的事。我在年輕剛成名時，獲准到國外參加比賽，在國外首次碰到一般人對西洋棋的怪異偏見，認為西洋棋手是古怪的天才，或是精神狀態不穩定的自閉賢人。我覺得這樣一點道理都沒有。我認識好幾十位菁英高手，就算他們不是「正常人」（姑且不論「正常人」是什麼意思），也各有獨特之處。就算只看世界冠軍，從具備溫厚音樂性的斯梅斯洛夫（Vasily Smyslov），到鬼怪俏皮的老菸槍塔爾（Mikhail Tal），也都有各種不同的樣貌。博特溫尼克從早到晚都是穿西裝打領帶的嚴肅職業選手，但斯帕斯基有著風流的氣質，有時候會穿白色網球鞋衣參加比賽。

我在連續五次世界冠軍賽中的對手是卡爾波夫，無論在棋盤上或棋盤以外，大家公認我是火、卡爾波夫是冰。他為人溫文儒雅、性格可靠，與他那種安靜、像蟒蛇般慢慢窒息對手的棋風相配；我則是熱情奔放、直言不諱，下棋時同樣高度動態、攻勢大膽。我們這些人唯一的共通點，就是下得一手好西洋棋。

這是常見的情況：幾個著名的虛構和真實案例，造就了長久的刻板印象。來自紐奧良的美國西洋棋冠軍墨菲（Paul Morphy）於一八五七年至一八五八年在歐洲巡迴比賽，擊敗了歐洲最強的高手，因此很可能是任何一個項目的第一位美國籍世界冠軍。他回國時受到英雄般的歡迎，但不久後便離開棋壇，轉行當律師，不過事業一直不順遂，最後精神崩潰；雖然沒有證據，許多人都說這是因為西洋棋比賽的壓力造成的。

下一位美國籍的世界冠軍是費雪，他的年代比較晚近，衰退沒落的情形也有更多文獻紀錄。在一九七二年於冰島首都雷克雅維克進行的傳奇比賽中，費雪從斯帕斯基（和蘇聯）手中奪走世界冠軍頭銜。國際媒體對這件事的報導多到難以想像，有一部分是因為費雪在這場

「世紀對決」之前和賽程中的狂妄行徑。這場冷戰大對決的每一盤比賽都現場直播到全世界，就連美國的電視台也現場轉播。我那時九歲，在我當地的西洋棋俱樂部已經實力高強，費雪對戰斯帕斯基的每一場比賽我都熱切追蹤。費雪雖然在前進世界冠軍賽的過程中擊敗過另外兩位蘇聯籍的特級大師，在蘇聯仍然有許多棋迷。當然，他們推崇他的西洋棋功力，但我們有許多人私下欣賞他的獨特性和獨立性。

費雪在比賽中紮紮實實獲勝後，全世界都拜倒在他腳下。西洋棋首次即將成為具有商業利益的運動，無論是費雪的棋風、國籍或個人魅力，都營造出獨特的契機。他成為國家英雄，知名程度不亞於拳擊手穆罕默德．阿里（Muhammad Ali）。（在比賽之前，當時的美國國務卿季辛吉打電話給費雪；阿里在比賽前會有國務卿打電話給他嗎？）

榮耀集於一身之後，連帶會有責任和巨大的壓力。費雪無法讓自己再下棋，整整三年沒碰棋盤；到了一九七五年，他耗費畢生精力取得的尊貴頭銜，不費一兵一卒讓了出來。許多人提出巨款來勸他回到棋壇：假如他和新任世界冠軍卡爾波夫比賽，就能拿到前所未聞的五百萬美元巨額獎金。費雪處處都有機會，但他的實力全然是破壞性的能量。他擊潰了蘇聯的西洋棋體制，卻無法建立起取代的力量。費雪既是最理想的挑戰者，也是毀壞一切的冠軍。

到了一九九二年，費雪被勸誘出賽，與斯帕斯基進行所謂的世界冠軍再對決，比賽的地方是當時受到聯合國制裁的南斯拉夫。不出眾人所料，此時他的西洋棋功力已經大幅衰退，但這一次還伴隨著他吵吵嚷嚷的反猶太和反美國妄言。從那次以後，他只有偶爾浮現一下，每一次都讓西洋棋界深深皺眉、準備迎接禍害。九一一恐怖攻擊後，費雪曾高聲大肆慶祝，並有紀錄為證；假如有更多人聽到他的狂妄之詞，西洋棋界和棋手恐怕會受到更大的衝擊。

費雪於二〇〇八年孤身在冰島過世，冰島是他一生最風光時刻的地主，在他晚年的時候給予他庇護。至今經常有人問我關於費雪的事，我從來沒有和他下過棋，甚至沒有見過他。許多人會遠遠地替他診斷，說他有精神分裂、亞斯伯格症或其他病症，這樣的做法實在是愚蠢又危險。我只能說，就算費雪真的瘋了，也不是西洋棋把他逼到發瘋。費雪的悲劇不是因為他下西洋棋造成的；一位脆弱的心靈拋下了畢生的心血後，就會這樣悲慘地沒落。

我無法否認：關於西洋棋的諸多傳說和譬喻，讓我和我的聲譽獲益不少。我想要受到世人肯定的事情，包括我在人權方面的工作、我對商業界和學術界的演說和工作坊、我的基金會在教育方面的工作，以及我關於制定決策和俄國狀況的著作；即使如此，我知道沒有幾個人可以像我一樣掛上「前西洋棋世界冠軍」的頭銜。我在二〇〇七年談論制定決策的著作《走對下一步：向棋王學策略思考》（*How Life Imitates Chess*）中，亦詳細說明我的西洋棋職業生涯如何塑造並充實我的思考方式。

我在一九八五年成為世界冠軍的時候年僅二十二歲，是當時史上最年輕的世界冠軍。我那樣早熟，讓我和訪問我的人之間有些尷尬，因為不論是什麼領域，很少有年輕的明星知道他們自己為什麼出類拔萃。我大多數時間不是跟西洋棋傳媒談論開局法和殘局下法，而是突然接到許多殷切的問題，詢問我對蘇聯政治的看法，或是我的飲食和睡眠習慣，來訪的媒體包括《時代雜誌》、《明鏡周刊》，甚至《花花公子》。不論我多麼盡力回答，我想我的答案太平凡了，可能常常讓他們失望。這一切沒有任何祕密，只有天賦、勤勞和從我母親與博特溫尼克身上學到的紀律。

在我的職業生涯中，我有些時刻可以退一步回來，思考西洋棋在我整個人生中的地位，或甚至是在世界上的地位，但我很少有機會可以長時間深思這些問題。一直到我在二〇〇五年從職業西洋棋界退休以後，才有時間深深思考「思考」這一回事，將西洋棋當作一面透視鏡，用以檢視人生清醒時間每分每秒的決策程序。

那些職業生涯中的例外時刻，正是這本書的根基。我身為世界排名第一的西洋棋手有二十年時間，在此期間我一直和電腦下棋，而這些經驗讓我把西洋棋當成「競賽」以外的事情來思考。與一代又一代的西洋棋電腦對戰，是參與一趟神聖的科學旅程：我座落在人類與機器認知的交會點，替人類高舉旌旗。

我大可以和其他特級大師一樣，不接受與機器對戰的邀請，但是我喜愛這樣的挑戰，也對這樣的實驗本身深深著迷。我們能從一台棋力高強的西洋棋電腦學到什麼？假如電腦有辦法下出世界冠軍賽水準的西洋棋，那它還能做什麼？它們真的有智慧嗎？「有智慧」又代表什麼？機器是否有辦法思考？這些問題的答案，又能怎麼讓我們理解自己的頭腦？以上的問題，有些已經有解答，有些則是有越來越多的熱切議論。

第二章 西洋棋機器的興起

一九六八年是《２００１太空漫遊》小說和電影創作的那一年，此時我們還無法論定機器有一天可以在西洋棋上超越人類，或是處理固定套路的自動化行為和計算以外的事情。在電腦時代的開端，關於電腦和機器潛在能力的預測多到莫衷一是，會有這樣的狀況應該不難想像。一方面，有烏托邦式的幻想，認為全自動化的世界即將到來，但在同一頁上可能又有人描述全自動化的反烏托邦惡夢。

批評或讚美他人的預測，以及自己進行預測之前，需要記住這個關鍵。任何帶來劇烈改變的新科技，以及任何隨之產生的社會變動，一定會帶來各種正面和負面的效應與副作用，種種影響會隨著時間變化，而且常常是突然就有變化。我們不妨看看機器時代最多人討論的衝擊：就業問題。一九五〇年代以降，接踵而至的工廠自動化作業、商業機器、家事機器等等，一方面導致好幾百萬人失去工作，甚至讓某些行業整個消失，生產力飆高後又帶來前所未見的經濟成長，更創造出更多新的工作，數量遠超過消失的工作。

我們要可憐那些被蒸汽引擎弄丟打鐵工作的眾多約翰．亨利嗎？要可憐那些被機器取代後，必須重新訓練和學習新技能的辦公室打字員、生產線勞工、電梯操作員嗎？還是說，我們應該覺得他們走運了，可以不必再做這麼單調、勞累或危險的工作？

我們看待事情的態度很重要，這不是因為我們可以阻擋科技進步（就算我們真的想要阻擋的話），而是因為我們對於「干擾現狀」的觀點，會影響我們對於這些干擾所做的準備。在我們不斷加速推向全自動化、具有人工智慧的未來之際，在烏托邦與反烏托邦的兩種極端遠景之間，還有相當充足的空間讓我們想像。每個人都可以選擇：要擁抱這些新挑戰，還是頑抗？我們要協力改變未來、自己定義我們與機器之間的關係，還是讓別人來替我們定義？

正如我對西洋棋機器著迷，一代又一代的科學名人也對西洋棋著迷，更想要製造出能下西洋棋的機器。即使這些科學家熱愛西洋棋，你可能以為一九五〇年代的第一波電腦科學家和模控學家（這些人出身的背景是數學、物理和工程）不會對一個桌上遊戲有什麼浪漫的想法，但是這些著重邏輯的重要科學家當中，有些人堅信如果能教導機器下一手好的西洋棋，一定能解開人類認知的謎題。

談到機器智慧時，這樣的思維是每個世代都會落入的陷阱。我們把展現出來的能力（亦即機器模仿或超越人類所做之事）與方法（亦即如何達成這些能力的方式）混為一談。談論人類獨有的高等智慧時，這樣的論述謬誤顯然無法避免。

事實上，這種謬誤有兩個不同卻彼此相關的版本。第一個版本是：「只有當機器的一般智慧有辦法逼近人類的時候，機器才有辦法做某一件事。」第二個版本是：「假如我們有辦法製造出一台機器，讓它做某件事可以做得跟人類一樣好，就表示我們發現了『智慧』的某個重要特性。」

這樣將機器智慧浪漫化、擬人化，是相當自然的事情。製造東西時，參考既有範本是很合理的；若是要製造「智慧」，有什麼範本比人類大腦好？然而，人類不斷試著製造出能像人類一樣思考的機器，卻屢試屢敗，倒是偏重「表現結果」勝過「方法」的機器成功了。

機器若要有用處，做事情的方式不需要和自然界的方式一樣，也不需要超越自然界的能力。幾千年來的實體科技與技術已經明白印證了這一點，而且這也適用於軟體和具備人工智慧的機器。飛機不會拍打翅膀，直升機更是根本沒有翅膀。自然界沒有輪子，但輪子對人類非常實用。那麼，電腦若要有成效，又何必像人腦一樣運作呢？正如許多其他人機思考交會的例子，西洋棋正好是非常適合用來探討這個問題的實驗領域。

撇開科幻小說的劇情，「機器是否有辦法具備智慧」並沒有成為科技界和一般人關注的事，不過等到一九四〇年代數位機器開始取代機械原理和類比機器、一九五〇年代半導體開始取代真空管之後，這個情況就改變了。一旦肉眼無法看到機器運作的過程，彷彿可以想像機器裡有鬼魅在操作。機械計算器早在十七世紀就有了，而從十九世紀起，以按鍵操控的桌上型機械計算器就已經開始量產。一八三四年，英國科學家巴貝奇（Charles Babbage）設計出可以程式化的機械計算器；一八四三年，英國數學家勒芙蕾絲（Ada Lovelace）替這種計算器寫出第一個「電腦」程式。

即使這些機器精妙到讓人嘆為觀止，沒有人認真想過這些機器是否具有智慧，就像沒人去想懷錶或蒸汽火車是否具有智慧。就算你不知道機械（比方說，一台收銀機）到底是怎麼運作的，還是聽得到裡面有輪子在轉動，也能打開來看到齒輪在運轉。即使機器進行「大腦運作」（如邏輯與數學計算）的速度比人類還要快，幾乎沒有人將之與人類大腦相比，去討論機器是怎麼辦到的。

這有一部分是因為這些早期的機器相對比較容易讓人理解，也有一部分是因為當時對於人類認知的理解還不夠充分。我們早就不再是公元前四世紀時的認知了；當時亞里斯多德相信大腦是用來冷卻人體的器官，掌管五官感受和智慧的是心臟（下次聽到有人說「記在心裡」的時候，可以記住這一點歷史）。然而，一直到十九世紀末神經細胞被發現後，我們才有辦法將大腦視為一個由電力驅動的計算裝置。在此之前，「大腦」和「心智」比較不是實體概念，而是超越實體的概念，例如古羅馬時期討論「動物性靈」，以及靈魂的藏身之處。

撇開靈魂不論，現今的共識是「心智」並沒有超出生物體的實體組成與經驗之總和。心智的作用超出理智思考，還包括感知、感受、記憶，而最獨特的可能是「意願」，也就是有盼望和慾望，並且會將之表現出來。用幹細胞在培養皿長出來的大腦，也許能用來做一些有意思的實驗，但如果它們沒有接受任何輸入或輸出，永遠不可能稱為有「心智」。

回顧電腦的歷史，好像每次發明出新機器，就會有人想要讓它下西洋棋。電腦發明後的最初幾十年裡，西洋棋一直是重點：除了「西洋棋」讓人聯想到「人類認知」與「智慧」之外，許多電腦科技的元老人物也熱愛下西洋棋，因此他們很快就發覺西洋棋有潛力，可以當作一個挑戰十足的實驗領域，用來測試他們的程式設計理論和新發明的電子機器。

機器要怎麼下西洋棋？基本的處理方式從一九四九年以來都沒有變過。一九四九年，美國數學家暨工程師夏農（Claude Shannon）發表了一篇論文，推測機器下棋的方式。論文的標題是「如何以程式設計讓電腦下西洋棋」[1]；在論文裡，夏農提出一種「計算的程序或『程式』」，可以應用在圖靈多年前於理論中提出的泛用型電腦。這時還是電腦時代的初期，因此夏農需要將「程式」放在引號裡，表示是專門術語。

夏農和許多前輩一樣，提出西洋棋機器時稍感愧疚，認為這樣的機器「可能沒有實際用處」，但他看到這種機器的理論價值可以運用在其他領域，包括電話接線和語言翻譯。另外，夏農也說明了西洋棋為何是絕佳的試驗領域，說明的方式非常出色。

西洋棋機器是理想的起點，因為：

- 無論是允許的操作（棋步）或最終目標（將死〔checkmate〕），問題的描述皆十分具體。

- 這個問題既沒有簡單到是平凡問題，又沒有艱難到無法達成圓滿的解構（solution）。
- 西洋棋若要下得有技巧，一般會認為這需要「思考」；假如這個問題獲解，要不是逼迫我們承認機械化思考是有可能的，就是會進一步限制「思考」的概念。
- 西洋棋的結構清楚明白，與現代電腦的數位特性相符。

請特別注意第三點：夏農只用簡短幾句話，就將電腦科學與超越實體的形而上概念連結起來。由於下西洋棋需要思考，若能製造出會下西洋棋的機器，就表示這樣的機器會思考，或是「思考」一詞的真正意思與我們所認知的意思不同。我也讚賞他用「有技巧」一詞，因為他對「思考」的定義不是單純記憶規則，或是從記憶（或資料庫）中叫出既有的棋步。

這番啟示與維納（Norbert Wiener）的《控制論》（*Cybernetics*）一書相呼應[2]，在這本一九四八年的開創性著作中，維納在結尾提出以下註解：「無論建造西洋棋機器是否有可能，無論這種能力是否代表機器潛能與大腦潛能有根本上的差異。」

夏農還描述西洋棋程式需要具備哪些功能，包括規則、每個棋子的價值、評估的功能，以及最關鍵的一項：未來西洋棋機器可能會用到哪些搜尋方法。他描述了最基本的搜尋元素，我們稱之為「極小化極大」演算法（minimax algorithm）；這種演算法源自賽局理論，目前已經應用在許多領域的邏輯決策過程。以最簡單的方式來描述：極小化極大的體系會評估各種可能，並且從「最好」到「最差」依序排列。

在西洋棋這類賽局裡，程式會用評估系統，針對特定的盤面盡可能推算出所有的變著（variation），並計算出每一種變型的價值；計算出來價值最高的棋步排到最前面，變成程式下出來的棋步。程式會評估雙方所有可能的棋步，評估的深度依照允許的時間而定。

夏農的一項重要成就，是勾勒出「A式」與「B式」搜尋技術。老實說，這樣的名稱實在很無趣；比較有用的說法，可能是將「A式」當作「暴力搜尋」、「B式」當作「智慧搜尋」。「A式」是一種窮盡式的搜尋法，檢視所有的棋步和變著，每一次搜尋會越來越深入。「B式」是一種相對有效率的演算法，運作方式比較像人類棋手的思考方式，不去檢查所有的走法，只專注在少數幾種好的棋步，並深入探究這幾種好的走法。

我們不妨用一種譬喻方式來描述如何選擇西洋棋棋步：想像你在麵包店，有個很長的玻璃櫃，裡面放了各種麵包。你在點餐的時候，不必詳細看過櫃子裡所有的麵包；就算你真的每個麵包都看過，也不需要知道每一個麵包分別叫什麼、裡面有哪些成分。你知道你自己最喜歡哪些麵包，以及這些麵包長什麼樣子、吃起來是什麼味道。你會迅速將選項縮減成幾種最喜歡的麵包，只會花時間思考要在這幾種當中選擇哪一個。

但是，等一下！你發現櫃子某個角落有個你沒看過的東西，而且看起來很好吃。這時你就要放慢腳步了，也許會問一下店員，並且用你的評估功能來判斷你會不會喜歡這個麵包。為什麼看起來會好吃？因為它在某方面與你以前吃過、喜歡過的東西相仿。功力高強的人類西洋棋手評估棋步時，也是這樣開始的，甚至在進行任何計算之前就會先這樣評估。大腦內辨認模式的功能已經響起警鈴，引導我們的注意力到某個有意思的東西上。

雖然再講下去可能會過度延伸這個譬喻，也有可能讓你覺得餓，不過麵包店本身也有影響。假如你每天都會光顧這間麵包店，你的選擇幾乎是自動進行的，也許會跟現在的時間或是當下的心情有關。然而，如果你今天是第一次到某個以前沒去過的國家，走進一間以前從來沒去過的麵包店呢？店裡所有的東西你都認不得，你的直覺和經驗幾乎沒有任何用處。這時你就需要用A式的暴力搜尋法了：每一種選項都要問、每一種食材都要問，決定前還要先試吃。你可能會挑到自己喜歡的，但這樣要做出好決定，必須花費很多時間。

這個譬喻描述了西洋棋新手，某種程度上也描述了面對混亂、全新盤面的高手。然而，西洋棋是一種有限制的賽局，每一種盤面都會有一些模式與標記，可以經由直覺加以詮釋。根據推估，功力高強的大師級棋手會記住上萬種盤面，但每一種盤面都能拆解成單獨的組成元素，即使經過旋轉或扭轉，一樣有用處。人類高手確實會記住開局的棋步，除此之外，他們不太會單純憑靠記憶，這與速度極快的類推式搜尋引擎不同。

我看到某個西洋棋的盤面時（不論是我自己的棋譜，或是別人的棋譜），我的棋步搜尋程序很少有在意識中系統化進行的成分。有些棋步是被逼迫的：這指的是規則上必須下的棋步（像是國王被將軍時），或是其他棋步明顯會輸的時候。比賽時，這種情況會經常出現，像是你的某個棋子被吃，你必須反吃對方，否則盤面上的棋子將相差一大截。有些比賽會有好幾十步是被逼迫的，這些棋步幾乎不需要進行搜尋。正如你不必有意識地告訴自己不要走進車流中，對實力夠好的棋手而言，這些棋步幾乎像是反射動作。

撇開被逼迫的棋步不論，每一個盤面會有三種或四種可能的棋步，有時候多達十幾種。同理，我在大腦中進行任何搜尋之前，都會先選擇幾種棋步來深入研究，我們稱這種棋步為「候選棋步」（candidate move）。當然，如果是我自己的比賽，我不會是從無中生有的；我的對手花時間思考時，我已經在規畫策略，並且檢視最有可能發生的變著。假如他下的棋步正好是我預期的，我很有可能立刻回應。我常常在事前規畫好四步或五步棋，只會暫停來檢查這一套棋步是否與我預期的樣子相符。

我花在搜尋和評估的時間，大部分用在最主要的變著上，也就是我一開始就認為最有可能的棋步。我會用我的計算能力，試圖確認我的直覺是可靠的。若是對手出乎我所料，下出的棋步是我在思索他會怎麼下時完全沒想過的，我可能會多花一點時間檢視整個盤面，尋找新的弱點和契機。

人類的大腦不是電腦，無法像西洋棋機器那樣，逐一檢視候選棋步清單上的每一個項目，依照分數加以排序，而且打分數時還會詳盡到一百分之一個兵。即使是最有紀律的人類大腦，一樣會在激烈交戰時分心。這既是人類認知的弱點，也是優勢。有時候，這樣無紀律地分心只會削弱你的分析，但有時候卻會帶出靈感，讓你發現原本不在候選棋步清單上的走法，下出優美或看似矛盾的一步棋。

我在《走對下一步》一書裡，提到讓直覺飛入幻想地帶時，有時可以釐清混沌不明的計算，而我在這裡一定要分享第八位世界冠軍塔爾的一次奇特經歷。塔爾以精采奪目、充滿想像力的戰術聞名，人稱「來自里加（Riga，拉脫維亞首都）的魔術師」；他在一九七六年的著作中有一個自己訪問自己的訪談，當中敘述了一次他對戰另一位蘇聯特級大師時，在腦中評估是否要犧牲一個騎士的思考過程。

想法一個接著一個疊上來。也許在某個情況下，這樣稍稍回應對手會有用，但我又會將這個回應轉移到另一個情況，在那樣的情況下當然就沒有用了。我的頭腦因此雜亂地堆滿一大疊的棋步，就像是所謂的「變著樹狀圖」；教練會叫你剔除細枝末節，但在我當時的情況下卻是以無法想像的速度迅速增長。

突然間，不知為何，我想到「知名蘇聯兒童詩人」楚科夫斯基（Korney Chukovsky）的兩句經典詩文：

啊，那真是一件困難的事
從泥沼裡拉出一隻河馬

我不知道河馬到底是從哪裡連結到棋盤上面的；觀眾相信我一定在研究盤面，但這個時候我只是在想：到底要怎麼把河馬拉出泥沼呢？我記得我有想到要用千斤頂，還有槓桿、直升機，還有繩梯。想了很久之後，我覺得我這位工程師被打敗了，索性想著：「那就讓牠淹死吧！」

突然間，河馬消失了；牠怎麼樣莫名其妙走到棋盤上來，就怎麼樣莫名其妙消失，而且是自己消失掉的。盤面馬上就變得沒那麼複雜了。不知怎麼一回事，我這時發現我根本不可能計算所有的變著，從本質上來說，犧牲騎士純粹是直覺。由於犧牲騎士會讓這盤棋變得很有意思，我不可能不出這一招。

第二天，我很高興看到報紙這樣寫：塔爾在仔細思索盤面四十分鐘後，下出一步經過精準計算的犧牲棋。[3]

在精湛的棋藝之外，塔爾還具備難得一見的幽默感和誠實態度。對職業西洋棋手來說，專注與組織思考的能力絕對是必需的，但我猜我們也常常運用這種跳躍式的直覺，只是我們不願承認。

西洋棋比賽是激烈的競賽，不是在實驗室進行的實驗。在時鐘滴滴答答的壓力之下，再怎麼有紀律的大腦也會崩解。即使是特級大師，視覺化的能力也會變得有瑕疵，這樣更有可能出現失誤。有時候，你可能花了十分鐘來思考你的主要變著，到後來才發現那是致命的失誤。真是慌張失措啊！或是你的對手下好以後，你看到一個棋步，乍看之下是給他致命的一擊。太好了！然而，若要確認你的直覺是對的，你還有十分鐘的時間可以計算嗎？你會不會不管一切，直接下這步棋就對了，然後祈禱你的直覺沒有讓你失望？電腦當然不會這樣演內心戲；對戰電腦之所以困難，除了它們可能每一秒能分析上百萬種盤面之外，也因為它們不會有內心戲。

回到一九四九年：夏農認為，A式程式必須分析每一種棋步，每一次分析必須越來越深入；發展這類程式不太有希望，光是從數據上來看，就似乎是不可能達成的事。他怨嘆道，就算A式的機器有辦法每一微秒分析一種盤面（「這是非常樂觀的看法」），算出每一步棋都還要花上超過十六分鐘，以一般的比賽雙方各走四十步來說，機器要花上十個小時。即使如此，這樣的機器仍然棋力虛弱，因為在窮盡式的搜尋樹上，它只能向前推算三步，只能打贏非常虛弱的人類棋手。[4]

西洋棋程式設計最主要的問題，是當中會牽涉到數量極為龐大的延拓（continuation），這稱為「分支因子」（branching factor）。打從棋賽一開始，各種可能性就已經太多，讓當時運算速度最快的電腦都負荷不了。雙方在開始時各有十六顆棋子，其中有八顆是主力棋子，八顆是兵。一盤西洋棋光是前四步就有超過三千億種可能的走法，就算其中有百分之九十五的走法很糟糕，A式的程式仍然必須逐一檢查才能確定。

接下來的情況還會更可怕。以一般的盤面而論，大約會有四十種合乎規定的棋步。因此，如果每一種棋步都需要想一種回應的方式，光是這樣就必須評估一千六百種棋步。這還只是經過兩「層」（ply）而已，白棋與黑棋各動一子（程式設計師稱半個棋步為一「層」；

白棋與黑棋各動一次合稱為一個「棋步」）。雙方各動了兩步後（四層），這個數字增為兩百五十萬；各動三步後，變成四十一億。一盤棋平均有四十個棋步，這樣需要計算的棋步簡直是天文數字。一盤西洋棋裡合乎規則的盤面數量，多到可以跟太陽系中的原子數量相比。

夏農本身的棋力不錯，閱覽豐富，因此將希望放在選擇性思考、效率較高的B式策略。B式的演算法不會探究所有可能的盤面，也不會針對所有的變著搜尋到同樣的深度；這種演算法的運作方式會像一位實力好的人類棋手，從一開始就把不太可能走的棋步丟掉，將注意力集中在最有可能、最能逼迫對方的幾種棋步，再進行深入研究。

人類棋手很快就會知道，只有少數幾種棋步才有道理；棋手的實力越強，最初去蕪存菁的運作就會越快、越精準。初學者比較像A式的電腦：他們會四處看整個盤面，用暴力計算的方式來算出每一種棋步會有什麼後果。對一台每一秒能分析上百萬種盤面的電腦來說，這種做法也許管用，但人類實在不可能這樣運作。即使是人類世界冠軍棋手，每秒大約也只能看兩到三種盤面。

假如你能找到某個盤面下四到五個最合理的棋步，並把其他可能的棋步剔除掉（這並非易事），決策樹（decision tree）的幾何分支仍然會迅速增長。就算你成功創造出搜尋方式更聰明的B式演算法，還是會需要相當高的處理速度，以及非常龐大的記憶體，才能追蹤這幾百萬種的盤面評估。

我稍早已經描述過圖靈的「紙上機器」，也就是目前所知最早、可以運作的西洋棋程式。我在二〇一二年受邀到英國曼徹斯特，在圖靈百歲冥誕的紀念會上發表演說，當時還有幸在一台現代的電腦上與一套重建的圖靈西洋棋程式對戰。以現在的標準來說，那個程式很弱，但這樣無損圖靈的成就，畢竟圖靈連可以用來測試這個程式的電腦都沒有。

過了幾年，電腦總算有辦法跑西洋棋程式，不過它們的運算速度慢到可悲，因此大家直接認定夏農說對了，如果真的要在這方面有所進展，必須採用B式演算法。這是個合理的推論：夏農認為每一微秒檢查一種盤面已經是相當樂觀的情況，但有辦法以這種速度運算的電腦還要好幾十年才會出現。如果程式必須檢查所有可能的棋步，光是要讓它下一盤合理的西洋棋，所需的搜尋深度就要花上好幾週的運算才能達到；若要讓它下一盤好棋，更是需要好幾年。不過，實際的情況和當初預想的不同（現實出乎所料的例子未來還會不斷碰到）：大家假設，像人類一樣的思考方式會比暴力搜尋來得好，但這個假設大致上是錯的。

一九五六年，西洋棋電腦程式的下一個重要進展，發生在美國新墨西哥州洛斯阿拉莫斯（Los Alamos）的核能實驗室；在那裡，維納、圖靈和夏農的理論被用來製造出一個真正的西洋棋機器。巨大無比的MANIAC 1是一台早期的電腦，總共有兩千四百個真空管，以及一項革命性的功能：它能將程式存放在記憶體裡。這台電腦一開始運作，就有一些研發氫彈的科學家寫了一個西洋棋程式來測試它。當然要這樣做嘛！這台電腦能存取的資源非常受限，因而迫使他們將棋盤縮小成六乘六的大小，並把主教拿掉。電腦先是自己和自己對下，之後又輸給一位棋力強的人類（而且人類棋手還讓子，比賽時拿掉王后），最後總算贏了一個剛剛學會怎麼下棋的志願者。這件事沒有變成報紙頭條，但這是電腦首次在需要智能的賽局中擊敗人類。

在這個里程碑後一年，卡內基美隆大學（Carnegie Mellon University）的一群研究人員於一九五七年宣稱，他們找出B式演算法的祕密，只需要十年就能讓西洋棋程式擊敗人類世界冠軍。想一下當時的電腦有多麼昂貴，運算速度又有多慢，這一番言論之大膽狂妄，簡直和甘迺迪總統在一九六二年宣布美國要在一九七〇年以前將人類送上月球一樣。

也許這只不過是在無知狀態下說出非常不切實際的話而已。就算美國傾全國的工業產能，將所有資源投注在一九六七年之前製造出擊敗世界冠軍的機器，這項預言也幾乎不可能實現。阿波羅計畫之所以能實現，是因為科學家創造出新的材料和科技；甘迺迪總統的承諾之所以能兌現，也是因為幾乎所有的相關技術都被逼到極限。雖然如此，人類登陸月球仍然像是那個年代才有辦法達成的成就，從規畫到研發工作都依循著相對可靠的時間進程。一九六二年負責阿波羅計畫的人，就算不知道要怎麼樣才能讓人類登陸月球，至少也知道他們該做什麼事。

相較之下，世界冠軍等級的西洋棋機器一直到一九九七年才問世，比卡內基美隆大學研究團隊所預測的時間晚了整整三十年，而這段期間，電腦的發展大致上與摩爾定律（Moore's Law）相符[5]，運算能力每兩年就增強一倍。大家很快發現，他們的「聰明」演算法殺手鐧本身有致命的缺陷，而且他們其實根本不知道下一步要怎麼走。西洋棋實在太複雜，電腦實在太慢了。假如一九六〇年代的人再投入幾百萬小時的工作時數來研發西洋棋演算法，一定能在程式設計知識和硬體設計上大有進展，但是一直到了一九八〇年代，電腦硬體才有辦法儲存複雜的程式，並以夠快的速度執行程式，來擊敗特級大師等級的棋手。

就算當時投入的金錢與ＮＡＳＡ的預算相當，我們也無法想像一九六七年之前能開發出打敗世界冠軍的電腦程式，就算把時間延後到一九七七年，還是十分讓人懷疑。一九七六年在洛斯阿拉莫斯國家實驗室設置的 Cray-1 超級電腦，是當時世界上運算速度最快的電腦，每一秒可以處理一億六千萬個運算（也就是160 megaflops）＊。相較之下，我在二〇〇三年與 Deep Junior 程式對戰成平手，當時執行 Deep Junior 的電腦有四顆 Pentium 4 處理器，每一顆都比 Cray-1 快了約二十倍，實力已和一九九七年使用特製硬體的深藍一樣好，甚至更好。[6]

這並不是因為 Deep Junior 比深藍更快，其實它沒有比較快。事實上，深藍每一秒檢查的盤面數量（一億五千萬個盤面）平均比 Deep Junior（三百萬個盤面）多了五十倍。單純的運算速度只是機器實力的一個因素，若要完全發揮硬體的能耐，關鍵是程式設計的效能。早自一九七〇年代開始，好幾個世代的西洋棋程式設計師都說，若要增強西洋棋程式的實力，最有效率的方式是設計出更聰明的搜尋程序和逐步將程式碼最佳化。

程式設計師需要將西洋棋知識增加到機器的搜尋演算法中時，需要有所取捨。舉例來說，即使是最基本的西洋棋軟體也需要理解「將死」的概念，以及每個棋子的相對價值。城堡比主教更有威力，但如果你告訴機器：「城堡和主教各值三顆兵」，它不會下得好。計算棋盤上的棋子（哪一方主力棋子和兵的數量比較多），是西洋棋機器非常擅長的事，而且計算的速度非常快。以程式設計師的觀點而言，設定每顆棋子的標準價值參數，並不需要多少西洋棋常識。

知道主力棋子和兵的價值之後，還有比較抽象的知識，像是哪一方控制的盤面空間比較大、兵的陣線結構，以及國王的安全度。每多餵給電腦一塊資訊，讓電腦在評估每個棋步時將之納入考量，搜尋的速度就會變慢。總而言之，西洋棋程式要不是快但笨，就是慢但聰明。這種平衡的工夫非常有趣；我們花了好幾十年才製造出夠聰明又夠快的機器，來挑戰世界上最強的人類棋手。

不論早年的預言有多麼失準，接下來二十年間一直有穩定的進展。程式設計一路誤打誤撞下來，再加上無情的摩爾定律，使得一九七七年的西洋棋機器達到人類前百分之五頂尖棋手的實力；這已經是專家的實力了。它們下的西洋棋還是很糟糕，到處都是沒有道理的棋步，離譜到即使實力弱的人類棋手都不會考慮。然而，它們的運算速度已經快到可以在對戰

---

* 譯注：megaflops 為「每秒百萬浮點運算」，flops（floating-point operations per second）為「每秒浮點運算次數」（亦稱「每秒峰值速度」）。

人類時，用精準的防禦和尖銳的戰術來掩飾偶爾的失誤。

硬體更快速只是進步的一個環節，剩下的進展大多是因為程式寫得更好，讓搜尋演算法更快速。這種「alpha-beta 剪枝」（alpha-beta pruning）的演算法，讓程式可以迅速剔除虛弱的棋步，因而可以更快速向前看更多步。這是夏農描述的A式「極小化極大演算法」（或者說暴力演算法）之演進：如果某個棋步經過計算後的價值小於當下選擇的棋步，程式就不會再注意這個棋步。有了這個關鍵的進展，再加上其他的最佳化措施，A式的程式就超越了B式的程式。任何試圖模擬人類思考方式和直覺的西洋棋機器，都比不過效能好的暴力演算法。這一切還是需要一些西洋棋的知識，但速度才是王道。

現今所有西洋棋軟體都以此為基礎，採用基礎的極小化極大演算法，並應用 alpha-beta 剪枝演算法。程式設計師使用這種結構，建構西洋棋評估的功能，再進行微調來獲得最佳成效。最初採用這種技術的程式，在當時最快速的電腦上執行時，能達到水準相當好的棋力。到了一九七〇年代晚期，在TRS-80等初代個人電腦上執行的西洋棋程式，可以打敗大多數的業餘棋手。

接下來的躍進出自美國紐澤西州著名的貝爾實驗室（Bell Laboratories）；幾十年來，來自這裡的專利與諾貝爾獎得主源源不絕。湯普遜（Ken Thompson）用了幾百個晶片，製造出一台專門下西洋棋的機器。這台機器叫做 Belle，每秒能搜尋大約十八萬種盤面，當時的泛用型超級電腦每秒只能搜尋五千種。Belle 下棋時能向前看到高達九個半棋步（九層），實力相當於人類大師級棋手，也遠勝過任何其他西洋棋機器。一九八〇年至一九八三年間，它贏得了幾乎所有的電腦西洋棋比賽，最後才被下一代 Cray 超級電腦上的一個程式超越。

市面上的西洋棋軟體（名稱像是「薩爾貢大帝」〔Sargon〕*或「西洋棋大師」等等）也一直在進步，同時受益於英特爾和ＡＭＤ的處理器速度飆升。在此之後，卡內基美隆大學的研究人員設計出新一代西洋棋專用機器，像 Belle 那樣的專用硬體又興盛一時。柏林納教授（Professor Hans Berliner）除了是電腦科學家，也是通訊西洋棋（correspondence chess，透過郵件寄送棋步的西洋棋，現在通常以電子郵件進行）的世界冠軍，他的團體製造出 HiTech 西洋棋電腦，於一九八八年達到一個里程碑，臻於特級大師的水準。不過，這台電腦不久就被他兩位研究生的電腦超越：一九八八年十一月，康培爾（Murray Campbell）和許峰雄（Feng-hsiung Hsu）的專門機器「深思」（Deep Thought），成為第一個在例行大賽中擊敗人類特級大師的西洋棋機器。他們在一九八九年畢業後到ＩＢＭ工作，並將「深思」帶過去；他們的計畫在那裡更名，以反映ＩＢＭ的暱稱「大藍」（Big Blue）。「深思」變成了「深藍」，西洋棋機器的最後一章故事就此展開。

* 譯注：薩爾貢大帝是阿卡德帝國（Akkadian Empire）的國王，以擊敗蘇美人城邦聞名。

第三章

人類對抗機器

打從人類發明機器開始，人類與機器的競爭就成為科技相關討論的一個主題。相關的詞彙不斷翻新，基本的敘事卻沒有變過。人類一直被取代，或是在競賽中落敗，或是變得沒有利用價值，因為人類以前做的事現在變成新的科技發明在做。這個「人類對抗機器」的敘事架構在工業革命時大為興盛：當時蒸汽機和自動化機械開始大舉出現在農業和工業生產中。

一九六〇年代和一九七〇年代的機器人革命時，「競爭」的故事主軸變得更不祥、更無孔不入；此時更精準、更有智慧的機器開始威脅到人類工作，而從事這些工作的人在社會和政治上的力量也更大（像是有工會組織）。接下來是資訊革命，服務和技術支援產業有上百萬人因而失業。

現在，職場中的「人類對抗機器」故事已經來到下一章了：機器開始「威脅」到的人，是那些會拿機器當主題寫文章的人。我們每天都會看到新聞說，機器的下一個目標是律師、銀行家、醫生和其他白領階級專業人士。無庸置疑，它們的確會這樣來。這種壓力一定會降臨到每一種職業上，而且也必須降臨，否則就代表人類不再進步。我們可以用兩種方式看待這些改變：這是機器手臂將我們慢慢掐死；或者，它們能將我們抬到我們自己達不到的高處。從歷史上來看，真實的情況一直是後者。

把科技取代人類工作一事浪漫化，就像抱怨抗生素讓太多挖墳墓的人失去飯碗一樣。人類文明的歷史，就是勞動工作從人類轉移到人類所發明之器具的故事。科技的進步，與幾百年以來的生活水準不斷提升，以及人權的進步息息相關。我們可以坐在有空調的房間，口袋裡的裝置能隨時存取人類知識之大成，然後我們還抱怨現在都不必用手工作：這是何等的奢侈啊！世界上還有很多地方的人必須整天徒手工作，而且沒有乾淨的飲水和現代醫療。此言不假：他們是因為沒有科技而死。

感受到壓力的人，不只有受過大專教育的專業人士。印度電話服務中心的員工，工作正被人工智慧的機器取代。中國電子產品生產線的工人，工作正被機器人取代，被取代的速度連美國底特律的汽車工業大亨都會嚇一大跳。開發中國家有一整個世代的工人，常常是家族裡首次可以脫離低階農業和其他僅夠自給的勞力。他們會需要回到農田嗎？有些會，但對大多數人而言，根本沒有這個選項。這就像是要律師和醫生「回到工廠去」，工廠卻早就不存在了。我們沒有退路，只能往前進。

我們不能選擇科技進步的終止時刻，也不能勒令科技進步在哪裡停止。公司企業已經全球化了，勞力的流動也快要變得和資本一樣。工作受到自動化機器威脅的人，會害怕這一波的科技讓他們一貧如洗，但是他們也需要仰賴下一波科技，刺激出經濟成長，而且若要產生可以永續的新工作，也唯有這樣的經濟成長才能達到。就算我們有辦法訂立規範，強制要求將智慧機器的發展與應用減速（這怎麼可能做得到？），也只能稍稍緩解片刻，長久而言會讓大家的處遇更艱困。

不幸的是，長久以來，政客和企業總裁一直犧牲長期、廣大的利益，以求討好當下的一小群人。讓勞工接受教育、重新受訓，遠比將這些勞工留在某種孤絕於科技進步之外的境地來得有效。然而，這樣做需要有規畫、有犧牲；這些字眼比較會讓人聯想到一盤西洋棋，而不是當今的領導人。

川普在二〇一六年獲選為美國總統，競選的承諾是從墨西哥和中國「帶工作回來」，彷彿即使其他國家的工業生產工作薪資遠比美國薪資來得低，美國的勞工也一樣有競爭力，或者應該要和這些國家競爭。對外國生產的產品課以高關稅，會導致幾乎所有的商品變得昂貴許多，受到衝擊的人是最沒有能力承受這個衝擊的人。假如蘋果公司推出一個在美國生產、披上美國國旗顏色的 iPhone，要價比在中國生產的同一個機型貴上一倍，這樣能賣出幾支？我們不可能只保留全球化的好處，不接受全球化的壞處。

對於像人工智慧這種改變世界的大突破，能夠聚焦在這些突破的潛在壞處，是一種特權。就算這些議題這麼真實，我們不可能解決它們，除非我們不斷大膽創新，創造出新的解決之道和新的問題，再創造出更新的解決之道；這正是我們在歷史中一直在做的事情。美國需要有新的工作，來替代被自動化機器取代掉的工作，但是這些新的工作需要用來建設未來，不應該一直試著從過去的歷史把工作找回來。這是有可能辦到的事，以前也確實辦到過。我在這裡不是指一九二〇年代有百分之二十的美國人住在農地裡，過了將近一世紀後只剩下不到百分之二；我所指的，是一項更晚近的改造。

科羅廖夫（Sergey Korolyov）設計的「史普尼克號」（Sputnik）人造衛星於一九五七年十月七日升空，這顆小小的衛星發射後，太空競賽變成長達數十年的衝刺賽。美國的艾森豪總統立刻下達命令，要求美國所有的計畫將時程提前；一九五七年十二月，美國第一顆人造衛星「先鋒號」（Vanguard）發射失敗，很可能就是因為時程太趕所致。這場糗事還有電視台現場轉播，被媒體挖苦成「仆街尼克」，政府也因為丟盡顏面而更迫切要求成果。

「史普尼克時刻」日後變成美國日常用語，意指任何讓美國知道世界上有競敵的外國成就。舉例來說，石油輸出國家組織（OPEC）在一九七〇年代禁運石油，本來應該是另一個史普尼克時刻，驅使美國發展再生能源。日後還有一九八〇年代日本高科技製造業興起、一九九〇年代歐盟擴張，以及近十年來亞洲崛起。

近年還有另一個史普尼克警報，理論上應該要喚醒沉睡的美國巨人才對：根據二〇一〇年的報導，上海的兒童在標準化的數學、科學和閱讀測驗上的成績，比其他國家同齡的兒童高。二〇一六年十月十三日，《華盛頓郵報》一個標題寫著「中國的人工智慧研究已經遠遠超前美國」。也許這和二〇一〇年的測驗成績不無相關。這又是一個史普尼克時刻嗎？相信你早就看到了：回顧過去的歷史，美國人幾乎不會被喚醒、振作；當然，只有第一個「史普尼克時刻」是例外。

史普尼克號將當時種種真實和假想的恐懼，濃縮成一個直徑六十公分的金屬球；當然，美國一再疲弱無為，早已讓史普尼克號的衝擊顯得微不足道。共產主義的思想與無人匹敵的科技這樣結合，實在讓人震驚，當時的美國報紙社論一方面對此感到驚奇，另一方面又充滿恐懼。史普尼克號戳中了美國人最原始的神經，除了讓美國人又驚又怒，也衝擊美國全國的自信與面子。

美國人回應了：一九五八年，也就是甘迺迪總統宣布在一九七〇年以前讓人登陸月球之前三年，當時身為參議員的甘迺迪支持一項新的立法，稱為「國防教育法案」，這項法案會直接將資金投入全國的科學教育。這項計畫日後造就了許多工程師、技術人員和科學家，我們現今的數位世界，大多是這一代的專家設計和打造的。

這個問題至今仍然無解：我們是否有辦法像呼喚神燈精靈那樣，喊出全國振興的口號後就一呼百應？戰爭與恐懼是讓全國齊一心志的必要條件；這樣想實在讓人心寒，畢竟世界上的戰爭與恐懼越少，我們的生活才會更好。但如英國文豪塞繆爾．詹森（Samuel Johnson）的一位友人即將被處死時所說的，任何威脅到存在的事情確實會讓頭腦專注。任何全國性的轉變，都必須有政治人物、工商菁英和多數國民的支持，才能讓大家的心思專注來達成。

一九七〇年代，日本製造的汽車性能更優越，美國消費者總共買了好幾百萬輛。美國每一間大學和公司都熱切歡迎華人學生和畢業生。在當今全球化的世界，科技競爭已經轉變成一種心態：不論是世界上哪個地方的哪個人，只要把事情做對（或者至少做得更好），大家都會受益。這種情況當然比世界上完全沒有人做對來得好，但我們不能因此就放棄在美國追逐傑出的科學成就。美國仍然有獨特的創新潛力，而且規模之大，足以推動全世界的經濟。假如美國人甘心平庸無奇，這個世界確確實實會更貧乏。

艾森豪總統的科技特別助理、麻省理工學院校長克里安博士（Dr. James Killian）被美國國會問到蘇聯為何會成功，面對這個關於科技的問題，他以文化的方式回答：「無庸置疑，蘇聯政府讓全國推崇、熱心關切科學和工程，使他們在這些領域有大批受過訓練的專業人員。」他的回答刊登在一九五七年十二月號的《原子科學家公報》（*Bulletin of the Atomic Scientists*）；在同一篇文章裡，期刊編輯對美國人無為、導致蘇聯超前的心態下了更重的批評：「我們只屈就於安逸舒適的慾望，沒有專心在更大的目標、發展我們的潛能。」

這是用客氣、委婉的方式說出一件事：美國人早已變得懶惰、短視近利，不願冒風險走在科技的尖端。我擔心現在的美國又陷入這樣的狀況。矽谷依然是全世界最強的創新基地，美國也比世界上任何其他國家更具備讓人成功的條件。然而，你什麼時候聽說政府提出的政策是要促進創新，而不是扼止創新？

我堅信讓企業自由可以促進全世界進步。即使蘇聯那麼推崇科學，也敵不過釋放出全力的美國創新。然而，一旦政府藉由過度的規範和短視的政策限制創新，問題就會出現。無論是當今或未來任何一個史普尼克時刻，都需要最頂尖的人才，關稅壁壘和移民限制會侷限美國，讓最頂尖的人才不再被吸引進來。

拚命抗拒機器智慧的影響，就像是動員反對用電或火箭一樣。只要我們有智慧地運用機器，它們會一直讓我們更健康、更富裕，也會讓我們更聰明。這裡或許可以岔題一下，想一想是哪個發明首先幫助人類增進知識和增廣理解世界的能力。從十三世紀開始，磨玻璃的技術帶來了眼鏡，進而帶來望遠鏡和顯微鏡；這些工具加強了人類的航行技術和醫療研究，大幅強化我們駕馭所處環境的能力。算盤可以追溯回公元前兩千年以前，除了是一種機器，更是一種方法，但它可能是第一個增強人類智能的工具。字母書寫系統、紙張、印刷術並沒有創造出知識，卻有至為關鍵的輔助功用，將知識保存下來並散播出去，就跟網際網路一樣。

我自己和電腦對戰西洋棋的經驗雖然是例外，卻也證實了這個原則。不論機器能做到多少人類能做的事，我們都不是和機器競爭，而是在跟自己競爭，來創造出新的挑戰、拓展自己的能力、讓自己生活得更好。為了應付這些挑戰，我們需要能力更強的機器，也需要有人來建造、訓練和維護這些機器，一直等到我們又發明出可以做到這些工作的機器為止，如此不斷循環。倘若我們覺得被自己發明的技術超越了，這是因為我們逼自己還逼得不夠緊迫，目標和夢想都不夠有野心。我們不該煩惱機器能做什麼，應該要煩惱它們還有什麼做不到。

我要再強調一次：創新的科技會衝擊到一些人的生活和謀生能力，我對這些受創的人並非冷血無同情心。我深知畢生的心血被機器威脅會是什麼感受，世界上很少有人感受比我更深刻。假如西洋棋機器有朝一日打敗世界冠軍，沒人知道會變成什麼樣子：還會有職業西洋棋競賽嗎？如果大家認為世界最強的西洋棋手是一台機器，我的世界冠軍比賽還會有人贊助，還會有媒體報導嗎？究竟還會不會有人下西洋棋？

還好，以上幾個問題的答案最後都是「會」；然而，我熱衷進行人類對抗機器的比賽，受到棋界一些人批評，有一部分就是因為這些末日般的情境所致。我想，若我當時推拒，逼得電腦工程師去找其他高手，也許能讓這件無可避免之事稍稍延後一些。我在一九九七年五月二度對戰深藍時，世界排名緊接在我後面的是安南德和卡爾波夫，假如當時機器擊敗兩人其一，大家會說：「不錯啊，可是它打得了卡斯帕洛夫嗎？」這樣的質疑只會持續到我不再是世界冠軍為止（二〇〇〇年的事），或是我不再排名世界第一、從棋壇退休為止（二〇〇五年的事）。我從來不是怯戰的人；如果世人只記得我是第一個敗給電腦的世界冠軍，至少也好過大家只記得我是第一個不敢和電腦對戰的世界冠軍。

更何況，我根本不想逃跑。我覺得這一切非常刺激：這是新的嘗試，是追求科學，可以用新的手法推廣西洋棋；另外，我不諱言，有時這一切也會吸引鎂光燈和賺到錢。無論是好是壞，我為什麼要讓別人早我一步？我何必犧牲這次機會，不來扮演獨一無二的歷史要角，反而只是當另一個旁觀者？

假如我敗給機器，我也不會相信種種末日般的預言。我一直對西洋棋在數位時代的發展樂觀其成，而且不是因為當時盛行的無稽之談，說「即使汽車比較快，還是有人在賽跑」。撇開約翰・亨利的傳說不談，人類發明汽車後，還是照樣在走路，也照樣有行人。世界上有許多東西比百米賽跑世界紀錄保持人波特（Usain Bolt）（最高時速四十八公里）還快[1]，包括北美郊狼（時速六十四公里）和袋鼠（時速七十公里）。那又怎樣？

西洋棋和體能運動大不同，因為強大的西洋棋機器會直接或間接影響人類下棋的方式。我們不妨將之比喻為體能運動裡服用類固醇或其他禁藥：它是外在的強化劑，有可能增強表現，但濫用可能會傷害運動界。西洋棋是固定不變的：電腦下了什麼樣的棋步，或是採用什麼樣的策略，人類可以完全如法炮製。假如機器發現一些常用的開局法有問題，還指出破解的方式，要怎麼辦？人類會不會自己變成自動化的機器，只會將機器指示的棋步和想法再吐出來而已？勝利者會不會是家裡電腦最先進的人？電腦輔助作弊會不會成為通病？這些是紮紮實實的嚴重問題，至今依然如此；但也不像一些人悲觀臆測，認為電腦把西洋棋變成已解的賽局後就沒戲唱了，或是人類之間的比賽不會有意義。

正如幾乎所有的新科技一樣，西洋棋機器更加普及、實力越來越強，雖然可能有壞處，更多的是好處。不過，我必須承認，我很晚才意識到這件事。最初幾代在個人電腦上執行的西洋棋軟體（背後運作的是我們所謂的「西洋棋引擎」），實力太虛弱了，對職業棋手沒什麼用處。最熱門的軟體是以休閒玩家為目標市場[2]，主打的不是西洋棋引擎的強度，而是好看的3D棋盤，或棋子的動畫特效。到了一九九〇年代初，這些軟體變得強大許多，成為非常危險的對手；然而，它們下出的棋既難看又不像人類所下的，實在不太能用來當作認真訓練的工具。

我早期並沒有關注這些，而是專注在開發出電腦工具，來幫助我和其他認真的棋手進行準備工作。我不必再翻閱一本又一本的參考書籍，或是寫滿分析的筆記本；我只需要花幾秒鐘，就能搜尋裝滿上千盤棋譜的資料庫，而且這個資料庫很容易更新。一九八五年，我開始和德國科技專欄作家暨電腦西洋棋愛好者弗瑞德（Frederic Friedel）討論要如何設計這樣的程式。他和程式設計師好友魏倫韋伯（Matthias Wüllenweber）在漢堡創立ChessBase公司，於一九八七年一月推出與公司同名的開創性西洋棋程式。從此之後，這個古老的桌遊就被拉進資訊時代了——但你需要一台雅達利（Atari）ST個人電腦。有了這個軟體，只需要點擊幾下，就能收集、整理、分析、比較和回顧西洋棋比賽；如我在一九八七年時所說，對西洋棋研究來說，這是一個如同印刷術一樣的大革命。

關於西洋棋引擎，到了一九九〇年代初，我有幾場閃電棋比賽輸給了最頂尖的西洋棋程式，這些程式很明顯只會越來越強。在那之前，家庭電腦仍是世界上罕見的東西時，機器的能耐往往不是被誇大，就是被低估。根據一些早期的論點（從我的觀點來看，是相當樂觀的看法），西洋棋分析的分支會急遽增加，因此到了某個地步會變成障礙，但是程式撰寫技術的演進，加上處理器的速度不斷增快，使得機器下西洋棋的能力穩定增強。

我漸漸認知到，強大的西洋棋程式如果變得更廣泛，可以在全世界大幅推廣這種競賽。

我能在西洋棋上功成名就，除了有天賦和一位堅定的母親之外，還因為我出身的地理位置使然。我在蘇聯能輕易取得西洋棋書籍、雜誌和教練，實力強的對手更是源源不絕。世界上沒有任何其他地方具備這種條件，也許只有前南斯拉夫是例外。其他西洋棋強國也仰賴長久的傳統，在這種傳統悠久的環境下，才有充足的資源讓具西洋棋天賦的人發展。

當廉價的個人電腦上有了特級大師等級的西洋棋程式，這個階級就被顛覆了。雖然程式比不上經驗老到的人類教練，至少總比什麼都沒有好。再加上網際網路將西洋棋推播到世界每一個角落，兩種因素加起來帶來了轉變。若要產生西洋棋菁英，關鍵是要即早找到有天分的人；拜實力高強的電腦之賜，現在不管在哪裡都非常容易做到這一點。當今的菁英西洋棋手，有許多來自沒有古老西洋棋傳統的國家，這種情況並非意外。在諸多層面上，電腦常常會帶來這樣的影響，減低既有規範的影響力。西洋棋在中國和印度受到政府支持，當地棋界也有明星人物，因此日漸普及；然而，這兩個國家崛起之迅速，受益於棋手可以用特級大師等級的西洋棋電腦軟體進行訓練。在此之前，各國必須引進蘇聯的教練、花大錢舉辦國際大賽，或是將當地的棋手送往他國，才能找到實力夠強的對手。當今世界排名前五十名的棋手中，中國目前有六名；俄國棋手仍然最多，總共有十一名，他們的平均年齡是三十二歲，中國棋手的平均年齡只有二十五歲。

現今的世界冠軍卡爾森（Magnus Carlsen）來自挪威，出生於一九九〇年。他所知道的世界，一直是一個電腦西洋棋程式實力比他強的世界。諷刺的是，他是一個非常「人性風格」的棋手；他直覺下出的西洋棋盤面沒有直接受到電腦太大的影響。不過，和他同一輩的棋手，許多人不像他那樣，這一點下文會更仔細探討。

談到我自己面對西洋棋機器的經驗之前，我們可以先看一下人機對戰的悠久歷史。雖然我在職業生涯中有親自投資在這種比賽上，回顧這一切時，我會認為「競賽」不是最有意思的層面；比較有意思的是，我們從西洋棋電腦的歷史中（特別是電腦和實力高強的人類之競賽），能學到多少與人工智慧和人類認知相關的事。

這不是因為我們最終無可避免地敗給我們用矽晶創造的機器（無論這個結果多麼像聖杯一樣，是世世代代苦苦追尋的目標）；另外，對於不是專家的人來說，許多比賽本身並沒有多麼吸引人。最有意思的比賽，是那些在某種程度上代表電腦下棋能力進步的比賽，因為它們反映了科學的進步。比賽結果固然會受到最多矚目，勝負之外的事也一樣重要。若要將西洋棋當作一種方法，來更深入理解人類與電腦分別擅長哪些事情、不擅長哪些事情，以及為什麼擅長或不擅長這些事，那麼棋步會比結果更重要。

排名棋手時有一個國際通用的積分系統，使用這種積分方式製作一個簡單的圖表，就能看到從一開始的大型電腦，到後來的特製化硬體，乃至當今的頂尖西洋棋程式，西洋棋機器的實力以穩定、線性的方式不斷進步。它們在一九六〇年代只有新手的水平，到了一九七〇年代已經能下出相當紮實的棋，一九八〇年代晚期進步到特級大師水準，到了一九九〇年代晚期更是具備世界冠軍水準。這個過程中沒有突然的大躍進，只有緩慢、穩定的進化；在此期間全球的程式開發者彼此互相學習與競爭，同時摩爾定律也施展出無以阻擋的魔法，讓硬體不斷增快。

機器在西洋棋上從新手進步到特級大師水準，這種進程也可以在世界上無數的人工智慧計畫中看到。人工智慧的產品通常會逐漸進化，從虛弱得可笑的地步，到有趣但沒什麼用處，變成像虛假的人工產品但有用處，最後變成超越人類能力。

這樣的進程可以在各種應用中看到：語音辨識和語音合成、自動駕駛的汽車和卡車，以及蘋果公司的 Siri 等虛擬助理。它們一定會碰到一個關鍵點，從有趣的小玩意兒，變成不可或缺的工具。在此之後還會有一個轉變：工具會變成超越工具的事物，能力強大到超乎創造者所想像。這常常是各種技術隨著時間漸漸結合在一起，網際網路便是一個例子：它其實是好幾種不同層面的科技結合在一起運作。

我們心態變化之迅速，是一件非常神奇的事：面對一種新科技，我們很快就會從一開始狐疑的心態，變成將之視為理所當然。就算我們早已習慣一輩子以來快速轉變的科技，任何新的東西一出現，我們會短暫感到驚奇或恐懼，或者同時又驚又恐，沒過幾年卻對這個新東西習以為常。重要的是，在震驚與接納之間的精采時刻，我們需要保持冷靜，才能清楚向前看、盡我們所能準備好。

我在巴庫出生之前九天、我在漢堡同時面對三十二台電腦之前二十二年、我再次對戰深藍之前三十四年，在莫斯科發生歷史紀錄上第一場機器對戰人類特級大師的比賽。這場比賽現在已經差不多被遺忘了，而且比賽的內容並不出色，實在沒什麼好記得的，但這仍然是一個里程碑。

從諸多方面來看，二〇〇六年過世的蘇聯特級大師布龍斯坦（David Bronstein）有如我的家人。無論是比賽中或比賽外，他一直是棋壇中特別有好奇心和實驗心的人物；他的性格直爽，也因此有時冒犯了蘇聯當局。布龍斯坦提出許多創意十足的新點子來推廣西洋棋[3]，甚至發明了新的西洋棋變體。他打從一開始就對西洋棋電腦和人工智慧感興趣，一直熱衷和最新一代的軟體對下。布龍斯坦也看到電腦西洋棋有潛力讓人理解人類思考的方式，在他漸漸淡出職業棋壇之時，寫了許多文章探討電腦西洋棋。

一九六三年，布龍斯坦仍是世界頂尖的棋手之一[4]，十二年前和實力高強的博特溫尼克在世界冠軍賽中下成平手。一九六三年四月四日，他在莫斯科數學研究院（Moscow Institute of Mathematics）和電腦下了一盤完整的西洋棋，對手是一個在蘇聯M-20大型電腦上執行的蘇聯軟體。我很想問布龍斯坦，他在下最初幾步時有什麼感覺。他不可能確知那台機器下棋有如初學者：這是踏進未知的領域，面對這麼奇特的對手，實在無從準備。

這裡再改寫塞繆爾・詹森的名言：他很快就發現，讓人驚訝之處並不是電腦下的棋有多好，而是電腦有辦法下棋。布龍斯坦一路猛攻，一直玩弄那台虛弱的機器。他讓電腦吃到一些棋子，同時將他的主力棋子移到進攻的位置，最後徹底擊潰黑棋的國王。他以十步的攻勢完美讓黑棋將死，整盤棋只花了二十三步。

布龍斯坦擊敗M-20一事，是第一代（高強的）人類對戰機器的寫照：電腦會貪心，最後受到懲罰。早期西洋棋程式的評估功能非常偏重盤面棋子的價值；換句話說，就是看哪一方的主力棋子和兵比較多。這是最容易評估的參數，也最容易寫進程式裡：讓棋盤上每個東西有一個價值點數，然後計算點數；電腦正好非常擅長計算。基本的價值點數在兩百年前就已經確立下來了[5]：兵值一點、騎士和主教值三點、城堡值五點、王后值九點。

國王就比較難處理了：雖然它的機動力不高，但無論如何一定要受到保護。國王不能被吃掉，假如它即將被吃掉卻逃不走，這盤棋就結束了：這樣就是「將死」。有一招是讓國王值一百萬點，藉此讓程式知道不能把國王暴露在危險中。將死是無以質疑、終結一切的事件，電腦也非常會理解這樣的事件。如果有辦法在四步內將對方逼到將死，不論人類覺得這樣的盤面有多複雜，一台能看到四步棋的電腦一定會找到這樣的走法。

只注意盤面上棋子的數量，也是人類新手下棋的方式，兒童特別會如此。他們只會想著一直吃對方的棋子，卻不管盤面上的其他因素，像是棋子的動態，以及哪一方的國王比較安全。累積經驗後，他們會漸漸學到，雖然棋子數量很重要，如果你的國王快要被逼到將死，你吃了對方多少顆棋子都沒意義。

另外，棋子價值點數也會因為盤面種類的不同，而有各種例外。舉例來說，跟一顆行動範圍受限的城堡比起來，一顆位置好的騎士可能有相同的價值，甚至更有價值。在中盤（一盤棋中高動態、講求戰術的階段）的時候，主教的價值有可能超過三顆兵，到了殘局時情況又會反過來。在比賽進行中調整各種價值點數是有辦法做到的事情，但這樣會導致演算法必須處理更多資訊，進而降低搜尋的速度。

早期的西洋棋機器無法像人類那樣從經驗中學習。貪心吃棋子的小孩每一次被逼到將死，就是學到一堂課。即使他們輸得很慘，也會在記憶中累積有用的模式。相較之下，電腦會一再犯下同樣的錯誤，它們的人類對手知道這一個弱點，利用得相當好。即使到了一九八〇年代中葉，假如你的時間抓得好，有可能和電腦完全重演一整盤棋，全部用一模一樣的棋步打敗它。

抓時間是一件重要的事，因為電腦的搜尋每一微秒逐漸擴大後，有可能換另一個走法。人類如果每一步要花六十秒，下出來的棋步可能不會和每一步花五十五秒的差太多；電腦就不一樣了，因為每一點時間會直接投入更深入的搜尋，而這會直接反映出來，變成品質更高的棋步。

早期西洋棋程式和人類新手看起來很像，但這是個陷阱。一個常見的謬誤是預期電腦的思考方式會像人類，這個陷阱是這種謬誤的一部分。根據莫拉維克悖論，電腦非常擅長西洋棋計算，而這正是人類最難做到的事。電腦非常不擅長辨認模式，以及用類推的方式進行評估，這些正好是人類的強項。除了下出將死的一步棋之外，所有用來評估某個盤面的因素，都會因為許多其他因素而有變化。再加上當時的電腦運算速度緩慢，因此早期的專家才會認為他們不可能設計出實力強的A式（暴力法）西洋棋程式。

他們錯了，但他們花了一段時間才弄懂。許多早期的程式嘗試用B式的設計方法，試圖模仿人類的思考方式，有智慧地減少演算法的搜尋樹大小。其他的研究團隊則是發現另一個相對具體的方法有優勢：加強機器的搜尋速度，也因此會加強搜尋的深度，而這一定能以可預知的方式增強機器的實力。

第一個西洋棋實力夠好的程式，是一九五〇年代末在麻省理工學院開發出來的，比布龍斯坦打敗的那個蘇聯程式早了幾年。科托克－麥卡錫程式（Kotok-McCarthy program）在一台IBM 7090電腦上執行，程式裡有一些技術是未來所有實力強的演算法的基礎，包括用alpha-beta剪枝來加速搜尋。

當時在蘇聯領先的團隊採用了A式演算法，這一點十分耐人尋味，因為他們周遭處處是實力高強的棋手，和美國人的情況不同。科托克（Alan Kotok）與麥卡錫（John McCarthy）兩人的西洋棋都下得非常差，對於西洋棋的下法有浪漫、幻想式的看法。對我來說，蘇聯團隊採納暴力搜尋法一點都不諷刺，反而反映出他們更理解一盤好的西洋棋要怎麼下、怎麼獲勝。西洋棋下得好，會是一種非常精確的賽局。如果是兩位高手下棋，假如一方的優勢只有多一顆兵，往往就足以論定勝負。實力弱的棋手會透過自己的短處和一再犯的錯誤來看待西洋棋；新手或不下棋的人則是將西洋棋視為暴起暴落的砍砍殺殺，雙方處處是失誤，讓賽局的勝負搖來擺去。

如果你設計西洋棋機器時抱持的是這種浪漫的觀點，科學式的精準計算沒有突發的靈感來得重要。假如你預期你的對手會失誤，那麼你偶爾失誤也沒什麼大不了的；這樣有一點像是會自我實現的預言。B式的思考方式假定整個體系本來就是混沌、充滿雜訊的，因此初期就會選擇要關注哪些棋步，試圖盡力在混亂中求好。科托克－麥卡錫程式不會去看最佳的十步或二十步棋是什麼，再從這些棋步出發，而是從非常狹隘的四步開始。換句話說，它會向前看一層、選擇最佳的四種走法，再推測出最佳的三種回應法。之後，它會再看這些棋步最佳的兩種回應法，以此類推下去，搜尋越深就越狹隘。

這個程式刻意設計成這個樣子，表面上看起來像是人類高手的分析方式，但這樣忽略了一件事：高手這樣分析之所以有效，純粹是因為他已經評估過上千種模式，而人類大腦的平行處理能力極高，是因為它能非常精準地選出最初的三種或四種候選棋步。如果冀望一台機器不靠先前一切的種種經驗，只透過計算來篩選少數幾種棋步，並且只專注在這些棋步上，比較不像是下盲棋，反而更像是蒙眼丟飛鏢一樣。

將西洋棋當作人工智慧實驗室，有一個便利之處：有個絕佳的方式可以測量進步的程度和測試各種不同的理論，那就是棋盤！蘇聯人起步比美國人晚，但蘇聯的ITEP程式開發的時間，更接近美蘇雙方於一九六六年至一九六七年透過電報所進行的一場比賽。ITEP程式（名稱是莫斯科「理論與實驗物理研究所」〔Institute for Theoretical and Experimental

Physics）的名字縮寫）是A式的程式，最終證實比過去的科托克—麥卡錫程式精準太多了，最終以三勝一負取勝。

大約同一時間，美國程式設計師葛林博拉特（Richard Greenblatt）以科托克—麥卡錫程式的概念為基礎，輔以自己對西洋棋更深入的認知，將搜尋大幅增廣。他的程式 Mac Hack VI 一開始的搜尋廣度是十五、十五、九、九；相較之下，科托克—麥卡錫程式的廣度只有四、三、二、二。這個改變降低了「雜訊」的比例，讓這個程式精確許多，實力也遠遠勝過科托克—麥卡錫程式。Mac Hack VI 還多了一個資料庫，裡面儲存了數千種開局棋步，日後成為第一個參加人類西洋棋大賽的電腦程式，也是第一個獲得國際西洋棋積分的電腦程式。然而，就算有這些進展和成功案例，B式程式的末日已屆，比人類更早殞落。暴力搜尋法的日子即將到來。

我首次接觸電腦是一九八三年，不過那時還沒有和電腦下棋。那一年，我在倫敦和科爾奇諾伊（Viktor Korchnoi）進行比賽；這場比賽由號稱「英國蘋果公司」的艾康電腦（Acorn Computers）贊助，他們的產品當然也在會場展示。歐洲各地的公司行號、電腦愛好者和其他早期使用電腦的人紛紛花大筆的錢買下最初幾代的個人電腦，艾康公司因此獲利頗豐。這場比賽最後由我獲勝，讓我距離隔年與卡爾波夫的世界冠軍賽（我的第一場世界冠軍賽）僅一步之遙，還獲贈一台艾康電腦帶回巴庫。我搭乘俄航班機回國，旁邊坐的是蘇聯大使，我那台脆弱的戰利品還有自己的專屬機位和毛毯。

對我這個蘇聯人來說，擁有一台電腦有如科幻情節。首先，我畢生的心力都用在攀登西洋棋的高峰，讓我沒什麼時間去追求其他事物。再者，蘇聯境內除了研究機構之外，仍然是電腦沙漠。一九七七年上市的Apple II電腦，在蘇聯有一台仿製機叫ＡＧＡＴ，大約一九八三年推出，漸漸開始出現在全國各地的學校，但這台電腦的售價是蘇聯平均月薪的二十倍，絕大多數平民根本負擔不起。另外，這台電腦和大多數蘇聯仿製的科技產品一樣，即使原型電腦此時已經上市六年，這台仿製機還仿得相當差。一九八四年，美國《ＢＹＴＥ》雜誌寫道：「就算這台電腦免費發送，ＡＧＡＴ在今日的國際市場上根本不可能有機會。」[6]

這番話遠遠不只是冷戰時期小小的酸言酸語而已。個人電腦革命此時早已在美國展開，雖然售價仍然昂貴，但中產階級可以輕易購得。一九八二年八月，熱銷多年的八位元家用電腦Commodore 64上市；一九八三年初，創立時代標準的ＩＢＭ ＰＣ ＸＴ上市。到了一九八四年末，超過百分之八的美國家庭擁有一台電腦。相較之下，當年那班飛機載著我和我的艾康電腦降落在亞塞拜然首都巴庫時，在這個人口超過一百萬的城市，擁有個人電腦的人數大概從零變成一。

我很想說，我和電腦的第一次接觸是轉變一切的時刻，但如前面所言，我那時實在有一點忙。我的親戚和朋友大多用我那台八位元的艾康電腦（我記得應該是一台BBC Micro）來打電動。有一個遊戲對我的影響特別深，日後會改變我對於電腦的看法和我的人生，不過那不是西洋棋遊戲。那個遊戲是要移動一隻綠色小青蛙，閃躲往來的車輛。

一九八五年初某一天，我收到一個陌生人寄來的包裹，寄件人是德國漢堡的西洋棋迷暨科幻作家弗瑞德。包裹裡有一張內容讓我非常愉快的紙條和一張裝了幾個電腦遊戲的磁片，其中一個叫做「跳跳蛙」（Hopper）的遊戲成為我的最愛。我必須承認，接下來幾週的空閒時間，我大多花在玩跳跳蛙，不斷創下新的最高分紀錄。

幾個月後，我前往漢堡參加幾項活動，包括那場和電腦對下的同步展演賽，並到郊區造訪弗瑞德。我在他家裡和他的太太及兩位幼子見面，一個是十歲的馬丁，另一個是三歲的湯米。他們讓我覺得像在自己家裡一樣，弗瑞德也用他自己的電腦，十分熱心地讓我看看最新的發展。我在和他聊天的時候，順便提起我已經精通了他寄給我的一個遊戲。

我說：「你知道嗎？我是全巴庫最強的跳跳蛙玩家。」我完全沒提到巴庫根本沒有別的對手。我跟他說我玩到一萬六千分，但我說出這個難以想像的高分時，他的表情完全沒有變，這倒讓我有點驚訝。

「不錯啊，」弗瑞德說：「不過在這間屋子裡，那個分數沒多高。」

「什麼？你還能打到更高分？」我問。

「不，不是我。」

「啊，那電動天才一定是馬丁。」

「不，不是馬丁。」

我頓時心裡一沉，因為我懂了為什麼弗瑞德在笑：他們家裡的跳跳蛙冠軍是那位三歲小孩。我實在無法相信。「你不可能是指湯米吧！」我的恐懼果然沒錯：弗瑞德把湯米帶到電腦前坐下來，將遊戲載入到電腦裡。因為我是訪客，他們讓我先玩，我也毫不客氣，創下一萬九千分的個人最高紀錄。

我沒有高興多久：接下來換湯米玩，他的手指快到我都看不清楚了，沒多久就拿下兩萬分，又沒多久變成三萬分。我直接認輸了，這樣才不必在吃晚餐的時候繼續看他玩下去。[7]跟西洋棋輸給卡爾波夫比起來，玩跳跳蛙輸給一個小孩子沒那麼傷到我的自尊，但這件事也讓我開始思考：西方培育出一整個世代的電腦小天才，我的國家要怎麼和他們競爭？我是蘇聯大城裡極少數有電腦的人，能力卻遠遠不及一位德國幼兒。

因此，我在一九八六年和雅達利簽下贊助合約時，要求的酬勞就是超過五十台最新的電腦。我把這些電腦帶回國內，在莫斯科成立一個兒童電腦社團，也是蘇聯第一個電腦社團。我不斷將我在外旅行時購得的軟體和硬體帶回去給他們，社團於是聚集了許多才華洋溢的科學家和愛好者。

他們常常會給我購買清單，列出他們各種計畫所需的設備，也因此我在機場不時碰到一些好笑的狀況，回國時簡直像是耶誕老人發放禮物。迎接我回國的人除了西洋棋迷之外，還有電腦專家，無不希望我有找到他們渴望的設備。我還記得有人對我高喊，如果發生在今日一定馬上被機場安全人員關注：「加里！你有帶溫徹斯特（Winchester）回來嗎?!」那是一種大家夢寐以求的硬碟。*[8]

弗瑞德也和我聊到電腦可能會如何影響職業西洋棋。公司行號紛紛用個人電腦處理試算表、文字工作和資料庫，那麼除了用來玩跳跳蛙，電腦是不是也能處理西洋棋比賽的資料？這樣的話，電腦會是一個強大的武器，而且我沒有本錢變成最後一個拿到這種武器的人。

如前文所述，我們的對話最後促成了第一版的 ChessBase 軟體，這個名稱不久就成為「專業西洋棋軟體」的代名詞。一九八七年一月，我準備和一個實力強大的團隊進行同步展演賽時，測試了這個程式的一個早期版本。一九八五年，我在一場類似的比賽中輸了一點點，當時的對手是德國職業聯盟的團隊，我同時和八個人下棋。參與比賽時，我一方面太疲倦，另一方面又自信過度；自信過度是一個問題，因為我幾乎不了解當時大多數的對手，也沒有任何方式可以迅速準備好面對他們。

這一次重逢之前，我意識到 ChessBase 對職業西洋棋和我的人生會有多巨大的改變。我用一台雅達利ＳＴ電腦和一張標籤只寫著「０００１」的 ChessBase 磁片，就能在幾個小時之內叫出和檢視我的對手先前的比賽棋譜；假如沒有電腦，這項工作要花上好幾週。我只準備了兩天，就覺得參加這場比賽不會有問題，最後也以七勝一負重創對手。這時我已經知道，接下來的職業生涯，我會有很多時間坐在電腦前，只是我當時並不知道，這當中會有多

＊譯注：「溫徹斯特」除了是一顆ＩＢＭ硬碟的代號，也是一種步槍的名稱。

少時間是和電腦對弈。

電腦很快全面成為西洋棋備賽的必要工具，這一點在幾年後就獲得印證。有一位記者和攝影師到我下榻的地方採訪我，攝影師想要照幾張我在棋盤前的照片來搭配訪談稿。只是有一個問題：我那時身邊沒有棋盤！我所有的準備工作都是用一台可攜式電腦做的，那是一台康柏（Compaq）的電腦，說它「可攜」恐怕有點言之過當，因為它的重量可能將近五公斤半。即使它這麼重，跟我的紙本筆記本和一大疊開局法手冊比起來，拿著它到處跑還是比較輕，也更有效率。等到網際網路普及後，這項優勢更明顯了：一場比賽下完後沒多久，就能將比賽所有的棋步下載到電腦裡，不必花幾週或幾個月的時間等棋譜刊登在雜誌上。

不久後，幾乎所有的特級大師都會帶著可攜式電腦參加大賽，但這方面有顯著的代溝。許多老一輩的棋手覺得電腦太複雜、太陌生了，而且他們用傳統的訓練和準備方式已經成功了好幾十年。另外，可攜式電腦當時仍然非常昂貴，像我一樣有贊助商和世界冠軍比賽獎金的棋手並不多。

電腦和資料庫問世後，職業西洋棋的面貌發生巨變，這個歷史可以類比為新科技應用在各種工業和社會的過程。這個現象已經無庸置疑，但我認為背後的動機分析得不夠充分。年輕、行為模式尚未固定下來時，嘗試新東西的心態當然會更開放；然而，與這種開放心態作對的不只有年齡，還有事業成功。假如你已經成功，現狀也對你有利，你很難自願改變自己的行為模式。

我對商業界演講時，稱這個現象為「過往成功的重擔」，常常還會附上我自己職業生涯裡一個慘痛的例子：二〇〇〇年克拉姆尼克（Vladimir Kramnik）奪走我的世界冠軍頭銜。那時我正值職涯顛峰，在各個頂級大賽中史無前例地連勝，西洋棋積分也到達前所未有的高峰。我那時感覺非常好；世界冠軍賽即將於十月在倫敦舉行，預計會下十六盤棋，我也進行深度的準備工作。克拉姆尼克是我最危險的勁敵，比我小十二歲，多年下來與我對戰的紀錄非常出色。不過，這次世界冠軍賽會是他的第一次、我的第七次。我的經驗豐富、比賽成績更好，心裡也覺得很好。我怎麼可能會輸呢？

答案是：下棋的方式迎合對手的強項，而且拒絕調整。克拉姆尼克準備得相當有技巧，執黑棋時不斷誘導我進入我不喜歡的盤面。這完全是他的功勞，我必須在接下來的幾盤棋找到好的策略來回應。然而，我沒有完全避開這些盤面、發揮我的強項，而是直接向前猛衝，宛如一頭公牛衝向鬥牛士的紅布。我在這次對戰的成績是二負、十三和，一盤棋都沒有贏。

我那時三十七歲，不算是老年，而且從來不畏懼逼迫自己走在時代尖端，包括我熱衷採用最新科技。我的弱點是，我拒絕承認克拉姆尼克準備得比我好：準備工作應該是**我**的強項才對啊！在那場比賽之前，我的每一次成功就像是再鍍上一層金屬，每多鍍上一層就讓我更僵化、更難以改變；更重要的是，這讓我看不出我需要改變。

這個譬喻所指的問題，不只是個人層級的問題，也不只是自尊心的問題。對抗改變與擾亂現狀的事情是常見的商業行為，通常是市場上的領導者想要保住龍頭地位。現實世界中有許多例子，我在這裡要舉一個特別荒謬的科幻例子：亞歷・堅尼斯（Alec Guinness）主演的一九五一年電影《白衣男子》（*The Man in the White Suit*）。亞歷・堅尼斯飾演的主角是一位像脫韁野馬的化學研究員，發明出一種永遠不會磨破、永遠不會髒的神奇布料纖維。理論上，他應該名利雙收，甚至獲得諾貝爾獎才對，但是當各個利益團體發現這項新發明會帶來什麼影響，他反而被憤怒的暴民在街上追殺。以後不會有人需要新的布料了，所以紡織工業會完全被消滅，連帶讓成千上萬的工會勞工失業。以後不會有人需要洗衣皂或洗衣工，所以洗衣工也一起追殺他。

這會不會太胡扯了？當然會，可是我想你不必像我一樣多疑，也能想像這個問題：假如燈泡公司有辦法製造出永遠不會壞的燈泡，他們會拿來賣嗎？然而，只為了從既有的商業模式中多賺幾塊錢，想辦法抗拒和拖延改變，通常只會讓無可避免的挫敗變得更嚴重。我在一九九九年替搜尋引擎公司 AltaVista 拍過一支廣告[9]，但這樣並不表示哪一天西洋棋界出現像 Google 一樣的軟體時，我會想要像 AltaVista 一樣消聲匿跡。

我二十多歲時，數位資訊浪潮開始襲捲西洋棋界，而且那是相當漸進式的浪潮，不是突如其來的大海嘯。在螢幕上檢視比賽棋步，遠比閱覽紙本來得有效率，是真正有競爭力的優勢，但不是原子彈般的衝擊。幾年後的網際網路也帶來同樣規模的影響，讓特級大師在棋盤上進行爭戰時，取得資訊的速度大幅增快。如果星期二有人在莫斯科下出某個精采的新開局法，星期三可能就有十幾位世界各地的棋手模仿這個新手法。網際網路縮減了這些祕密武器（我們稱為「開局新招」）的壽命，以前的壽命可能有幾週或幾個月，如今只有幾小時。現在如果用一招絕妙的陷阱，只能騙得過你的第一位對手了。

當然，這種情況只會發生在你的對手一樣有上線、持續更新最新狀態時，但這有好一陣子的時間沒有發生。叫一位五十歲的特級大師丟掉他鍾愛的皮面筆記本，裡面裝滿各種分析、紙本的大賽公告和其他備賽時的習慣，就像是叫一位知名作家丟掉紙筆、換成電腦的文字處理軟體，或是叫一位畫家丟掉畫布、改用螢幕創作。然而，在西洋棋界，要生存非得調整不可：存活下來的是迅速精通新方法的人，少數沒有採用新方法的人排名迅速跌落。

沒有人可以證明這個因果關係，但ChessBase在一九八九年至一九九五年間變成通行標準，同一時間內許多老手迅速跌落，我相信一定是因為他們無法適應這項新科技。一九九〇年的排名當中，世界前一百名棋手裡有二十位現役棋手出生於一九五〇年以前。到了一九九五年，這樣的棋手只剩下七位，而且菁英階級裡只剩下一位：一九三一年出生、永遠不老的科爾奇諾伊，也就是我在一九八三年倫敦那場由艾康電腦贊助的資格賽中遭遇的對手。另一個例外是我的勁敵卡爾波夫，他出生於一九五一年，一直到五十多歲仍然名列前茅，但他個人不願意使用電腦和網際網路。不過，雖然他才華與經驗兼具，身為前世界冠軍，手邊的資源很豐富，進行研究時能仰賴同僚協助，而有這項優勢的人非常少。有辦法負擔助手（西洋棋裡稱為「副手」〔seconds〕，這個名稱來自男性以決鬥解決糾紛的年代）是一項優勢，而科技讓西洋棋變得更普及、平民化，眾多影響之一就是降低這項優勢。

電腦也許縮短了一些老棋手的職業生涯，也讓年輕棋手更快竄起。這不只是因為會下棋的西洋棋引擎所致，另一個原因是個人電腦上的資料庫軟體，讓成長中的年輕頭腦得以直接取得突如其來的大量資訊。看到年輕小孩在轉眼間從一場比賽跳到另一場比賽、快速跳換分析套路，我自己都會嚇一跳。以電腦為主的訓練也有壞處，下文中會再提；但電腦訓練無疑讓競技優勢（或者說棋盤上的優勢）越來越趨向年輕人。我的職業生涯向前推進時，我不僅要面對一個接著一個冠軍、抵擋下一個世代的棋手，而且下一個世代的棋手在成長過程中，一直擁有我童年時根本不存在的進階工具。

我的人生時間剛剛好讓我乘著這一波浪潮，而不是被浪潮捲走。然而，這也迫使我站上前線，而且對手一天比一天強。西洋棋機器總算要來搶世界冠軍頭銜，而在一九八五年十一月九日，世界冠軍正好就是我。

「西洋棋機器什麼時候能打敗世界冠軍？」歷史上每一位西洋棋程式設計師都會被問到這個問題幾十次。跟想像中一樣，最早的預測（來自數位電腦剛剛誕生的年代）失準得可怕。卡內基美隆大學的團隊在一九五七年大膽宣稱十年後就能辦到，他們多多少少能感到寬慰，因為達成這項成就的超級電腦「深藍」，開發團隊來自同一間學校，只是最後花了四十年才辦到這件事。

在一九八二年於洛杉磯舉行的第十二屆北美電腦西洋棋冠軍賽裡，世界上最頂尖的西洋棋機器彼此對戰，爭奪冠軍頭銜。湯普遜的特製硬體機器Belle仍然凌駕在所有對手之上，展現出的硬體架構和特製西洋棋晶片，日後也應用於深藍。Belle的另一位共同開發者康登（Joe Condon）和湯普遜一同在著名的貝爾實驗室工作，湯普遜有許多重要成就，包括共同開發出Unix作業系統。

「快但笨」的A式暴力程式和「聰明但慢」的B式人工智慧程式，到底該用哪一種？這是夏農在一九五〇年提出的難題；從比賽結果看來，Belle無疑回答了這個問題。答案現在已經非常明白：暴力演算法如果搜尋速度夠快，就能下出實力高強的西洋棋。Belle雖然知識相對貧乏，進行評估時也有其他限制，但它的速度夠快，每秒能評估高達十六萬種盤面，產生的結果不僅遠遠勝過比它聰明的微處理器機器，甚至Cray超級電腦也望塵莫及。許多西洋棋電腦專家在那場大賽中接受訪談時，被問到機器什麼時候會打敗世界冠軍（那時是卡爾波夫），回答中透露謹慎卻樂觀的看法。

紐波恩（Monty Newborn）多年來推動電腦西洋棋，特別是宣傳和籌組活動不遺餘力，他的看法非常樂觀，認為五年就能辦到。另一位電腦西洋棋專家，同時也是國際大師棋手瓦勒渥（Mike Valvo），則是回答十年。熱門個人電腦西洋棋程式「薩爾貢大帝」的創作者回答十五年；他們完全猜對了。湯普遜認為還需要二十年，他的看法比較悲觀，因為絕大多數受訪者都回答會在二〇〇〇年前後。有幾個人甚至回答這永遠不會發生，反映出一項問題：

即使是運算速度比較快的機器，若輸入了更多西洋棋知識進去，也會面對收益遞減的困境。不過，這是大家最後一次被問到「什麼時候會發生，或者會不會發生」；之後的問題，只有「什麼時候會發生」。

經歷十年穩定的成長後，到了一九八〇年代末，電腦西洋棋界深知機器在人機對戰中勝出的時間已經不遠，預測的時間範圍因此縮小。在一九八九年於加拿大艾德蒙頓（Edmon-ton）舉行的世界電腦西洋棋大賽裡，現場有四十三位專家接受訪問，反映出近年來的人機對戰成就。前一年，電腦首次在大賽中打敗特級大師棋手，未來進程的路線已經非常明確：知識要增加一點、速度要增快很多。雖然如此，只有一位專家預測一九九七年是命運扭轉的一年，其他人推測的時間範圍落在一九九七年至二〇〇七年之間。格外讓人注意的是，深藍團隊成員之一的康培爾提出的預測是一九九五年；夏農本人則認為是一九九九年。

如果只著墨於電腦西洋棋界早期失準的預測和可疑的論點，實在有些不公平，畢竟人類的計算能力也許薄弱，但後見之明永遠是對的。不過，這樣做仍然有意義，因為不論這些預言是樂觀過度，或是悲觀到像是放棄了，都可以遠遠對照到當今關於人工智慧的大量預言。

每一次科技進步的徵兆出現時，高估好處與低估壞處一樣常見。我們很容易恣意想像，認為某項新發展一定能幾乎瞬間改變所有的事。這種預言一再失準，不只是因為新科技一定會碰上原先未預見的技術障礙。說穿了，人類的天性本來就和科技發展的特性脫節。我們將發展視為線性的，把進步當作一條筆直的線；實際上，只有早已開發出來和應用的成熟科技才是線性的。這種例子包括準確描述了半導體進步的摩爾定律，以及太陽能電池的轉換效率不斷緩慢、穩定地增強。

達到進展可預測的階段之前，還有兩個階段：掙扎與突破。這與比爾．蓋茲（Bill Gates）的名言相符：「我們永遠會高估接下來兩年內的改變和低估接下來十年內的改變。」[10]我們想看到線性的進展，但只會有一年接著一年的挫折和成熟醞釀過程。在此之後，種種適合的科技會結合在一起，或是達到某種群聚效應，於是這個科技會飆升一下子，再次讓我們震驚，而達到下一個成熟階段後又會緩和下來。我們的頭腦把科技進步看成一條筆直的斜線，其實這通常比較像S型的曲線。

一九五〇年代和一九六〇年代，西洋棋機器仍然在掙扎的階段。研究人員用少量的資源進行大量實驗，試圖弄清楚最有潛力的是A式或B式的程式，但他們用來撰寫程式碼的工具非常原始，使用的硬體設備也慢到難耐。關鍵是西洋棋知識，還是運算速度？由於當時還有太多基礎概念仍屬未知，每一次的突破都讓人覺得是改變一切的大突破。

有一位西洋棋高手認為，他能將科學家的樂觀心態變成個人利益。早在我成為電腦西洋棋界的「頭號通緝犯」之前，一位叫李維（David Levy）的蘇格蘭籍國際大師便以打敗電腦當作副業，獲利頗為豐厚。一九六八年，李維聽到兩位著名的人工智慧專家預測，電腦能在十年內擊敗世界冠軍，因此打了一個非常有名的賭，認為十年內不可能有任何一台電腦贏過他。夏農在一九四九年提出電腦西洋棋的進程，二十年間機器的進步實在沒有多少，李維也才敢這樣打賭。

（這裡要先說明一些專有名詞：「國際大師」等級的積分大約在兩千四百分左右，比「大師」等級（兩千兩百分）高一級，但比「特級大師」等級（兩千五百分以上）低一級。現今一般認為兩千七百分以上是菁英棋手；積分超過兩千七百分的有大約四十人，最高紀錄是卡爾森的兩千八百八十二分。我在一九九九年達到生涯最高的兩千八百五十一分，第二次對戰深藍時則是兩千七百九十五分。這裡需要注意的是，積分隨著時間越來越高：費雪在一九七二年達到兩千七百八十五分時，在當時宛如登上聖母峰，但這個分數已經有不少人超越了，可是我無法認定他們的實力超過費雪。「比賽」指的是兩位對手之間的一系列對弈，與此相對的是有許多棋手參加的「大賽」。）

李維比一九七〇年代初期的西洋棋程式強太多了，一直到打賭期間過了之後，西洋棋程式才接近大師等級。另外，李維也熟知電腦西洋棋程式的優勢與弱點。他知道電腦的深度搜尋能力越來越強，因此在複雜的戰術上變得相當危險，但電腦卻對策略規畫一無所知，也不知道殘局的種種細微之處。李維會很有耐心地移動棋子，用「什麼都不做，但做得好」的策略來反制電腦，等著電腦將棋子拉得過開，在盤面上產生弱點，再一路將電腦的棋子清空，同時也撈了一筆賭注。

李維的前景看似一片順遂，但他後來碰上了一個西北大學開發出來的程式。這個程式由阿特金（Larry Atkin）與史勒特（David Slate）開發，名稱就只是單純的「Chess」，這是第一個穩定、實力高強的西洋棋機器，足以打敗不會發生重大人為失誤的西洋棋專家。到了一九七六年，Chess 4.5版已經足以在一項實力弱的人類大賽中獲勝。一九七七年，Chess 4.6版在明尼蘇達州一項公開大賽獲得第一名，雖然積分還差大師等級一點點，已經接近專家等級。

掙扎的階段已經過了，快速成長的階段開始。更快的硬體，加上二十年以來的程式設計進展，讓電腦西洋棋達到顛峰。幾十年來，大家高估了各種進展，最後的表現因而不斷讓人失望，不過一旦開始取得真正的進展，進展的速度快到超乎想像。等到李維在一九七八年面對電腦西洋棋的世界冠軍，Chess 4.7版的實力遠遠超出他對當時西洋棋程式的想像。不過，這個程式的實力還是不太夠，在六盤棋的比賽中，電腦僅獲得一和一勝。

李維日後成為電腦西洋棋界的要角，在這方面著作等身。他是國際電腦對局協會（International Computer Games Association, ICGA）總裁，二〇〇三年我在紐約對戰Deep Junior電腦程式，這一系列比賽就是國際電腦對局協會規畫的。一九八六年，李維在《ＩＣＧＡ會報》（*ICGA Journal*）發表一篇文章，標題是「暴力演算法程式什麼時候會打敗卡斯帕洛夫？」。我想，他樂得將目標轉移到別人身上。

李維拿到打賭的獎金，並提出一個新的挑戰：他懸賞一千美元，給能打敗他的電腦。美國科學雜誌《Omni》也加入，追加四千美元獎金。這筆獎金過了十年才有人領走，他們是卡內基美隆大學的研究生團隊，使用的是一台特製硬體的西洋棋機器，名字叫「深思」。

第四章　什麼事對機器重要？

「也罷，」深思說：「生命、宇宙及萬事萬物……」

「對……！」

「大問之終極答案……」

「對……！」

「乃是……」深思停頓下來。

「對……！」

「乃是……」

「對……！！！……？」

「四十二。」深思無限威嚴平靜地說道。

「四十二！」瘋哥吼叫。「你在算了七百五十萬年之後，就只拿得出這種答案嗎？」

「吾業已極其謹慎地計算，」電腦說：「答案確實如此。老實說，吾以為問題在於汝等並不確知問題為何。」[1]

以上出自亞當斯（Douglas Adams）的《銀河便車指南》（*The Hitchhiker's Guide to the Galaxy*）*，是全宇宙運算速度最快的電腦和它的製造者之間的對話。正如所有的好笑話一樣，這段對話有耐人尋味之處。我們不斷在尋找問題的答案，開始尋找之前沒有先確定我們是否理解問題是什麼，或是我們問的問題是否正確。我在演講中談論人機關係時，喜歡引述畢卡索有一次在訪談中說的話：「電腦沒有任何用處。它們只會給你答案。」[2]「答案」表示結束、句號，但對畢卡索而言，事情從來不會結束，只會有更多問題要探索。若要產生答案出來，電腦是絕佳的工具，但它們不知道要怎麼提出問題，至少不會用人類的方式提問。

二〇一四年，有人針對這個說法提出一個有趣的回應。我那時受邀到美國康乃迪克州，在全世界最大避險基金橋水公司（Bridgewater Associates）的總部演講。橋水公司正巧雇用了ＩＢＭ華生人工智慧計畫的一位創辦人費魯奇（David Ferrucci），華生最著名的事蹟是在美國益智搶答節目《危險邊緣！》大勝人類對手。ＩＢＭ以資料為重心來發展人工智慧，而且華生在上節目後突然成名，使得ＩＢＭ打算盡速將它商品化，來利用它的能力和知名度；費魯奇聽起來對這樣的發展不悅。他原本的研究，不只是透過挖掘資料來找出有用的關聯，而是著重用比較繁複的「思路」來釐清事情背後的原因。換句話說，他想要用人工智慧探究立即、實用的結果以外的事，也想要讓研究結果不僅是一個答案，而是對背後原理的理解。

有趣的是，費魯奇覺得這種大膽的實驗性研究，最適合進行的地方不是世界科技龍頭IBM，而是以反傳統出名的橋水公司。當然，橋水公司的重點放在預測和分析的模型，來增加他們的投資報酬。他們認為費魯奇的研究值得支持[3]；費魯奇自承，他試圖「想像出一台機器，能綜合演繹和歸納推理方式，來發展、應用、修正和闡釋根本的經濟理論」。

這個目標是值得世人追求的聖杯，特別是「闡釋」這件事。就算是世界上最強的西洋棋程式，也無法說明它們精采棋步背後的道理是什麼，頂多只能看出基本的戰略走法。它們會下出高強的棋步，純粹是因為它們在評估這個棋步時，認為這一步比其他所有的棋步好，而不是運用人類能理解的思辨方式。當然，有一台超強的機器來進行對戰或分析是一件非常有用的事，但對不是專家的人來說，這就像是用一台計算機當你的數學家教。

費魯奇在我的演講中打岔，和亞當斯或畢卡索一樣直接切中要害。他說：「電腦**知道**怎麼問問題。它們只是不知道哪些問題重要。」我喜歡這一段話，因為當中有許多層次的意義，每個層次帶來的啟示都有用處。

首先，我們可以字面解讀。最單純的電腦程式會問你一個事先寫好的問題，並記錄你的答案。這樣不符合任何一種定義下的「人工智慧」，只是自動化的數位筆記而已。就算機器用擬真的語音問你，你回答之後還會再追問適合的問題，它很可能只是做了最原始的資料分

＊譯注：譯文引自《銀河便車指南》，丁世佳譯，木馬，二〇一六年初版二刷。

析而已。這種功能早已存在十幾年了，經常用在各種軟體和網站的「說明」頁面，只是可能沒有自然語音的發音。你輸入問題，輔助說明的功能或聊天機器人抓出關鍵字（「當機」、「聲音」、「PowerPoint」），給你相關的說明頁面，以及它認為可能有關的追蹤問題。

任何用過像 Google 這種搜尋引擎的人，都有接觸這類系統的經驗；換句話說，這表示幾乎所有人都接觸過。大多數人早就發現了這一點：在 Google 裡打「懷俄明州的首府在哪裡？」沒什麼意義，因為只需要打「懷俄明」、「首府」兩個詞就能產生一樣的結果，而且比較不費力。但說話的時候，我們比較偏好使用自然語言，而使用 Siri、Alexa、Ok Google、Cortana 或其他會聆聽我們每字每句的虛擬助理時，習慣說完整的句子。這就是為什麼「社交機器人學」現在變成一門顯學，「社交機器人學」研究的是人類如何與人工智慧科技互動。我們製造的機器人的長相、聲音和行為方式，會大幅影響我們使用它們的方式。

二〇一六年九月，我在牛津的社交機器人論壇演講，和另一位主講人庫爾克博士（Dr. Nigel Crook）及他的機器人 Artie 聊天。庫爾克在牛津布魯克斯大學（Oxford Brookes University）研究人工智慧與社交機器人學，他強調一個重要的課題是公共空間裡機器人如何被使用，因為機器人一方面讓人著迷，同時又讓人害怕。你的手機裡發出一個不具形體的人聲是一回事，一個機器臉孔和形體發出人聲又是另一回事。不論你對這些機器的感受為何，日後無論你到哪裡，一定會看到越來越多這樣的機器。

回到主題：電腦是否有辦法像費魯奇等人工智慧先驅所研究的一樣，問出更有深度的問題？現今開發出來的演算法越來越精細，可以探究資料裡各個事件背後的動機和成因，不只是將關聯度排名來回答搜尋和常識問答題目。然而，若要知道哪些問題才是正確的問題，必須知道哪些事情真正**重要**；除非你知道哪個結果最可取，否則無法知道什麼事才真正重要。

我不斷強調「策略」與「戰術」的差異，以及為何要先釐清你的長程目標，才不會和短程的反應、機會或單純的里程碑混淆。要做到這一點是一件困難的事，這也就是為什麼再小的公司企業都要有遠景和宗旨，並且需要定期檢查來確定他們沒有走偏。因應外在變化固然重要，如果你的策略一直在變，就表示你其實沒有真的策略。我們人類已經不太容易確知自己想要什麼、要用什麼方式才能得到它，也難怪我們很難讓機器看到大局。

除非機器原本已經有明白的程式指示，或是有充足的資訊來自行判斷，否則它們沒有任何自主的方式知道某些結果是否比較重要，或是為什麼某些結果比較重要。甚至，我們可以問：「某件事對機器重要」到底是什麼意思？對機器而言，一項結果要不是「重要」，就是「不重要」；它們判別的依據，就是人類告訴它們哪些事情「重要」，人類必須替機器設定好這些標準——至少長久以來是如此。然而，我們的機器開始改變了，而且是個劇變：它們讓我們感到驚訝的不再只是結果，而是它們找到這些結果的方法。

用一個簡化的例子說明：傳統的西洋棋程式知道西洋棋的規則。它知道每一種棋子的走法、什麼樣的情況叫「將死」，也知道每個棋子的價值點數（兵等於一、王后等於九等等）和其他知識，像是棋子的機動性和兵陣的結構。超出基本規則以外的事情歸類為「知識」：

如果你在程式裡放的知識是「兵比王后更有價值」，程式會毫不游移衝進棋盤，把王后丟掉，也輸掉比賽。

可是，假設你完全不提供知識給機器呢？如果你只告訴它規則，要它自己弄清楚所有其他的事呢？讓機器自己弄懂城堡比主教更有價值、兩個兵在同一列上是弱點、淨空的一列很有用處……這樣會創造出一個可能性：我們不只是製造出一台強大的西洋棋機器，甚至能從機器所發現的事情，以及機器發現這些事情的方法，學習到新的東西。

這是現今許多系統正在做的事，運用遺傳演算法（genetic algorithm）、神經網路（neural network）等技術，讓機器自己程式化自己。可惜的是，跟那些依靠程式碼內的人類知識、使用快速搜尋的傳統程式相比，這些新的程式並沒有更強大——至少目前還沒有更強。然而，這是西洋棋的問題，不是方法的問題。主題越複雜，開放式、自我創造的演算法就會比固定的人類知識更有利。西洋棋其實不夠複雜，連我也要承認人生絕對不只有西洋棋。

雖然前前後後花了三十年，我鍾愛的遊戲最終敵不過暴力快速搜尋法，不需要機器進行策略思考就能打敗最強的人類。即使工程師耗費大量心血來調整深藍的評估功能和訓練開局方法，最後的事實讓人沮喪：幾年之後，新一代的晶片變得更快，這些心血就無關緊要了。無論是好是壞，西洋棋的深度實在不夠，沒辦法逼西洋棋機器的開發者尋找「速度」以外的解決之道，許多開發者也惋惜這一點。

一九八九年，兩位電腦西洋棋界的重要人物寫了一篇文章[4]，標題是「失勢的觀點」，批判了西洋棋機器達到特級大師實力的方法。蘇聯電腦科學家頓斯科伊（Mikhail Donskoy）是 Kaissa 程式的創作者之一，Kaissa 是一九七四年第一屆世界電腦西洋棋大賽冠軍。數十年來，加拿大亞伯達大學（University of Alberta）的薛弗（Jonathan Schaeffer）和同事一直是賽局機器界的翹楚。薛弗除了研究西洋棋機器，還開發出一個強大的撲克程式；另外，他的 Chinook 程式曾經比過世界西洋跳棋總冠軍賽，幾乎完全解構了西洋跳棋。

這篇引發議論的文章刊登在一本著名的電腦西洋棋期刊，頓斯科伊和薛弗在文章中說明電腦西洋棋多年下來已經脫離人工智慧。他們認為脫離人工智慧的原因，是因為 alpha-beta 剪枝的搜尋演算法太成功了。如果已經有了一種必勝的方法，那麼何必再去找別的呢？如他們在文中所述：「不幸的是，電腦西洋棋在初期成形的階段，就已經有這麼重要的觀念。」獲勝才是真正重要的，速度越快也越好，因此工程設計勝過了科學研究。模式、知識或其他像人類的手法被丟到一邊，所有的獎項都由速度極快的暴力法機器獲得。

對許多人來說，這是非常大的衝擊。幾乎打從心理學和認知科學的學門創立以來，西洋棋就是一個重要的研究主題。一八九二年，法國心理學家比奈（Alfred Binet）研究「數學天才和計算高手」時，將研究延伸到西洋棋手，在不同的記憶種類和思考效能的研究有重大影響。比奈針對先天才能和後天知識與經驗的差異提出洞見，開創了這個領域的研究。他寫道：「一個人可以成為好的棋手，但絕佳的棋手是天生的。」[5]比奈日後和另一位法國心理學家西門（Théodore Simon）發明智力測驗。一九四六年，荷蘭心理學家德赫羅特（Adriaan de Groot）接續比奈的研究；德赫羅特廣泛測試了西洋棋手，發掘出模式辨認的重要性，並且開始透露出人類直覺在決策過程中的奧妙之處。

一九五六年發明「人工智慧」一詞的美國電腦科學家麥卡錫，將西洋棋稱為「人工智慧的果蠅」[6]，意指低下的果蠅是無數重大的生物學實驗最理想的實驗對象，在遺傳學中特別重要。到了一九八〇年代末，電腦西洋棋圈幾乎已經放棄了這項重大的實驗。一九九〇年，創造 Belle 超級電腦的湯普遜公開建議，若要在機器認知上取得真正的進展，圍棋可能是更好的目標。同一年，《電腦、西洋棋與認知》（*Computers, Chess, and Cognition*）論文集裡有一整篇談論圍棋，標題是「一個新的人工智慧果蠅？」。

圍棋的棋盤為十九路乘十九路，總共有三百六十一顆黑色和白色的棋子，整個矩陣大到無法用暴力法破解，又細緻到不可能像人類輸給西洋棋電腦那樣，因為戰術上的失誤決定出勝負。在那篇一九九〇年的論文裡，一個電腦圍棋團隊認為，他們大約比西洋棋晚二十年。這個預測最後證實非常精準：二〇一六年，也就是我敗給深藍之後十九年，Google 資助的 DeepMind 人工智慧計畫，以及從這個計畫脫胎出來的圍棋程式 AlphaGo，打敗了圍棋世界冠軍李世乭。更重要的是（也與預期相符），從人工智慧的角度來說，AlphaGo 比任何製造頂尖西洋棋機器的方法更值得重視：它會用機器學習能力和神經網路教自己下出更好的棋，而且使用的技術更複雜，超越了傳統的 alpha-beta 剪枝搜尋。深藍是一個結尾；AlphaGo 只是個開端。

在這一切當中，根本的錯誤認知不只有西洋棋的限制而已，人工智慧身為電腦科學的新創領域，因而有所限制。圖靈夢想的人工智慧，背後的基本假設是大腦本身就是一種電腦，而目標是創造出一種可以成功模仿人類行為的機器。多年以來，電腦科學家一直以這種概念為主。這個類比很容易懂：神經細胞是開關、大腦皮質是記憶資料庫等等。然而，撇開譬喻的層次，我們其實沒有什麼生物學上的證據來佐證這樣的類比，而且在探索人類與機器思考的差異時，這個類比反而是一種干擾。

我提議用「理解」與「行為目標」兩個詞，來突顯這些差異。先談論「理解」：像華生那樣可以理解人類自然語言的機器，必須爬梳上百萬種線索，才能建立起充足的前後脈絡來弄懂語意，同樣的語意對人類一看就懂。一個簡單的例子：「雞太熱了，沒辦法吃」，可能指一隻禽鳥生病了，或是晚餐需要放涼。然而，即使這個句子本身的語意模糊，人類不可能誤判說話的人指的是哪個意思，因為說這句話的前後脈絡會讓語意清楚。

人類會自然地加上前後脈絡，這是我們的大腦採用的一種方法，讓它處理大量的資料時不必持續、有意識地弄清楚事情。我們的大腦在背景處理這些脈絡，不需要我們主動花費力氣，幾乎像是呼吸一樣不耗心力。實力強的西洋棋手只需要看一眼，就知道某一種盤面適合某一種棋步；同理，你也知道你會喜歡某一種樣子的麵包。當然，這些在背景中運作的直覺程序有時候會出錯，讓你陷入不好的盤面，或是讓你吃到不想吃的點心，因此當你下一次碰到同一種情況，有意識的大腦可能會多主動一些，對你的直覺再進行評估。

相較之下，機器的智慧能力必須替它碰到的每一塊新資料建立起前後脈絡。它必須處理大量資料，才能模擬理解能力。想像一下，電腦碰到我們那隻熱雞，需要回答哪些問題才能判斷問題是什麼。什麼是雞？雞是死的還是活的？你在農場裡嗎？雞是可以吃的東西嗎？「吃」又是什麼？我有一次在演講中舉了這個例子，聽眾大多數不是英語母語人士，後來有人指出另一個語意模糊之處：在英語裡，hot 除了指食物的溫度，也可以指食物的辣度。

就算是簡單的句子，也一樣會這麼複雜；不過，華生仍然讓我們看到，如果相關的資料夠多，又能以夠迅速、夠聰明的方式存取，機器有辦法找出精準的答案。正如西洋棋引擎搜尋數十億種盤面來找出最佳的棋步，語言也能拆解變成各種數值和可能性，用來找出適當的回應。機器的運算速度越快、資料的質與量越好、程式碼越聰明，回應就更有可能越精準。

電腦是否能提出問題？這就有點諷刺了：華生在《危險邊緣！》節目中擊敗兩位人類冠軍參賽者，展現出它的實力，但參賽者在節目中的回應必須以問句來呈現。換句話說，假如主持人說：「這個蘇聯電腦程式在一九七四年的第一屆世界電腦西洋棋大賽中獲勝」，參賽者按鈴後要說：「什麼是 Kaissa？」不過，這個奇特的習慣只是這個益智節目單純的慣例，不會影響機器在15PB的資料中尋找答案的能力。*

無論如何，機器輸出的答案就足以應付了。機器的效能比人類更好。機器沒有任何「理解」的過程，但我們本來就沒有打算要讓機器「理解」。進行醫學診斷的人工智慧程式可以在累積多年的癌症或糖尿病資料裡，挖掘出各種習慣或症狀之間的關聯，來幫助人類預防或診斷疾病。只要機器是個有用的工具，這一切資料對機器而言「不重要」，又有什麼關係？

也許沒有關係，不過假如你想要建造的新一代機器，是自行學習能力比人類教導它的速度更快的智慧機器，「理解」就非常重要了。畢竟，人類學習母語時不是從文法書上學的。

至今為止的演進方式是這樣的：我們創造出來的機器，會遵循嚴格的規則，來模仿人類的表現。這種機器的表現不佳，而且相當人工、不真實。經過幾個世代的最佳化工作，加上硬體增速後，效能就會增強。下一個躍進，是程式設計師放鬆規則，讓機器自己弄清楚更多事情，也讓機器自己塑造規則，甚至忽略舊規則。若要擅長某件事情，你必須懂得應用基本原則；若要精通某件事情，你必須懂得何時打破這些原則。這不只是理論而已，更是我二十多年以來對戰西洋棋機器的故事。

＊譯注：PB是petabyte的縮寫，中譯為「拍位元組」或「千兆位元組」，1PB等於1000TB。

第五章

造就頭腦之物

西洋棋機器進步程度的各種預言，以及各種依據統計資料推估的進展，都會碰到一個問題：西洋棋是一種有競爭的體育活動。在此我不會分心去討論「西洋棋算不算體育活動」（或賽局、休閒活動、藝術、科學）這種無意義的問題。我也不打算和國際奧委會爭辯[1]：國際奧委會已經拒絕讓橋牌和西洋棋成為奧運項目，理由是「頭腦體育活動」在進行時不需要體能；但假如你看過西洋棋大師在計時限制只剩下幾秒的時候，飛快下出幾十步棋，可能就不會覺得西洋棋不需耗費體能。

西洋棋就是西洋棋，而且至少在西洋棋競賽時，大多數讓體育競賽之所以為競賽的元素，同樣能在西洋棋中看到。相較於機器下西洋棋，人類下西洋棋最關鍵的元素，就是人類下西洋棋是競賽。下棋的目的，不是要下一手好棋：這只是一個手段，目標是要獲勝。我們可以談論在棋盤上尋找真理、讓藝術臻於完美，但在棋盤上耗費一整天後，最終只有勝、負或和。

西洋棋為體育活動的另一個層面，是競賽需要消耗極高的生理和心理能量，以及比賽後的危機感。在西洋棋比賽中，運動科學上稱為「壓力反應程序」之事，至少和更講求體能的運動一樣強烈。我指的「消耗能量」，不只是在大腦中移動棋子的頭腦體操，還有比賽前和比賽中的劇烈焦慮和緊張，在棋盤上每一著棋步、每一個閃過頭腦裡的念頭，都會讓緊張的情緒起起落落。這個狀態持續好幾個小時；在一場平衡的比賽裡，情緒隨著情勢變化、戰況變遷，起伏有如雲霄飛車。你可能瞬間從歡喜跌至抑鬱谷底，下一步後又回到狂喜，即使最冷靜的棋手也會被腎上腺素的波動弄得精疲力竭。在可能長達好幾個星期的大賽中，不論戰況起伏為何，每一次比賽都要控管好這個緊繃的能量，這是特級大師等級棋手必備的能力。

復原絕對不是易事，從挫敗中復原更是如此。輸掉一盤棋後，沒有任何旁人可以讓你怪罪：沒有裁判讓你咒罵，沒有讓你看不清楚的強烈陽光，也沒有不盡責的隊友。西洋棋不像用紙牌或骰子的遊戲，當中沒有機運的成分。每個參加競賽的人一定有相當強的自尊心，因此輸掉西洋棋比賽的挫折特別劇烈。另外，還有一件重要的事情需要達成平衡：一方面，你需要忘記慘敗的情況，讓你下一盤比賽還能充滿信心；另一方面又需要客觀分析你失敗的原因，才不會重蹈覆轍。

西洋棋是一種體育，還有另一個原因：下棋是不完美的事情，人類特別是如此，即使是機器下棋也仍然不完美。我在二〇〇三年開始撰寫《我的偉大前賢》（*My Great Predecessors*）系列叢書，書中包括我對偉大棋手的數百次經典比賽進行的分析。即使在電腦輔助分析下，這些經典比賽有許多不負盛名，仍然是重大的成就。然而，就算是最偉大的冠軍棋手下出來的傳奇比賽，往往也充斥著失誤和失算。幾年後，我在《現代西洋棋》（*Modern Chess*）系列叢書中將自己的比賽放大檢視，同樣發現各種失誤，這無疑是一件讓人虛心的事。俗話說「勝者為犯下倒數第二個錯誤的一方」，此話確確實實為真。但又如另一句名言所說，這是西洋棋的一項功能，不是臭蟲。假如你犯了一個相對不嚴重的錯誤，陷入艱困的盤面，你還能期望你的對手也會犯錯，特別是當你防禦堅固時。

德國世界冠軍拉斯克（Emanuel Lasker）最愛將西洋棋描述為規畫好的戰役。拉斯克是哲學家暨數學家，在他那個年代，西洋棋仍然是上流紳士的休閒活動，而且替他的傳記寫前言的是同輩的一位仰慕者——愛因斯坦。拉斯克除了棋藝精湛，也擅長應用心理學和他對對手的認知，保住世界冠軍頭銜長達二十七年，更是一項世界紀錄。在他一九一〇年的著作《西洋棋常識》（*Common Sense in Chess*）中，談論如何增強開局能力之前，先陳述如下：

> 西洋棋被人指稱（我認為是指稱錯誤）為「遊戲」；換句話說，是一種沒有嚴肅用途的東西，純粹是為了打發時間而存在的。西洋棋在漫長的歷史中經常受到各種困境所擾，假如它只是「遊戲」，那麼它絕對不可能保存下來。在許多熱切的愛好者努力下，西洋棋已經提升成為一種科學或藝術。西洋棋不是科學，也不是藝術；但它最主要的特徵，正是人性最喜好之事，似乎就是「戰鬥」。

拉斯克是以心理學下西洋棋的先驅；他寫道，最佳的一步棋，就是讓你的對手最不適的一步棋。換句話說：「操弄人，而不是操弄棋盤。」當然，強大的棋步會讓任何一位棋手不安，但拉斯克清楚說明了某些棋步和策略對付某些棋手比較有效果。他認為，棋盤上的客觀真理，是獲勝便是一切，而若要獲勝，必須熟知對手的優劣之處。

在拉斯克之前的世界冠軍是史坦尼茲（Wilhelm Steinitz），兩人的做法截然不同。史坦尼茲以遵奉傳統而自豪，曾說過他絕對不會將對手的性格列入考量：「以我的看法來說，我就算面對無形的幻影或自動機器，也一樣不變。」此言甚為沉重。史坦尼茲是在一八九四年說這句話的，因此沒有面對真正的自動機器來驗證他的理論。我就沒那麼幸運了。

我在此稍微岔題去談論西洋棋的競賽與心理面向，主要想要表達的是：當你面對的是一台電腦時，這一切都沒有意義。也許並非完全沒有意義，畢竟你自己還得控制這些變因，但對機器來說沒有意義。機器取得優勢的盤面時不會自信過度，陷入劣勢也不會氣餒。在一場長達六小時、緊張萬分的比賽裡，電腦不會疲倦，計時器上的時間快要用完也不會緊張，更不會覺得餓、受到干擾，或是需要上廁所。更糟的是，當你知道你的對手沒有這一切困擾，面對機器時會更難駕馭自己的神經系統。

這種感覺非常奇怪。在這樣的經驗裡，有許多事情和任何其他的比賽一樣：棋盤一樣，棋子一樣，對面也坐著一個人。然而，這個人只是一個肉身傀儡，只負責傳達一個演算法算出來的棋步。如果西洋棋是戰爭遊戲，你又要怎麼讓自己有動力，來對一塊硬體開戰？

這不是一個無謂的心理學問題，動力是非常重要的事情。菁英西洋棋手需要具備的能力當中，長時間維持高度專注至為重要。比奈、德赫羅特等心理學家尋找的「西洋棋天賦」，有一種難以言喻的特質，宛如只能透過間接影響來觀測的天文現象。在更精確的測試或儀器掃描揭露出這些祕密之前，我們會知道這樣的天賦存在於世界，只因為有些棋手遠遠強過其他的棋手，而且箇中差異無法用經驗或訓練來說明。

科學書籍作家葛拉威爾（Malcolm Gladwell）在《異數：超凡與平凡的界線在哪裡？》（*Outliers: The Story of Success*）一書中提出著名的「一萬小時」理論，認為超凡的人類成就不是天分所致，而是反覆練習。有人提出明顯的事證，指出肯亞長跑選手和牙買加短跑選手的練習時間沒有比其他人多；葛拉威爾在《紐約客》雜誌回應，指出這個理論只適用於「認知上複雜的活動」，並下了這樣的結論：「在需要高度認知能力的領域，沒有天生的天才。」他甚至還用了一個段落描述西洋棋的情況，列出幾位神童達到特級大師的程度前分別學習了多少小時。

葛拉威爾後來在Reddit的問答中再澄清一次，認為光有練習是不夠的，並說：「我就算下了一百年的西洋棋，也不可能成為特級大師。我的重點只是：天生的能力需要投入大量的時間才能彰顯。」[2]如果只看這一句話，我無法反駁，因為我自己就是如此。假如標準設定在「特級大師等級」，光是開局和殘局所需的大量實務知識，就必須投入大量的研究和練習時間。另外，特級大師可以迅速辨認出幾千種戰術和盤面模式，這也只能透過經驗習得。

雖然葛拉威爾並未否認世界上確實有認知能力的天才，卻低估了這些人的能力，而且特別低估發育初期的能力。如果只說「花費一萬小時不會讓大家都成為特級大師，但所有的特級大師都花費了一萬小時」，這樣忽略了特級大師（特別是事業初期的年輕特級大師）之間的巨大差異。

多年來，我在卡斯帕洛夫西洋棋基金會（Kasparov Chess Foundation）（基金會主要宗旨是在學校推廣西洋棋）訓練美國最頂尖的年輕西洋棋高手。我們的「美國國家隊青年之星」（Young Stars—Team USA）計畫由辛克菲德（Rex Sinquefield）和他的聖路易西洋棋會與教育中心（Chess Club and Scholastic Center of Saint Louis）共同贊助，已經協力創造出許多八歲至二十歲的青少年世界冠軍，以及多位特級大師。我們之所以這麼成功，原因之一是我們有能力及早發現西洋棋長才，有時甚至在棋手接受正規訓練之前就發掘出來。

競賽成績是一個標準的指標，也相對容易看出來。舉例來說，一個達到專家積分兩千一百分的九歲孩童，遠比同積分的十二歲孩童更出色。卡斯帕洛夫西洋棋基金會會長是科達洛夫斯基（Michael Khodarkovsky），一位於一九九二年移民到美國的蘇聯西洋棋教練，在美國試圖複製蘇聯生產西洋棋選手的一些層面，以及博特溫尼克學院的教學（我就是從那裡出身的，後來在那裡擔任客座教練）。這個計畫開始以前，美國孩童鮮少接受認真的訓練，或是經常在高手雲集的大賽裡比賽。現今我們可以驕傲地說，美國青少年隊是世界頂尖的強隊。

積分異數（套用葛拉威爾的用語）指的是表現比同齡孩童超前二至三年的孩子。一個積分表現兩千三百分的十二歲孩童算是相當出色，如果九歲孩童有這樣的積分表現，他就非常特別了。有時候他們到達一個地步後會持平，通常來說，如果他們幾年下來超越同齡的孩童幾百分，就不會衰退下來，一直到他們面臨職業選擇：要成為職業西洋棋手，接受全時數的訓練？或是上大學？

成績特別亮眼的孩子，通常受益於以下幾種條件的種種組合：學校有很強的西洋棋課程；父母的重視；經常參加比賽；以及專業等級的訓練工具，像是資料庫。然而，有時候也有例外：體育方面的天才兒童通常都有這些條件，但就算沒有這些條件加持，仍然時而冒出罕見、超群的小孩。來自威斯康辛州的梁世奇（Awonder Liang）就是我們這項計畫的學童之一，他首次擊敗特級大師棋手時年僅九歲，到了十三歲已經在全美二十一歲以下青少年棋手中排名第五。跟他同齡的棋手中，下一個出現在青少年排行榜的孩子排在第四十九名，積分比他低了超過兩百分。全美青少年排名第一的是熊奕韜（Jeffery Xiong），不久前才在年僅十五歲時贏得世界二十歲以下總冠軍，而且在全世界所有棋手排名中進入前一百名。

我們還有其他方式，可以用比賽成績以外的方法來測得西洋棋才華和積分。孩童進入我們的計畫以前，以及當他們參與計畫時，我會仔細研究他們的一些比賽棋譜。我不能宣稱被我挑中的人一定都會贏，但對我來說，一位年輕的棋手展現出光芒時，我可以明顯看見。這裡的「光芒」指的是一千萬個小時的練習（更別說是一萬個小時了）都無法塑造的啟發與創意，而且這些孩子的棋齡常常只有兩三年。葛拉威爾說他缺乏才能，無論到了幾歲都不可能成為特級大師，這樣的才能卻可以明顯在一位七歲小孩子身上看到。我們除了稱他是「認知領域的天才」，還能怎麼稱呼他呢？

當然，這些罕見的天賦不能保證孩子在西洋棋界前程似錦。西洋棋也許有其他層面對孩子的挑戰過大。他也許明年就決定完全不再下棋，改去踢足球或抓寶可夢，或者他的父母可能覺得西洋棋是浪費時間，或是前往參加大賽太不方便、太昂貴。然而，孩子確實有能力，因為我看到了。我親眼在棋盤上看到，深埋在幾公斤的灰白質裡，有某個非常特別之處。

假如大家都在下西洋棋，我們更能理解「有西洋棋天分」是多麼難能可貴的事。如果我出生在一個西洋棋不是全國休閒娛樂的國家，我會像一棵在無人森林裡落下的樹木一樣，仍然對一個從來沒學過的東西具有天分嗎？如果我在日本出生，我會變成將棋冠軍[3]，成為我的同好、將棋冠軍羽生善治（Yoshiharu Habu）的對手嗎？我會在中國變成象棋選手，在非洲迦納變成西非播棋（oware）選手嗎？還是說（至少我看來是如此），西洋棋需要特別的綜合條件，而這些綜合條件正好幾近完美符合我的頭腦？

六歲以前，我還沒有弄清楚所有的西洋棋規則，就已經解答報紙上讓我父母困擾許久的西洋棋題目。第二天，我的父親金姆（Kim）匆匆忙忙把家裡的西洋棋組拿出來，跟我說明西洋棋要怎麼下，但我一直覺得我學習西洋棋的過程，就像嬰兒習得母語一樣。西洋棋沒有機運的成分，不過顯然我運氣好，因為我挑對了出生地和父母。我的父親在我七歲時過世，在那之前他教我西洋棋的規則，但他對西洋棋的興趣不高。一路引領我走下去的是我的母親克拉拉，她在童年時就被認為是西洋棋高手，第二次世界大戰卻很快將這些休閒之事推走。

最後，談到天賦，不要跟我說努力比天賦重要。這句話用來刺激孩子去讀書或練鋼琴也許管用，但如我十年前在《走對下一步》一書中所述，**努力就是一種天賦**。將自己向前推進，繼續比別人多工作、練習、研究，本身就是一種天賦。假如這是任何人都能辦到的事，那麼大家都會這樣做。這和任何天賦一樣，必須栽培到開花結果。將工作的修養塑造成一種道德，也許是一件方便的事；另外，先天能力與後天栽培密不可分，在這裡也不是例外。再者，我不想讓人有藉口，說自己有懶散的基因。[4]然而，我一直覺得「張三比較有天分，但李四比較肯努力，所以李四才會贏」這種說法有些荒謬。若要達到人類表現的極致，我們必須隨時讓自己的能力發揮到最大，這包括準備和訓練工作，不只有在棋盤上或在董事會議中的表現而已。

我依循著一貫的樂觀心態，認為我在電腦西洋棋總算成熟之時成為世界冠軍是好運，不是壞事。十八年期間，我不斷和一代又一代實力越來越強的機器對戰，讓我的西洋棋職業生涯增色不少。這讓我接觸到另一個充滿科學和電腦的領域，倘若我出生的時機不對，就不可能接觸到。

當然，跟敗給機器比起來，在對戰中獲勝讓我感覺更好，但我沒有太多時間去想這個浪潮怎麼在轉變。塑造出人類大腦的演化過程和最優良的蘇聯訓練技法，都比不上摩爾定律無情地推進。

我第一次公開對戰電腦，就是那場三十二勝零負的漢堡同步展演賽。我最後一次和電腦公開比賽，是二〇〇三年在紐約市對戰一個叫 X3D Fritz 的電腦程式；這一系列比賽總共比了六盤，最後我和電腦平手，比賽時我戴著一副 3 D 眼鏡，在一個浮在空中的虛擬實境棋盤上下棋。在這兩個端點之間，我和機器下過數十盤棋，有時是非正式的展演賽，有時是正式的大賽或一對一比賽。現在回顧這些比賽，看到機器進步的幅度有多麼巨大，就像是將影片快轉看著一個小孩成長。

和電腦下棋的特級大師不只有我：一九八〇年代晚期開始，讓電腦參加大賽（但可能還沒有到高強的特級大師比賽）變成潮流。在任何人都能參加的公開賽（有別於「封閉」的邀請賽），電腦從奇特的玩意兒，漸漸變成威脅。這些比賽大多允許選手選擇不跟電腦對下，許多人確實這樣選擇，有一些人（特別是有和電腦對下過的高手）則是樂於挑戰電腦。有些人下得比較成功，這是因為有一種壽命不長的特殊下法，叫做「反制電腦西洋棋」。

每一位實力強的人類棋手都有自己的風格，也有不同的強項與弱點。菁英棋手若要持續進步，一個關鍵是要知道自己的風格和優缺。另外，知道對手的風格和優缺也很重要，這一點已經有拉斯克和他的心理學啟示證明。拉斯克知道對手的喜好與習慣，勝過對手對他們自己的認知，並且無情地利用這些知識，刻意將棋局帶進他知道對手不擅長的盤面。

西洋棋電腦沒有心理上的缺陷，但它們確實有明確的優缺，比同實力的人類棋手明顯很多。當今的西洋棋程式已經非常強大，可以憑著暴力搜尋的速度和深度，讓弱點變得無關緊要。它們無法在下棋時運用策略，不過它們的戰術太精準，讓人類無法確實地利用這些細微的弱點。如果一位網球選手發球的速度可以達到時速四百公里，他就不必太擔心自己的反手拍太弱。

一九八五年的情況就不是這樣了。電腦仍然擅長戰術計算，計算的深度卻不夠，最多只能算到三至四步。這樣已足以穩定打敗大多數的業餘棋手，但是實力強的棋手漸漸擅長設下戰術陷阱，棋步的深度超出電腦能計算的範圍。這樣看起來非常弔詭：機器的強項是計算不會出錯，這卻也是重大的缺陷。「窮盡式搜尋」的暴力演算法會逐一檢查好幾百萬種盤面，表示搜尋樹無法太深。假如電腦看得見的深度只有三步（六層），你發現一招戰術是在四步（八層）後祭出致命的一擊，等到電腦看見時已經太晚了。這個現象稱為「地平線效應」，利用的是機器看不到搜尋「地平線」以後的東西。

知道機器有這些障礙的人類高手，跟電腦下棋時會在兵的後方布置好自己的主力棋子，盡可能避免交鋒，並降低戰術的複雜度。他們在兵陣後面準備好武力，將突破陣線的棋步放遠，超出電腦的搜尋地平線。電腦的實力至少足以在這種狀況下不犯錯，但它們只能漫無目的移動棋子，無法造成危害，對即將到來的危機一無所知，讓人類棋手準備好發動致命的一擊。拉斯克要是地下有知，這種手法一定會讓他感到驕傲。

如果對手是實力夠強的人類，這種手法絕對不可能奏效。我們會看一下盤面，並想著：「我看不到迫切的危險，但我的對手顯然在那裡準備好大舉進攻，所以我該做點什麼。」我們會有比較廣義的想法，像是「我的國王位置有弱點」或是「他的騎士位置帶有威脅」，就算沒有算出每一步，也能從這些廣義的評估來進行棋步分析。反之，如果暴力演算法的深度不夠，看不到搜尋樹上的某個盤面，那麼對機器而言，這個盤面根本不存在。

另一個遠古時代的反制電腦策略，更是將地平線效應發揮得淋漓盡致：人類棋手會用非常被動卻穩紮穩打的方式移動，一直到電腦在它自己的盤面上露出弱點。由於機器沒有「等待時機」的概念，除非它們有明確的目標要進攻或防守，否則它們會將兵推進，讓主力棋子離開好的盤面，漫無目的游移走動。

後來發展出來的程式設計技術，讓程式可以稍微「幻想」一下，看看搜尋樹以外的假設性盤面，這樣付出的代價是主要搜尋會變慢。更成功的方式是運用「靜態搜尋」（quiescence search）和「單一延伸」（singular extension）等技術，告訴演算法要深入研究符合特定條件的變著（像是吃到主力棋子，或是國王被將軍時），讓搜尋變得更聰明、更深入。這樣是稍稍採用早期B式程式的方式，以及「像人類一樣下棋」、及早強調某些棋步的夢想；然而，這仍然只是搜尋，不是知識。在實戰上，這些聰明的技巧大大降低了地平線效應，越來越快的晶片也有貢獻。

現在回顧一九八〇年代最好的機器所下的棋譜，我可以說，它們下的西洋棋並不好。然而，它們變得越來越危險，因為人類經常會犯錯，而這類失誤正好就是電腦最擅長利用的。從純西洋棋的眼光來看，人機對戰的比賽是非對稱的戰爭。電腦非常擅長複雜盤面下的尖銳戰術，這正是人類最弱的地方。人類非常擅長規畫，以及我們所謂的「全盤面下法」（positional play），亦即考量策略與結構和靜態移動。這種冰與火的交鋒，正是這類比賽吸引人的一個原因。到頭來，面對一個強大的對手，不可能一直只靠策略，不採用戰術。

人類在人機對戰中敗北的比賽裡，可以一再看到同樣的模式：人類大師憑藉著多年的開局知識和經驗，漸漸築起主宰一切的盤面，電腦卻全然無計畫。人類棋手經常故意犧牲一個兵，來換取更主控的盤面。人類最後必須找到方法來發揮優勢，要吃下機器的主力棋子，或是攻擊它的國王。一旦發生這種事，電腦經常會找到幾招精采的戰術，著了魔般拚命防守，最後變成和棋，或甚至打敗人類。

李維於一九七八年對戰 Chess 4.7 版時，唯一落敗的一盤棋就是這種讓人喪氣的公式之典範。在系列賽的第四盤，李維執黑棋，以非常尖銳的方式開局；現今如果用這種方式對付頂尖的電腦程式，無疑是自殺。然而，李維最後保持絕佳的狀態，在犧牲一顆兵來換取強大的攻勢後，連續第三勝（以及整個系列賽的勝利）似乎已經勢在必得。不過，他離獎金還有幾個小時，因為他一直找不到最後致命的一擊，而程式又找到幾個艱難的「唯一」棋步（我們用來稱呼只差一步就要陷入迫切危機的棋步）。Chess 4.7 版抵擋了攻勢，最後甚至贏了這盤棋，這也是機器首次在正式比賽贏過國際大師等級的棋手。這裡需要替電腦程式說一句公道話：在第一盤時，它曾經取得絕對可以獲勝的盤面，卻放了李維一馬，最後以和棋收場。這個結果相當有趣，因為人類與機器的角色正好顛倒過來了。

一九八三年，湯普遜與康登的 Belle 機器成為第一個獲得大師級積分的機器。一九八八年，HiTech（和更早的 Belle 及後來的深藍一樣，是特定用途硬體機器）又將標準提高了，在美國賓州冠軍賽擊敗一位實力高強的國際大師。哈佛大學也在這一年開始一系列的人機對戰，讓一個美國特級大師團隊對上幾個頂尖的程式。六年下來的戰績說明了一切：最初兩年，所有的人類都勝過所有的電腦。之後幾年的比賽就不是這樣了，但特級大師團隊仍然勝過個人電腦程式不少；雖然如此，電腦明顯一直在進步。一九八九年，人類以十三．五比二．五獲勝；一九九二年時變成十八比七；系列比賽最後一次是一九九五年，結果是二十三．五比十二．五。他們在那時中止，很可能是明智的選擇。

一九八八年，HiTech 在四盤的比賽打敗經驗老到的美國特級大師鄧克（Arnold Denker），不過這樣的勝利非常容易一言以蔽之。鄧克此時七十四歲，大致上不再活躍，而 HiTech 打敗過好幾名實力更強的棋手。鄧克發生好幾次嚴重的失誤，有一盤只花了十三步就落敗，另一盤則是第九步就完全失去頭緒。西洋棋機器的戰術能力此時已經開始讓人聞風喪膽，這種等級的棋賽確實讓機器展現出可怕的戰術能力。然而，如果機器想要名正言順地打敗最高等級的人類，它們的目標必須放得更高才行。

與鄧克的比賽後，HiTech 創造者柏林納下了十分狂妄的評論，也預示讓電腦西洋棋界許多人憤怒的自大心態。當然，自己的創造物獲得成功，感到驕傲是很自然的事，而且不論是自己的機器或小孩，可能都一樣讓人驕傲。雖然如此，如果你的機器碰上的對手是一位畢生投入這種競賽項目的人類，而且獲得巨大的成功，可能要盡量降低你的豪語才好。柏林納是程式設計師中的異類，本身就是一位實力高強的棋手，他在事後評注 HiTech 對鄧克的第四盤棋時，HiTech 幾乎每一步都附上極盡讚美之詞。他在《人工智慧雜誌》（*AI Magazine*）寫道：「HiTech 下棋確確實實精采萬分」；在比賽評語裡，他處處放上驚嘆號（我們會在棋譜上用驚嘆號，表示特別出色、特別吸引人的棋步）。然而，這一盤棋根本完全不對等，在第十步之前就已經分出勝負了。

我會稍微帶一點同情心，因為在一九八八年，這對西洋棋機器算是了不起的成就；如果對手下的棋跟鄧克在那一盤的表現一樣糟，你打敗這位對手應該虛心，而不是傲慢。另外，找一位沒有和機器對戰過的老棋手當對手，可能有失運動家風範。我猜測，柏林納對 HiTech 此時可能已經有一點防衛的心態，因為卡內基美隆大學研究生所執行的深思計畫，進步的幅度更驚人。雖然有幾個明顯的例外，我發現西洋棋程式設計師大致上對他們的人類對手相當友善與尊敬。對人類對手不敬的人，常常似乎把較勁看得比科學更重要，或是把機器的西洋棋實力跟自己的西洋棋實力混為一談。

對特級大師來說，電腦是人群中的異類，在我們的邀請之下才造訪我們的世界。有些人對電腦抱持敵意，但我們大多感到好奇，偶爾也會在展演賽獲得極好的報酬，就像一九三六年奧運短跑金牌得主傑西·歐文斯（Jesse Owens）和馬或汽車賽跑一樣；不過，我們與電腦的互動一直非常彆扭。

一九八九年，偉大的人工智慧先驅米契（Donald Michie）（第二次世界大戰時曾在布萊切利園〔Bletchley Park〕與圖靈共事，一同破解德軍的「謎」式密碼機）寫下他的洞見，預言可能會有「特級大師的反擊」，反對機器參與西洋棋大賽：

> 西洋棋是一種由同好共享的文化，無論棋盤上多麼針鋒相對，依然會形成人與人之間的群體。下完棋後，雙方常常一起分析細節，許多人的社交生活主要發生在比賽大廳裡。入侵的機器人只會貢獻暴力，不會貢獻值得玩味的西洋棋點子……。正如職業網球選手面對一個機器人使出人類絕對不可能做到的旋轉球，西洋棋特級大師面對這樣的對手，只得落入沒沒無聞之地。他們將畢生投入這項技能，但這樣的情況又與這項技能有何關聯？[5]

米契又將棋手與電腦對弈類比為歌劇聲樂家和「合成器共唱二重唱」，我非常欣賞這個類比。每一位特級大師的血液裡，都充滿對西洋棋的熱愛、對西洋棋的藝術與情感的熱愛。如我試圖表達之事，不論是文化上或個人層面上，西洋棋有著深厚的淵源。被一個不會感到滿足、恐懼或興趣的機器人重挫，是一件非常難以消化的事。

另外，不論程式設計師和工程師有多麼聰明，他們的造物又有多麼精明，我們又要對這些戰場上的旁觀者有什麼感受？他們常常會說出自己滿意或失望，但這一直是一種奇怪的儀式。如米契所述，不論棋盤上的成敗，下完棋後沒有人可以討論那盤棋是一件很怪異的事；我們反而可能要圍在螢幕旁邊，才能看到電腦在下棋時想了什麼。這裡不禁要提一下一則傳聞。費雪有一次費盡心思獲勝後，一位熱切的棋迷對他說：「鮑比，下得真不錯！」費雪回答：「你又怎麼知道？」[6]

無可避免的事終究來了：機器於一九八八年在加州（地點相當貼切）總算達成重要目標。這場高手雲集的公開大賽在長灘（Long Beach）舉行，在大賽中，深思成為第一台在大賽中擊敗特級大師的機器，對手是丹麥的拉爾森（Bent Larsen），曾經進入世界冠軍決賽。這位「大丹麥」此時五十三歲，過了生涯顛峰，但依然實力深厚，而且他敗給電腦不是因為發生嚴重失誤。卡內基美隆大學的機器不僅打敗了特級大師（而且是一名聲名遠播的特級大師），最後在大賽的成績更是與另一位非常強的特級大師（英國的麥爾斯〔Tony Miles〕）並列第一名。隔年，深思以四比〇的成績徹底打敗李維，彷彿是要替眾位矽晶先烈復仇。此時是一九八九年，機器的時刻總算來臨。這時該是我出場的時候了。

第六章　走進競技場

世人都理解電腦非常擅長計算；不會下棋的人，常常以為西洋棋大多是人腦在計算，因此知道人類有辦法和西洋棋機器下棋，常常對此感到訝異。這個情況和一九五〇年代的情形大相逕庭，當時「讓機器下西洋棋」聽起來像是科幻小說情節。一般人的感受會出現這樣的變化，主要是因為蘋果、IBM、康懋達（Commodore）、微軟等公司讓每個家庭、辦公室和學校都有電腦。電腦變成大家習以為常的東西，具有非凡的能力，想當然爾，一個古老的桌遊對電腦絕對不可能是問題才對。

除了這些錯誤觀念之外，幾百年來世人將西洋棋浪漫化，變成象徵智慧的顛峰，綜合起來讓人類世界冠軍對戰機器多了一道光環。西洋棋在西方不能算是會上報紙頭版的新聞，不過在歐洲大多數國家受到合理的待遇，被當作一門體育競賽項目，而不是像美國那樣，經常被貶至報紙的漫畫和謎題版面。西洋棋與電腦革命的結合，不論是廣告商、媒體或一般大眾都覺得非常吸引人。對於像西洋棋這樣經常難以找到贊助商的體育競賽來說，這算是大事。

即使是爭奪冠軍頭銜的賽事都有這樣的問題，不過情況開始漸漸好轉。我從一九八四年到一九九〇年間連續五次和卡爾波夫在世界冠軍賽對決，這一系列比賽前所未見，提升了西洋棋與世人對西洋棋的關注，幾乎逼近一九七二年費雪對戰斯帕斯基時的程度。那一次比賽為史上僅見，受到關注的程度和吸引過來的資金比前後各十年加起來還要多。那是一場冷戰對決，一位驕矜的美國人挑戰整個蘇聯的體系，在冰島首都雷克雅維克上演給全世界看，而且攸關數十萬美元獎金，在當時金額大到難以想像；完全不像兩位蘇聯棋手在莫斯科的劇院下棋，爭奪雞毛蒜皮般的獎金、自尊心和特權。

一九八四年九月，我首次與卡爾波夫對戰，這場「馬拉松比賽」前前後後耗時五個月，下了四十八盤棋後，我以連續兩勝將勝負差距縮小，但比賽被國際棋聯取消。一九八五年，我在一場新的比賽裡總算從卡爾波夫手中搶下世界冠軍頭銜，那時我二十二歲、崇尚西方，殷切地想要探索身為世界冠軍後新到手的政治和財務優勢。我登上西洋棋界顛峰之時，正好碰上戈巴契夫晉升為蘇聯領導人，以及他的開放與經濟改革政策。我利用這個新環境來提出問題。假如我在法國贏得某個大賽冠軍，我為什麼要把大部分的獎金交給蘇聯體育委員會？我為什麼不可以像世界上任何其他體育明星一樣，和外國公司簽下金額優渥的贊助合約？我又問（而且是在《花花公子》的訪問提出的問題）：我在德國公公正正贏得一輛賓士車，為什麼我不能在巴庫的街頭上開？我爭取這些事情不只是為了我自己，也是為了蘇聯其他頂尖運動員。有時候，這些「不愛國」的言論讓我惹上麻煩，但到了一九八〇年代末，蘇聯領導階層需要處理更大的問題，一個叛逆的西洋棋冠軍不算什麼。另外，就算我不像卡爾波夫那樣可靠，至少我延續了他一場又一場的勝利。

一九八六年我再次和卡爾波夫對決時，我們邁入美麗新世界，將二十四盤棋的比賽分在倫敦和列寧格勒（今聖彼得堡）兩地進行。這是史上第一次：兩位蘇聯棋手爭奪世界冠軍，但在蘇聯以外的地方比賽。我們在開幕典禮上和柴契爾夫人同台，並以英語接受訪問，只是通常受到KGB幹員監視。一九八七年的第四場「雙K」對決全程在西班牙塞維亞（Seville）舉行，最後一盤棋由我獲勝，因而驚險衛冕成功。一九九〇年，我們第五次（也是最後一次）的對決分在紐約市和法國里昂舉行；此時柏林圍牆已經倒塌，蘇聯也即將瓦解，不論是我或是西洋棋界都面臨種種全新的挑戰和契機。在這個新時代，機器會占上一席之地，而且精采萬分。

深思於一九八〇年代末成為第一個真正威脅到特級大師棋手的機器，而大約在此同時，人工智慧在科學和商業界正全面重新崛起。多年以來，在不斷的期許過高、落空失望的循環下，所謂「人工智慧寒冬」降臨，此時寒冬漸漸轉暖。人工智慧出現危機，是因為一九七〇年代許多專家快速發現了認知的祕密之後信心滿滿，這個信心卻漸漸消失。一九八〇年代各種研究計畫和人工智慧的商業應用紛紛停止，人工智慧運動也四分五裂。基礎科學不紅了，紅的是有實用價值的系統；理解人類智能變成過時的研究，只有在狹窄的領域得到結果才符合潮流。這時的準則是：「不要讓它會想，只要讓它能運作就好。」

微軟董事長比爾・蓋茲於二〇〇一年在西雅圖的人工智慧會議上演講時，回憶了一九七〇年代對人工智慧的大夢：「微軟大約在二十五年前創立，我還記得我當時這樣想：『假如我去做這種非常商業的事，我想我會錯失這些即將到來的人工智慧大突破。』〔觀眾笑聲〕所以，我的出身是對人工智慧樂觀的那一派。我還記得當時在哈佛大學，人工智慧是葛林博拉特的西洋棋計畫、Maxima 和 Eliza 等程式，大家真心覺得五到十年內，這些難題有一些就能解答。」[1]

這裡要替那些人工智慧先驅說一句公道話：他們將目標放得很大，像是使用自然語言、讓機器自己教自己，以及理解抽象概念。不過，從後見之明的眼光來看，他們實在是樂觀得太誇張了。人工智慧領域是從一九五六年的達特茅斯學院（Dartmouth College）暑期研究計畫開始的，當時他們大膽宣稱，「只要有一群經過精心挑選的科學家一起努力一個夏天」，就能在所有的事情上取得重大進展。一個夏天而已！

話雖然這麼說，我不會批評任何人做夢做得太大。科技就是這樣才能改變世界，而且改變不會依照既定時程發生。被「史普尼克號」踹了一腳後，美國科學和工程界於一九五〇年代和一九六〇年代打造出當今幾乎所有數位科技的基礎，包括網際網路、半導體和定位導航衛星。即使真正的人工智慧太難以達成，許多同一時期的宏大計畫倒更為成功。

網際網路前身 ARPANET 的故事可以帶來無數啟示，但這個故事太長，也離本書的主題太遠，無法在此詳述，所以我只提一件自己碰到的小故事。二〇一〇年，我到以色列特拉維夫，擔任丹・大衛獎（Dan David Prize）頒獎典禮的客席講者。丹・大衛基金會和特拉維夫大學每年頒發獎項，來「表揚並鼓勵跨越傳統領域界線與典範的創新、跨領域研究」。加州大學洛杉磯分校的克萊洛克（Leonard Kleinrock）是當年的獲獎者之一，獲獎的類別是「未來——電腦與通訊」。當幻燈片簡報向觀眾簡述克萊洛克的成就時，我興奮地靠到太太妲夏（Dasha）的耳邊說：「就是他！他就是傳送l和o的那個人！」

一九六九年十月二十九日，克萊洛克的實驗室成為首度用ARPANET傳送字母的團隊。他們試圖將login一字，從克萊洛克在加州大學洛杉磯分校的電腦，傳送到史丹佛大學的另一台機器，傳完兩個字母後，系統就當機了。一個月後，這兩台機器之間有了固定的連線。再過幾週，他們又分別在聖塔芭芭拉（Santa Barbara）和鹽湖城各新增一台電腦。我很熟悉這個故事的來龍去脈，如果我在演講時碰到認為網際網路完全是一九九〇年代發展出來的人，會用這個故事來反駁。能夠親眼見到這位傳奇人物，實在是意外榮幸。

克萊洛克還在二〇〇七年獲頒美國國家科學獎章（National Medal of Science）。他開發出封包交換（packet switching）的數學原理，而封包交換是網際網路之本。他針對網路通訊路由的理論研究，正是當今網際網路運作的依據。他說明，他們雖然花費了大量時間才建置出早期網路所需的硬體和軟體，早期的發明也相當原始，但參與計畫的人一直將眼光放在全球的規模；事實上，還超越全球。

一九六三年四月二十三日，美國高等研究計畫署（Advanced Research Projects Agency,

ARPA）的一名計畫主持人利克里德（Joseph Licklider），向同事發送一篇八頁長的備忘錄，大略描述了他們新計畫的目標，讓電腦可以彼此溝通，並將受文者定為「銀河內電腦網路的成員與參與者」。這個野心夠大了吧！這份文件和其他後續的文件訂定了高等研究計畫署的目標範圍，其中的描述包括傳送檔案、電子郵件，甚至列出未來可能用來傳送數位語音，就像我們現今熟知的 Skype。

一直到克萊洛克最初傳送字母的二十多年後，網際網路才成為促成轉變的科技，對許多人的日常生活極為重要，並對全世界的經濟發揮影響力。電子郵件比網際網路更早出現，在網際網路出現前就廣泛用於科學界和大學校園，網際網路才是我們認為改變全世界的發明。

高等研究計畫署是一九五八年二月創立的，艾森豪總統創立這個單位，是回應一九五七年蘇聯發射「史普尼克號」。在書面上，高等研究計畫署的宗旨是要防止美國再次被出其不意的發展驚嚇，而這項使命很快就擴大成創造出相似的科技突破，來驚嚇美國的敵人。這個使命之所以模糊，是要讓這個新成立的機構更容易通過預算和國防部的審核，諷刺的是，這也讓高等研究計畫署成為進行實驗性研究的最佳機構。軍方不想要讓一票新的蛋頭學者掌控關鍵的軍事科技（像是飛彈系統），因此許多早期的高等研究計畫署計畫最後朝著出乎意料的方向發展，沒有軍方可以直接應用的方式。

人工智慧就是其中一個出乎意料的方向，但進展的速度遠低於預期。一九七二年，高等研究計畫署增加了代表「國防」（defense）的D字母，更名為DARPA（國防高等研究計畫署）。後來，一九七三年的曼斯菲爾德修正案（Mansfield Amendment）限制了國防高等研究計畫署的資金使用方式，規定計畫必須有直接的軍事應用，此舉除了重挫政府補助基礎科學研究，更讓相對沒有結果的領域（像人工智慧最後缺乏進展，至少國防部認為如此）胎死腹中。他們想要辨識炸彈目標的進階系統，不要會說話的機器。

克萊洛克那時還在加州大學洛杉磯分校，沒想到他成為我們在紐約市曼哈頓上西區的鄰居。他大方和我分享了他的看法，說明高等研究計畫署（他一直堅持用這個稱呼）為何不再是人工智慧與其他科技創新的搖籃。他的第一項結論並不讓人意外：日漸龐大的官僚體系，導致溝通受阻，也讓創新受阻。我們共進午餐時，他跟我說：「事情變得太龐大了。有一陣子，當我們還有共同假期集會時，會有物理學家和電腦專家跟微生物學家和心理學家分享故事。所有的人都能塞進一個房間裡。編制越來越大後，這變得不可能了，各個群體之間很少彼此聯繫。」

國防高等研究計畫署原本像是一個小俱樂部，裡面有極富才華（而且資金充足）的科學家，在相對自由的空間裡互相分享想法，但後來變成一個難以掌握全貌的龐大階級制度。這就是為什麼我在二〇一三年成為牛津大學馬丁學院資深訪問學者時，選擇跨領域研究作為我的主要研究項目。大家互相交流時，會有偉大的新事物產生。

克萊洛克也指出，他受國防高等研究計畫署補助的計畫有數十名研究生協助，當國防高等研究計畫署轉向軍事應用之後，這些人就被剔除了，因為他們沒有參與國防機密的資格。

對克萊洛克來說，將這麼多年輕又聰明的人剔除到重要的研究之外是他無法接受的事情，他也因此不再接受國防高等研究計畫署的補助。二〇〇一年，倫斯斐（Donald Rumsfeld）接掌美國國防部，明白表示要打從根底改變做法。他清楚地表示，希望讓國防高等研究計畫署回到簡潔、大膽實驗的初期狀態，但九一一事件導致當下所有的資源被用於對付恐怖組織的威脅，他的想法因而受阻。國防高等研究計畫署轉而投入資訊搜集與分析的計畫，其中最惡名昭彰的是「全面資訊警覺」計畫（Total Information Awareness），這個名稱像是出自喬治·歐威爾（George Orwell）的小說，在二〇〇三年因為引起公憤而草草收場。

國防高等研究計畫署從來沒有完全放棄人工智慧，甚至有預算進行一點西洋棋研究。如果仔細閱讀柏林納的學術論文，就會發現他在卡內基美隆大學的 HiTech 機器，有部分在一九八〇年代受到國防高等研究計畫署補助。近年來，國防高等研究計畫署出資贊助自動駕駛汽車和其他「實用人工智慧科技」的比賽。另外，國防高等研究計畫署將西洋棋機器的發展當作模範，提議舉辦大型比賽來輔助開發自主網路國防系統。[2]這些發展十足印證了達爾文式的演化：只注重競爭、忽視基礎研究，對真正的人工智慧沒有幫助，卻讓西洋棋機器變得越來越好。另外，軍方一直非常重視情報分析的演算法和更有智慧的軍事科技，我會在後文回到這個主題。

一九五〇年代和一九六〇年代人工智慧研究人員的壯言豪語，呼應了同年代電腦西洋棋界的預言；事實上，有些人同時活躍於這兩個圈子。然而，與人工智慧研究人員不同的是，西洋棋的研究人員找到了萬靈丹：alpha-beta 搜尋演算法，可以確保穩定的進展。無論這是福是禍，都是可以清楚看得到的進展。對於研究泛用智慧和其他大膽目標的人來說，他們沒有這種明確、點滴式的成長，但需要有這樣的成長才能確保他們有更多研究所學程、企業投資和政府的研究經費。人工智慧的春天一直要等到另一波運動興起：這一波運動與西洋棋界類似，放棄了「模仿人類認知」的遠大夢想。這個領域就是機器學習能力，雖然這方面的研究已經持續多年，卻一直沒有很好的結果。一九八〇年代的情況改變了，差別在於資料——非常、非常多的資料。

米契本身就是機器學習的先驅，早在一九六〇年就將之應用在井字棋上。基本概念如下：不給機器各種規則（像是學習外語時強記文法和字尾變化那樣），而是給機器許多範例，讓機器自己弄懂規則是什麼。

語言翻譯又是一個好例子。Google 翻譯就是由機器學習驅動的，雖然它能處理幾十種語言，對這些語言的規則卻一無所知。Google 甚至不用煩惱去聘用有外語能力的人：他們將正確翻譯的範例餵給機器，而且是好幾百萬筆的範例，讓機器碰到新的內容時自行判斷什麼樣子的翻譯可能是正確的。米契和其他人早年如此嘗試時，他們的機器太慢，資料庫和輸入系統也太陽春。當時沒有人能想像，若要解決像語言這麼「人類」的問題，光靠資料規模和速度就能應付。他們像是早年的西洋棋軟體設計師，看了A式暴力法的程式，就悲觀地認為它們的速度不可能快到能下出實力夠好的棋。一位Google翻譯的工程師這樣說：「當你的訓練範例從一萬筆增加到一百億筆後，就會開始有用處了。資料勝過一切。」[3]

一九八〇年代初，米契和幾位同事寫了一個以資料庫為基礎的實驗性機器學習西洋棋程式，結果相當有趣。他們將特級大師比賽棋譜的數十萬種盤面輸入機器，期望它可以自行弄清楚什麼會有用、什麼不會有用。剛開始，這看起來是可行的做法：機器評估盤面的結果，比傳統的程式更精確。然而，當他們讓機器真正開始下棋，問題就出現了：機器發展了主力棋子的動線、發動攻擊，然後立刻犧牲了王后！機器沒幾步棋就輸了，犧牲王后幾乎沒有任何用處。為什麼會這樣呢？特級大師棋手如果犧牲王后，幾乎一定是為了使出精采、致命的一擊。對於吃飽特級大師比賽棋譜的機器來說，犧牲王后顯然是致勝的關鍵！[4]

這個結果讓人失望，又不禁令人莞爾，但想像一下：機器從範例中自行建立規則，在現實生活中可能會遇到什麼樣的問題？這時不妨借鏡科幻小說，在科幻小說裡，處處可見針對各種領域的精準預言，富有啟發。希望各位讀者不要介意：我想跳過《魔鬼終結者》和《駭客任務》（*The Matrix*）裡的殺人機器人和超智慧機器統治者。這些惡夢般的情境能拍出好電影或變成聳動的新聞標題，可是那種反烏托邦式的未來太遙遠，又太不可能了，談論起來只會讓我們忽略更迫切、更有可能發生的挑戰。再說，也許我對戰真實的機器已經受夠了。

在一九八四年的電影《外星戀》（*Starman*）裡，傑夫·布里吉（Jeff Bridges）飾演一位降臨地球的天真外星人。他試著融入人類生活，看著周遭的人類來學習該怎麼做，像是外星人版的泛用型機器學習。當然，他還是會犯下一些好笑的錯誤，不過有一件比較嚴重的事情發生：一個叫珍妮的女人對他友好，他試著開她的車子，高速衝過一個十字路口，導致他們後方發生車禍，珍妮於是對他大叫，接著是以下的對話：

外星人：還好嗎？

珍妮：什麼「還好嗎」？你瘋了嗎？你差點害死我們耶！你說你有看我開車，你說你知道規則啊！

外星人：我的確知道規則。

珍妮：好，那我要提醒你，剛剛那裡是黃燈啊！

外星人：我很仔細看了妳怎麼做。紅燈要停、綠燈要前進、黃燈要衝很快。

珍妮：你還是讓我開車好了。

太完美了。正如西洋棋程式訓練成模仿特級大師精采的棋步，結果變成胡亂犧牲王后，只靠觀察來學習規則有可能導致災難。電腦和來訪的外星人一樣，不具備未被明白告知或者無法自行建立的常識或前後脈絡。外星人其實沒有錯，他只是資料不足，無法弄清楚黃燈加速需要更多前後脈絡。即使是華生超級電腦擁有數以PB計量的資料，或是Google翻譯無底洞裡有幾十億筆範例，仍然經常產生怪異的結果。科學界通常會有這樣的情況：跟事情做對比起來，事情出錯時，我們反而可以學到更多。

這裡提供一個深具啟示的例子。華生參加《危險邊緣！》時，有個問題的提示是：一九〇四年奧運的一位體操選手「有這個奇特之處」。人類冠軍詹寧斯（Ken Jennings）先按鈴，明顯不確定答案為何，猜了「只有一隻手」，結果答錯了。華生接著回答「腿」[5]（以該節目的習慣，回答是「什麼是腿？」）；根據電腦的評估，這個答案的正確率為百分之六十一，因此非常有可能。這當中發生了什麼事，其實很清楚。體操選手艾瑟（George Eyser）少了一條腿，這個問題的提示無疑是指這一點。於是，華生的搜尋功能找到的結果裡，有許多包括「艾瑟」這個名字和「腿」這個身體部位。目前看來都沒問題，但機器錯的地方，正好是詹寧斯對的地方，因為機器無法理解「有兩條腿」並不奇特。詹寧斯出錯的方式像人：使用合理的推測，但缺少資料。華生出錯的方式像機器：有正確的資料，卻缺乏全面、在人類大腦裡成為常識的前後脈絡。

我不知道華生的程式設計方式，是否讓它能留意人類參賽者先前的回答，假如它有這樣的能力，也許就能自行產生正確答案，將自身的正確資料放進詹寧斯正確的猜測裡。至少第三位參賽者（另一位人類冠軍）應該要這麼做才對，也許因為那是第一天的比賽，所以他還不敢確定華生的準確度為何。*假如他有這麼做，就能完美印證我的想法：人類與人工智慧機器合作時，能產生更好的結果。

任何像我一樣經常旅行的人，都知道精確的翻譯有多麼困難。早在智慧機器弄出搞笑的翻譯之前，世界各地的標誌和菜單上就充滿了各種怪異的譯文，很可能是用雙語字典直接拼湊出來的：機場裡有「虛脫的休息室」，餐廳裡有「一盤小笨蛋」。[6]如今Google和其他服務平台可以即時翻譯整篇網頁，在各個主要語言裡，通常精確度還算足夠，可以知道新聞內容大概是什麼樣子。

當然，失準的情況在所難免。我最愛的是чят，這是一個刻意被扭曲的俄國俗語，指的是線上聊天（發音也是chat），在社群媒體上會隨口用來指稱自己的觀眾，如同上線時跟人說「晚安各位大大」。然而，在Google翻譯的俄文資料庫深處，這三個斯拉夫語族西里爾字母（Cyrillic）連結到的是另一個完全不相關的東西。我發現這件事的時候，是我用朋友的電腦看我自己的推特頁面，透過自動翻譯的功能看到俄國人對我說：「哈囉，敏感核子技術！」如果再用Google搜尋，就會找到一些幾乎沒有人看的官方文件，裡頭確實用縮寫的大寫字母ЧЯТ來代表чувствительных ядерных технологий，也就是「敏感核子技術」。

這樣不太可能會造成恐慌，因為看到這個的人通常常識足夠，可以判別事情似乎不太對勁，因此怪罪機器翻譯的品質，而不是立刻提升核武警備等級。然而，如果下決定的不是人

＊譯注：華生參加《危險邊緣！》時有兩位對手，詹寧斯是連續獲勝天數最多的冠軍，另一位參賽者則是贏得總獎金最多的冠軍。《危險邊緣！》的人機對戰總共分三天，進行兩輪完整的比賽，其中第一輪比賽分兩天進行。

類，而是軍事人工智慧演算法呢？那些仰賴電腦取得並分析恐怖分子「聊天內容」的國安機構呢？他們不可能用人工複檢每一個推文，這樣會慢到沒有用處。他們反而可能發出警報，因為有一票俄國人在社群媒體上談論核子技術。

機器碰上新的科技詞彙和俗語，一定會難以理解，而且和西洋棋機器或冷知識機器人一樣，無法應用現實的機運或常識，必須模擬才行。它們只能進行評估，得到一個數字來代表信心度。機器的學習系統是好是壞，全部取決於它能存取的資料，一如西洋棋程式的開局手冊全部取決於程式裡內建的棋譜。若要減少錯誤，必須讓資料的品質勝過數量，留下好範例、丟掉壞範例，每秒鐘要進行個十億次；雖然如此，一定會出現異常的例子，當然也一定會有「敏感核子技術」！

機器學習讓人工智慧免於無人過問的境地，因為機器學習可以實現，而且有利可圖。IBM、Google和許多其他單位使用機器學習技術創造出產品，這些產品帶來的成果有用處。然而，這樣算是人工智慧嗎？問這個問題有意義嗎？想要理解人類大腦運作，甚至複製人類大腦運作的人工智慧理論家，此時又失望了。認知科學家侯世達（Douglas Hofstadter）的一九七九年著作《哥德爾、艾舍爾、巴赫：集異璧之大成》（*Gödel, Escher, Bach: An Eternal Golden Braid*）影響甚巨，他一直忠於理解人類認知的使命，而人工智慧界追求立竿見影的成效、可以出售的產品，以及越來越多的資料，因此排擠了他和他的研究。

索默斯（James Somers）在二〇一三年的《大西洋》雜誌專訪侯世達，後者在訪談中道盡了他的挫折感。侯世達問道，假如成功做到某件事情不會讓人從中獲得啟發，那麼又何必去做這件事？「深藍很會下西洋棋——那又怎樣？這會告訴你，我們是怎麼下西洋棋的嗎？不會。這會告訴你，卡斯帕洛夫是怎麼看見、理解棋盤嗎？」侯世達認為，如果人工智慧不試著去解答這類問題，即使它的能力有多麼令人驚嘆，終究只是讓人分心之物。他成為人工智慧界的一員之後，幾乎立刻設法遠離這個領域。他說：「身為人工智慧界新的一員，有一件事不證自明，我不想要做那種欺騙的事。這很明顯：我不想要替某個花俏的程式背書，明知那與智慧無關，還要硬說那就是智慧。而且，我不懂為什麼像我這樣的人不多。」[7]

我無意說風涼話，但 Google 當今市值超過五千億美元，這可能就是一個原因。多位專家（包括華生超級電腦計畫的費魯奇，以及 Google 的諾米格〔Peter Norvig〕）也在那篇專訪中提出另一個原因：他們想要處理他們能解決的問題。人類智能是一個非常難解的問題，相較之下，機器學習能帶來成效。然而，這個成效能維持多久？我們已經可以看到收益遞減的法則在運作了：讓機器系統達到百分之九十的效能，也許就足以讓這個系統變得有用處，但將之從百分之九十提升到百分之九十五往往艱難許多，更別說達到百分之九十九．九九的效能，讓你可以放心讓它翻譯一封情書，或是開車載你的孩子去上學。

機器學習也許能用來解開西洋棋，而且確實有這方面的嘗試。Google 的 AlphaGo 廣泛運用機器學習的技術，其資料庫大約有三千萬個棋步。與預期相符的是，只給機器規則和暴力搜尋法，不足以擊敗最頂尖的圍棋高手。然而，到了一九八九年，深思已經讓大家明白，若要挑戰世界最頂尖的西洋棋高手，機器根本不需要這些實驗性的技術，能力就已足夠。真正的必要條件是速度，而許峰雄在卡內基美隆大學設計出來的特製晶片確實讓速度更快。深思在展演賽打敗拉爾森和麥爾斯後，我覺得這會是一項有趣的新挑戰，於是向它下了戰帖。

我對戰深思的兩盤比賽於該年十月二十二日在紐約市舉行，但我是唯一實體抵達比賽現場的棋手。一如往常，下棋的機器本身位於幾百公里之外，連接到現場的另一台裝置，由專人在正常的棋盤上替它執棋，並有正常的計時器。深思團隊正好在那個月受到ＩＢＭ聘用，不久就會收到價值數百萬美元的投資和技術並更名為「深藍」。贊助這場小比賽的是ＡＧＳ電腦，這是一間位於紐澤西州的軟體公司，董事長是西洋棋愛好者，也曾贊助 HiTech 對戰鄧克的比賽。

和電腦對戰的一個問題，是它們改變的速度和頻率。特級大師習慣針對對手進行深度準備，研究對手近期所有的比賽棋譜來找出弱點。這種準備方式主要集中在開局法，亦即一盤棋開始時的固定棋步，而每一種走法都有異國情調的名稱，像是「西西里防禦龍式變著」（Sicilian Dragon (Sicilian Defense, Dragon Variation)）或者「后翼印度防禦」（Queen's Indian Defense）。我們會在這些開局法裡準備好新點子，尋找新的強大棋步（「新著」），讓對手措手不及。假如你能在他喜好的下法裡找到弱點，這種準備方法特別容易奏效，因為你可以合理預期他會走到那個盤面。

後文談論深藍的章節會再詳述電腦如何處理開局，在此先說，它們會仰賴一個從人類比賽中衍生出來的棋步資料庫，稱為「開局手冊」。這些手冊多年下來不斷演進，讓機器更有彈性，但基本的想法一如其名：手冊裡有各種開局的棋步，機器大致上會盲目照著這些棋步走，一直到它「走完手冊」後，必須自行思考。這種做法大致上和我的做法相似：我們會憑靠記憶來選擇自己偏好的開局棋步，直到這些棋步走完才靠自己。

我敢誇下豪語：我是西洋棋史上準備最充分的棋手。即使在年紀小的時候，我一樣喜歡研究開局法、尋找更好的下法，讓我手邊有更多武器。大家通常最關注中盤精采的打打殺殺，但在大家早已熟稔的開局法裡找到新點子，需要韌性和創意，這一直是非常吸引我的事。我向來會全面研究對手的開局法來尋找弱點，並且收藏了龐大的檔案資料庫，裡面寫滿各種新著和分析。即使是實力高強的對手，和我對戰時有時也會避開他們慣用的開局法，因為他們害怕碰到強大的新著。我於二〇〇五年從職業棋壇退休時，大家流傳了一個笑話，說我應該拍賣我那台裝滿珍藏資料庫的筆記型電腦。

我很愛聽到關於我的傳聞，說我在地下室囚禁了一群特級大師，日夜替我開發出新著；事實上，我的團隊裡一直只有我、我的教練多克伊安（Yuri Dokhoian），以及從一九七六年就和我共事、幫我整理和維護累積幾十年珍貴智慧財產的夏卡洛夫（Alexander Shakarov）。當我因為準備有方而占有優勢，聽到批評我的人貶抑我，聲稱我「在家贏得比賽」，就沒那麼高興了。我同意將最高級的讚美留給下棋時精采的想法，但準備得比對手更充分並不是讓人羞恥的事。這種猜疑可能在當今更有道理，因為現在所有的職業棋手不再依靠自己的特級大師團隊，而是用超強的西洋棋引擎備戰。最後的成果仍舊仰賴人類勞力，只把機器當作工具，當某個必殺的新點子出自矽晶片腦袋，而不是你自己的腦袋，不免讓人有些空虛。

當你的對手是電腦，這種準備方式大致上失去作用。即使你研究過機器下過的每一盤棋，操作員只需要載入一個新的開局手冊，或是改變幾個數值，電腦就會下出它從來沒有下過的開局，而且會完美地下出這些開局，因為電腦不需要像人類一樣擔心記憶失靈。雖然如此，它們和人類一樣容易被新著打敗，因為假如某個棋步在電腦的開局手冊裡，它會立刻從資料庫下出這一步，有些好笑的失誤就是這樣發生的。在一場電腦西洋棋冠軍賽裡，有一台機器開始後不久就出大錯，丟掉一顆主力棋子，另一台機器卻沒有吃下這顆棋子。兩台機器的開局手冊有同樣的棋步缺陷。如今機器用的開局手冊全都由西洋棋引擎檢查修正過，確保機器不會還沒開始自己思考就迷失在它不知道的盤面裡。

若你覺得機器能存取好幾ＧＢ開局棋步，像是機器占了人類對手的便宜，那麼我們是站在同一國的了。我一直覺得很奇怪：電腦下棋時基本上會跳過一整個階段，不需要思考該如何發展主力棋子的攻勢，或是建立兵陣結構。開局階段綜合了細膩思考、創意和長遠的策略規畫，這些全是電腦不擅長的事。然而，拜開局手冊之賜，電腦能直接跳過，到了中盤才開始運作，而此時所需的戰術能力正是電腦的強項。

不幸的是，除非修改規則，否則沒有什麼公平的替代方案能取代開局手冊。西洋棋開局法是幾十年來從實戰中發展出來的，下棋的人會研究並背誦。即使是大賽中實力差的棋手也會記得足夠的開局棋步，讓他不必真的思考就能進入可以繼續下去的盤面。（我教導西洋棋時會批評這種壞習慣，因為棋手走完開局手冊後無法真正理解盤面。）開局法在西洋棋中非常重要，假使電腦沒有開局法，反而會讓人類占盡便宜。另外，這樣也會讓比賽看起來非常奇怪，因為放任機器自行思考，它們通常會不斷下出同樣、直接的棋步來發展。這很容易實驗，只要把你慣用的西洋棋軟體的開局手冊關掉就好了。現今的程式仍然幾乎無法打敗，但關掉開局手冊，實力高強的人類至少有可能控制初期的動態。

對手是電腦時，每一盤棋可能改變的變因不只有開局法。舉例來說，只需要修改幾個數值，就可以讓程式變得更積極進攻。機器裡面可能暗藏六種不同的「性格」，所以在連續六盤的比賽裡，你可能不會重複碰到完全一樣的對手。如果比賽的是兩台電腦，這種情況的影響不大，但經驗老到的人類習慣摸清楚對手的底細，對我來說，這是西洋棋一個重要部分。

最重要的是，電腦會越來越強。我在一九八九年對戰深思時，那個版本的深思已經比前一年打敗拉爾森的版本升級不少。深思是一台平行架構的硬體機器，表示只要一有新的晶片出來，他們就可以不斷新增更多西洋棋晶片進去，增強機器的運算能力。它有六顆處理器，每一秒搜尋超過兩百萬種盤面，遠遠超越先前所有機器。這些天文數字聽久了讓人覺得疲乏，所以這裡引述一篇一九八九年的文章，深思團隊描述搜尋深度與西洋棋實力的關聯：

暴力法機器在一九七〇年代末崛起，讓一件事情變得非常清楚：西洋棋機器的搜尋速度和機器的實力有顯著的因果關係。事實上，從機器自我測試的比賽得知，每當機器多搜尋一層，它的積分就會增加約兩百至兩百五十分。由於每增加一層，搜尋樹的大小會增加五至六倍，速度每增加一倍大約等於積分增加八十至一百分。機器對戰人類棋手取得的積分，說明了這種關聯可能一直持續到特級大師的等級，而深思現在的積分就是特級大師等級。這種因果關係之存在，正是本計畫開始的主因。[8]

換句話說：速度越快，表示搜尋深度越深；搜尋深度越深，又表示機器實力越強，而實力才是大家關心的事。假如把取得積分的西洋棋機器之演進當作y軸，每一個棋步搜尋的盤面數量當作x軸，會得到一條完美的斜線。一九七〇年的Chess 3.0版大約一千四百分，一九七八年的4.9版進步到兩千分，Belle於一九八三年突破兩千兩百分，HiTech於一九八七年達到兩千四百分，而深思於一九八九年達特級大師水準的兩千五百分。晶片變得越來越小、越來越快，搜尋變得越來越深，積分也因此不斷提升。

雖然硬體設計仍然是挑戰，這個函數般的成長再次讓人心寒：這說明了為何許多人感到失望，因為西洋棋機器早已遠離早期人工智慧的根基。機器智慧專家暨西洋棋國際大師柯佩克（Danny Kopec）於一九九〇年撰文點出機器積分大幅提升時，亦悲嘆道：「由於大多數程式以競賽為重，因此幾乎不會透露出程式為何會選擇走某一步，而不是走其他步。這大致說明了電腦西洋棋演進時，主要是當作一種競賽（以表現為動機），而不是作為一種科學（以問題為動機）。」[9]

一九八九年十月二十二日，我想的並不是深思是否有智慧，而是它到底有多強。我猜測，這個程式先前曾經在展演賽打敗實力高強的英國特級大師麥爾斯，也許在那之後又有進步。我當時的積分剛剛突破了兩千七百八十五分（這是費雪的最高紀錄，在此之前多年來一直無人突破），坐在棋盤前毫不畏懼。比賽前一天，我看了機器先前的比賽棋譜；雖然如此，如前文所述，你不可能確知最近幾個月（甚至幾天內）機器到底改變了多少。深思團隊的康培爾給了我機器先前的一些棋譜，此舉很有誠意，與這場比賽的友誼、探索精神相符。再者，這樣做似乎才公平：畢竟機器可以分析我下過的每一盤棋，而我不可能在比賽前一刻臨時升級我的處理器。

我從準備工作得知，機器的實力非常強，甚至可能與推估的兩千五百分積分相當（這個積分是成為特級大師的門檻）。大家都看好我會遠遠勝過機器，但我評估在總共十盤的比賽裡，它很有可能在一兩盤下成和棋，甚至獲勝。比賽在紐約藝術學院（New York Academy of Art）舉行，現場觀眾非常活躍，我也樂得首度扮演人類救星一角。據說，我在開幕式時說：「我們熟知有某個東西的心智比我們更強，我不知道我們有這個認知還能怎麼存活」；現在回過頭來看，我會認為那番話是浮誇勝過理智。

這不是我最後一番對於電腦西洋棋的妄言，假如我只是談論電腦，我的話沒什麼問題。

大約同一時期，我在訪問中預言電腦會比女性更早成為世界冠軍，而這個預言最後成真。這番話被解讀為性別歧視之語，其實不是。這純粹是因為當時還沒有女性有這樣的潛力[10]，這個狀態一直持續到幾年後波爾加·朱迪（Polgár Judit，讓人驚豔的波爾加三姊妹中最年幼者）突破進入西洋棋菁英之列，她最後更躋身全世界排名前十名。

至少，在那個星期日下午，我在紐約的狠話有在棋盤上實現。第一盤我持黑棋，漸漸取得主宰一切的盤面。到了第二十步時，我看得出我在策略上已經勝利了；我只需要一直維持盤面，等到可以突破時就好了。這一系列比賽進行得相對快速，每一方總共有九十分鐘的思考時間，比起傳統西洋棋標準的兩小時半快上許多。這對電腦有利，因為我沒有那麼多時間可以檢查我的推算，但這樣的時間已經夠了。

我集中火力，將我的兵向對方的國王推進，深思幾乎什麼都不能做，只能等著我發出致命一擊。我知道，假如電腦有任何逃跑的機會，它一定會找到，所以我把步調放慢。如果是人類特級大師碰到這麼悲慘、被動的盤面，一定會想盡辦法試圖脫身，讓他至少有機會混淆情勢。人類知道，若是賭上被快速斷頭的可能，來換取百分之五的脫身機率，至少比起百分之百遭受凌遲、無法反擊來得好。

反之，電腦無法理解「現實機率」等一般概念。它們一定會下出搜尋樹裡最佳的棋步，無法做出其他事情。撲克牌機器人也許會有其他想法，但西洋棋機器不會吹牛：它們絕對不會刻意下出比較差的棋步，然後希望對方找不到反擊之道。這稍稍有一個例外：程式設計師事先改變設定，讓電腦無論如何一定要避免和棋，必須不計代價贏。這種設定叫做「藐視因子」（contempt factor），機器碰到會變成和棋的盤面，這種設定讓它用比較冒險的方式拖延。簡單來說，這會讓電腦對自己的盤面超級樂觀，或者如名稱所言，藐視對手的能力。

在第一盤比賽，深思幾乎沒有樂觀或藐視我的機會，雖然它的防禦一如往常乏味無趣，我最終仍然突破，在五十二步後取勝。現在回顧起來，我看到我即使在優勢甚巨時，也沒有下出最好的棋步，覺得有些懊惱[11]；另外，在某個時間點上，深思應當能築起更堅固的防禦才對。那一盤結束後，我誇耀：「要是人類像那樣被打敗，他才不會想要再比賽」；然而，機器當然不可能被我刺激，不久我們便進行第二盤棋，我執白棋。

在西洋棋裡，先動的是白棋；至少在專家等級，先動的一方具有優勢，有如網球中發球的一方。[12]在職業等級的比賽，白棋獲勝的頻率大約比黑棋多一倍，但是有整整一半的比賽以和棋收場。白棋通常有辦法決定戰場的樣貌，而我利用了這一點，在開局時用一顆「毒兵」引誘深思，這樣犧牲自己的棋子，當時的電腦仍然會毫不猶豫去吃。果然沒錯：機器上勾了，不久後我的主力棋子縱橫棋盤，機器陷入重重困境。我在第十七步進攻它的國王時，逼得它放棄它的王后，此後我只剩下清理戰場。任何一位人類棋手碰到那種情勢，一定會摸摸自己的良心直接棄子投降，機器根本不需要想這些。操作機器的人通常會認為，即使機器的評估系統認定它徹底失敗，他們讓機器繼續下棋也沒什麼損失。倘若考量到人類對戰機器時，可能在戰術上惹上多少麻煩，這樣的思維並不會不合理，只是讓人覺得煩而已。

操作員在第三十七步時棄子投降，現場觀眾一面倒支持我，在勝負論定後為我起立鼓掌。我首次認真對戰機器，贏得快活又不費力氣，連當地的八卦小報都報導了這場比賽：《紐約郵報》（*New York Post*）的標題用了早已過時的冷戰譬喻：「紅軍棋王快炒深思晶片」[13]。就算深思團隊原本就預期會輸，也一定對機器下出來的棋不滿意。

現在閱讀程式設計人員對於那場比賽的評論，我看到西洋棋的一則老笑話可以類比到電腦上。我們常說：「我從來沒打敗過一個健康的對手」，而我的情況則是：「我從來沒打敗過一個沒有臭蟲的程式！」他們發現，程式碼裡有一個錯誤，導致機器下出比較弱的棋，而他們花了幾週才找到這個「國王入堡臭蟲」。如下文所述，這種情況會一再出現。我後來也得知，在進行比賽的時間外，許峰雄調整了機器的速度，讓它下棋比較慢。這一點突顯出機器的特徵：下完一盤棋後，你不能就此認為你知道機器的某個底細了，因為它有可能一個小時之後下出完全不一樣的棋。

老實說，我第一回認真對戰電腦後，不記得心理上有什麼影響：沒錯，這是不一樣的經驗，但那時還不至於凶多吉少。我想，我那時信心滿滿，完全沒有像對戰其他特級大師時那麼緊張。那比較像是友誼展演賽，或是一項科學實驗。不過，接下來幾年的情況就變了；機器越來越強，而且開始現身於真正的大賽，攸關的不只有人類的未來，還有獎金和聲望。

第七章
深淵

我落敗後會忿恨不平。

我想要一開始就澄清這件事。我痛恨被打敗。我痛恨下一手爛棋後被打敗，也痛恨下一手好棋後被打敗。我痛恨敗給弱手，也痛恨敗給世界冠軍。

我曾經在被打敗後輾轉難眠。我曾經在被大敗後，在頒獎典禮上口出怨言。寫這本書時，我分析二十年前被打敗的比賽，發現我錯失了一記妙著，心裡還會因此不滿。

我痛恨輸掉東西，而且不只是在西洋棋上輸掉而已。我痛恨輸掉益智比賽。我痛恨輸掉撲克牌比賽。（我完全沒有撲克臉，所以很少打牌。）

敗而後餒並不是我最自豪的特徵，但我也不會因此覺得羞愧。若要在任何競爭中脫穎而出，對落敗的憎恨必須大過你對落敗的恐懼。獲勝的刺激感很好，不過我認為所有菁英體育選手一定年紀輕輕就熟悉這種感覺了。每個人都有自己的方式來找到動力，特別是當你的職業生涯很漫長時。然而，無論多麼熱愛某種競賽項目，若要領先群雄，必須痛恨落敗才行。

你必須把它當作一回事，而且要深刻當作一回事。

資料庫裡可以找到我從十二歲以來幾乎每一盤認真的棋，總共超過兩千四百盤。在這兩千四百盤當中，我輸掉大約一百七十盤。如果只計算我二十五年職業生涯（從十七歲開始）進行的大賽和一對一系列賽，輸棋的次數大約只剩下一半。假如我不會敗而不餒，那有一部分是因為一直沒有機會練習敗而不餒。一九九〇年，英國特級大師凱尼（Raymond Keene）寫了一本書，叫做《如何打敗卡斯帕洛夫》（*How to Beat Gary Kasparov*），書中收錄截至當時我所有的敗棋。這本書的前言是這樣開始的：「打敗卡斯帕洛夫，遠比登上聖母峰或成為億萬富翁還難……。我發現，登上聖母峰的機率高了六倍……賺到十億美元的機率高了五倍。」[1]打敗過我的人屈指可數，他們也許應該想一想，當初是不是從事別的行業比較好。

我想要先澄清這些事情，因為每一次有人討論我對戰ＩＢＭ超級電腦深藍（更精確來說，是我於一九九七年再次對戰深藍），一定會提到我的敗家心態。

幾乎沒有人記得，我於一九九六年第一次對戰深藍時獲勝；這一點我已經認了。各種「歷史上的今天」的日曆不會提到林白（Charles Lindbergh）於一九二七年成功之前，種種試圖飛越大西洋卻失敗的嘗試。假如有人記得一九九六年的那場比賽，那是因為當中的第一盤是機器在傳統時間限制下首次擊敗世界冠軍。在此之前，我曾經多次在時間限制更快的情況下對戰機器，也輸了幾盤棋。在所謂的「快速棋」裡，雙方總共各有十五至三十分鐘的思考時間。「閃電棋」更快，雙方開始時總共只有五分鐘的時間，甚至更少。甚至還有「子彈棋」，總共只有一到兩分鐘的時間，讓西洋棋幾乎變成有氧運動。

至少從一九七〇年代開始，當電腦對戰人類時，下棋的速度越快，電腦越有優勢。特級大師也許大多憑靠直覺下棋，但西洋棋最終畢竟是真真實實的賽局。碰上一台每秒鐘能檢查幾百萬種盤面的機器，若沒有足夠的時間好好地計算，閃電棋很可能馬上血流成河。人類在允許的時間極短時，會彼此不斷發生些微的錯誤和戰術失算，這些立刻被機器迎頭痛擊，它們絕對不會失手。

我在一九八九年對戰深思之後，又隔了幾年才公開對戰另一台機器。這有一部分是因為沒有市場：電腦顯然還要再費一番工夫才能真正對我造成挑戰，所以沒有人想要看我一再打敗電腦，而且我的時間分分秒秒可貴。我在一九九〇年的世界冠軍賽第五度碰上卡爾波夫，最後驚險衛冕成功，同時又要面對我的祖國突然瓦解。蘇聯解體時，我的家人和數千人一樣被迫逃離巴庫，躲避當地針對亞美尼亞人的種族暴動。

不過，我同時還關注了機器的進展。我在自己的個人電腦上裝了最新的程式，有時用它們來幫助我分析，有時為了好玩跟它們對下。它們下得並不好，但即使是在一般人擁有的桌機或筆記型電腦上，有些名稱像「天才」和 Fritz 的程式已經有非常危險的戰術能力。人類只要稍微疏忽片刻，一切馬上就結束了。

我也再次遇上深思，這一回是一九九一年在德國漢堡的電腦展上。深思團隊轉型成為ＩＢＭ的重點計畫時，有些人離開了，也有新血加入。領導團隊的仍然是許峰雄和康培爾，他們也來漢堡，因為深思受邀參與一次大賽，而且是截至當時機器參與過等級最高的大賽。那場大賽是邀請賽，總共有六位德國特級大師和一位高強的國際大師，平均積分達到兩千五百一十四分。

許峰雄現在有IBM龐大的資源撐腰，持續建造出升級版的夢幻機器，裡面有一千個超大型積體電路晶片，但這台機器還沒有準備好。深思仍然是全世界最強的機器，從近期的表現來看，大家預測它在漢堡會有相當紮實的表現。結果讓人意外，它最後獲得倒數第二名，七盤棋裡兩盤獲勝、一盤和棋、四盤落敗。深思團隊將兩盤敗棋歸咎於開局手冊的錯誤（這件事會一再出現），現在回頭來看它在漢堡的比賽，會發現它下的棋根本不太好。

比較有意思的是我做的一項測試，我的好友弗瑞德是漢堡比賽的策畫人之一，這項測驗是他提議的。他給我看大賽前五個回合的棋譜，看看我能不能辨認哪一位是深思。這是圖靈測驗的西洋棋版，看的是電腦是否能被人當成特級大師。我正確辨認出兩個回合，又將另一個回合剔除到只剩兩盤棋，最後卻挑錯了，所以電腦下的五盤棋當中，有三盤通過了測驗。對我來說，若要看出電腦西洋棋的進步程度，和電腦在大賽中的勝負次數比起來，這種測驗反而是更好的指標。深思下的棋中，有一些仍舊未脫離傳統的印象，一方面策略爛到透頂，另一方面無止境的貪婪又被嚇死人的戰術平衡掉。然而，有幾盤棋看起來就像西洋棋，只是可能距離世界冠軍的水準還很遠。

從另一方面來說，我覺得這樣很有趣，因為我現在能想像未來會有局面扭轉的一天。假如過了十年（我大略猜測電腦要過十年才會強到能打敗我），會不會出現一台超強的機器，可以分析人類的比賽，而且分析得深具洞見？我花很多時間詳細分析對手的習性和弱點，但我清楚這樣的分析會被我自己的習性和弱點渲染。相較之下，機器完全客觀。在輔助分析的功能上，西洋棋引擎變得很有用處，就算只是在戰術上「檢查失誤」也好。我認為一旦它們夠強大，也許它們能察覺出人類比賽的模式和習慣，不論是我的比賽或對手的比賽皆然。

這個想法最後沒有真的實現，一部分是因為潛在的市場太小了。世界上會固定經常面對相同對手、需要特定針對這些對手進行準備的棋手只有幾百人。ChessBase 最後的確新增了一些有用的功能，像是自動根據資料庫建立棋手側寫檔案，包括他們偏好的開局法和棋譜選輯；不過，這些不能算是分析工具，比較像是節省時間的功能而已。它們無法進行進階的細節分析，像是「國王被攻擊時經常會犯錯」，或是「執黑棋時偏好以王后換王后」。即使進行分析用的相關資料（棋手自己的比賽棋譜）早已全部公開，光是這種深入側寫分析的念頭，就已經讓一些棋手不悅。我倒非常想知道機器分析我的比賽後，會對我這個人和我的比賽做出什麼樣的評語。

另外，我也很關注電腦以大量資料分析人類行為能在各個領域造成什麼影響，例如心理學方面，或是我自己關注的決策制定方面。任何閱讀這本書的人，都不會想要把自己所有的簡訊、電子郵件、社群媒體貼文、搜尋紀錄、購買紀錄和我們每時每刻留下的漫長數位軌跡全部交出來——至少不會想交給另一個人類。然而，無論是好是壞，許多軟體和服務早就能全面取得這些資訊，而且我相信，只要資料量夠大、資料處理夠充分，一定能找到許多有趣的相關現象，甚至幫助診斷疾病，如憂鬱症或失智症的早期徵兆。

臉書有自殺防制工具，讓一個人的好友能標註貼文給網站員工檢查，或是可能轉介給相關單位，這樣做需要人為介入。運動穿戴式裝置已經能追蹤各種現象，包括睡眠習慣、心率和燃燒的卡路里。Google、臉書、亞馬遜等網站對你的了解，可能早就比你對你自己的了解更透徹，但是大家假如看到相關分析（可能還會揭露出讓人不安的事實），又會覺得恐懼。

當然，只要存取這些資料，一定有無數的隱私相關問題需要處理，如何在資料存取與隱私之間取得平衡，會是人工智慧革命的一個重要戰場。機器看了我下的西洋棋，或是我的身心狀況之後，我會想要知道機器說了什麼話，但我想要讓別人知道嗎？你也許想讓你的家人或醫生存取這些資訊，不過你的保險公司呢？老闆呢？有些公司雇用新員工時，已經會去檢查他們的社群媒體貼文。美國的反歧視法律規定，不能對應徵者問年紀、性別、種族和健康狀況相關的問題，但是用演算法分析社群媒體動態後，這些問題馬上就能解答，而且能相當準確猜出性向、政治傾向、收入狀況等事項。

從歷史上來看，世人對各種服務的需求最終會勝過抽象的隱私。我們都喜歡在社群媒體上分享個人資訊。我們喜歡 Netflix 和亞馬遜的演算法向我們推薦書籍和音樂。我們不可能放棄衛星定位地圖和導航軟體，即使使用這些軟體表示有幾十間私人公司知道我們每分每秒在哪裡，政府和法院也能取得這些資訊。Gmail 最初根據電子郵件內容放進廣告時，網路上一片譁然，不過大家並沒有驚慌多久。這只不過是演算法而已；再說，假如你一定會看到廣告，應該寧願看到你有興趣的廣告吧？

這不是向老大哥投降的理由。我的祖國正是喬治·歐威爾在小說《一九八四》裡描述的原型，也因此我對任何個人自由被侵犯的事情格外敏感。監視可以幫助維安，也能用來鎮壓異己，特別是現今有各種先進的工具可以使用。我們今日依靠各種奇妙的通訊科技，這些科技本身非善亦非惡。有些人似乎認為網際網路的魔法可以自動解放大家，這實在是一種愚蠢的信念。現代的獨裁政權和政治勢力熟知科技的力量，已經知道要如何限制和利用這些強大的新媒體。我很高興有倡議隱私權的人關注此事，特別是在關心政府權力這方面，但我覺得他們此戰必敗，因為科技會不斷進步，而且他們想要保護的人不想自保。一波又一波的隱私警語，變得有如反式脂肪和玉米糖漿的危害一般，最後會被大家忽視：我們想要身體健康，可是我們更愛吃甜甜圈。在安全方面，最大的問題永遠是人類的天性。

科技持續讓我們無法抗拒分享資料的好處。亞馬遜的 Echo、Google Home 等數位助理會聽見家中所有的話，大家還是瘋狂採買。只要東西有實際用處，最後一定會勝出。更侵入式的科技（如在水管裡、食物中或人體內放置微型感測器）甚至很有可能先出現在隱私權薄弱的國家，特別是開發中國家。等到它們回報了結果，發現這對經濟和衛生的好處甚大，浪潮就擋不住了。

我們的人生正在轉換成為資料。相關的工具變得更強大後，這個趨勢會加速，一方面是因為大家自願以此換取服務，另一方面是因為公、私領域對安全的要求更高。這個趨勢無法阻擋，所以現今至為迫切的事情是要監督監視我們的人。我們產出的資料會繼續增加，而且大多對我們有益，但我們必須監督這些資料流向哪裡，以及如何被運用。隱私權正步向死亡，所以我們必須更強調透明公開。[2]

大家關注的焦點是龐大的特製硬體、客製化晶片、具有平行處理能力的怪物機器，在此同時，個人電腦領域的西洋棋革命也悄悄進行。程式設計相關的社群日漸增長，透過網際網路交換想法，而英特爾和AMD推出的處理器也越來越快，讓跑MS-DOS和Windows作業系統的個人電腦變得非常強大。到了一九九二年，個人電腦上的西洋棋程式已經超越大多數熱門的特製西洋棋機器，這些特製機器將所有的元件放在一個機板上，生產者包括賽鈦客和Fidelity等電子公司，機器的品牌名稱大多像是魔鬼「梅菲斯特」（Mephisto），甚至還有「卡斯帕洛夫進階教練」（Kasparov Advanced Trainer）。

我在一九八〇年代末代言幾款西洋棋機器，裡面附了一段話：「感謝您購買卡斯帕洛夫牌西洋棋電腦，希望這台電腦讓您獲益匪淺，也許哪天我還會在棋盤上碰到你！」我的職業生涯很長，因此這句話真的實現了：我在展演賽對戰年輕棋手時，許多人帶著卡斯帕洛夫牌西洋棋電腦讓我簽名。

有些讀者可能年紀太輕，不記得當時的情況：一九九〇年代初，電腦的能力絕對不敷所需。即使你花費五千美元買一台規格頂尖的電腦，不久後就需要升級記憶體、儲存空間和處理器。再者，沒有什麼軟體的處理器需求比西洋棋引擎還大：它會迅速占用處理器百分之百的運算能力，即使現今的處理器有四個、十個、甚至二十個核心，它也會全部占用。我的老筆電執行西洋棋引擎時，過了十五分鐘就會燙到可以烤吐司。就連當今運算能力超強的機器，也會被西洋棋引擎拖累到龜速，因為它在搜尋時會占用所有可以用的指令周期。

個人電腦上的西洋棋程式比特製硬體機器（如深藍）慢上許多，至今依然如此，還往往慢上好幾倍。它們的因應之道是用更聰明的方式去搜尋，並且使用最佳化的程式設計技巧讓搜尋深度更深，遠深過單純窮盡式搜尋所達之範圍。它們仍然是A式的暴力法程式，但多年下來它們在暴力之外有更細緻的層面。使用多用途的處理器，讓人在設計程式時有更多創意和適應的空間，而市面上的西洋棋引擎不斷參加比賽，評估功能也不斷接受調校，而且往往有特級大師棋手幫忙調校。相較之下，深思的控制硬體雖然可以調整，它採用的特製西洋棋晶片有如砌石建築，建造完後就無法變更，只是它用的不是石頭，而是矽晶。

硬體速度與迴路的簡潔程度息息相關，深思／深藍團隊於一九九〇年撰文描述他們的機器時提到這一點：「犧牲評估功能裡的知識內容，假如能大幅簡化迴路設計，我們會認為這樣的犧牲合理。」他們也承認：「在這個當下，市面上最好的西洋棋軟體似乎有更好的評估功能，明顯強過學術研究圈的評估功能。」[3]這聽起來很糟，但其實這讓他們更能合理期望未來的進展：等到他們能產出下一代的晶片，並增強深思的評估功能，就能有長足的進步。

一九九二年，我和其中一個新一代的個人電腦程式進行多盤非正式的閃電棋比賽，日後這個程式的名字幾乎變成個人電腦西洋棋引擎的代名詞。Fritz 是 ChessBase 推出的程式，因此才會冠上這個諷刺的德語名稱。它的創造者是荷蘭人墨希（Frans Morsch），墨希也曾替桌上型西洋棋機器（如「梅菲斯特」）寫過程式，因此習慣將極度最佳化的程式碼塞進非常有限的資源裡。他也幫忙開發出一些優化的搜尋方法，即使分支因子不斷增加，理論上會導致西洋棋機器變慢，這些搜尋方法依然讓它們持續進步。

其中一個方式值得在此稍微岔題來描述一下，因為這個例子十分有趣，說明了機器智慧增進的方式和人類大腦運作的方式完全無關。這個技巧稱為「零步」技巧，告訴西洋棋引擎「讓」一步：換句話說，評估盤面時，當作其中一方可以連續下兩步棋。若是連續下兩步棋後，盤面依然沒有改善，程式就會推定第一步沒有用處，因此可以迅速從搜尋樹中剔除，進而削減搜尋樹的大小，讓搜尋更有效率。最早期的西洋棋程式有些使用了零步的技巧，像是蘇聯的 Kaissa 程式。這是個優雅的技巧，又有些諷刺：這些演算法的原理是窮盡式的搜尋，但讓它們更好的方式是使它們不再窮盡一切。

人類制定計畫時，採用的是截然不同的想法。策略性思考需要定下長遠的目標，沿途設下里程碑，並且暫時忽略你的對手（或商業勁敵，或政治死對頭）會怎麼回應。我可以看某個盤面，想著：「假如我的主教可以移到那裡，兵再移到那裡，然後再讓王后過去一同攻擊，這樣不是很好嗎？」此時我還沒進行任何計算，只有列出策略目標。我這樣想了之後，才會開始思考是否可行，我的對手又會怎麼因應。

採用仿人類或「選擇性搜尋」的B式方法設計西洋棋程式的人，幻想教導機器來制定這類目標。程式不會只看各種可能棋步的搜尋樹，也會去看相關的假想盤面，評估這些盤面。如果它找到好盤面，就會在搜尋時提高這些盤面裡的元素之價值。在許多情況下，這樣會增加評估的品質，但又會讓搜尋速度慢到結果不盡理想，這也正是B式程式普遍遇到的情況。

另一種比較成功的手法，讓機器超出直接的搜尋樹範圍，思考假設性的情況。蒙地卡羅樹搜尋（Monte Carlo tree search）會從搜尋樹中的盤面模擬出整盤比賽，將之記錄為勝、和或負，再儲存這些結果，用來決定接下來要下出什麼樣的盤面，以此方式一再搜尋。像這樣下完幾百萬種「棋中棋」不太有效率，在西洋棋上更沒有必要，但對圍棋和其他機器難以精確評估的賽局而言，這種手法卻極為重要。蒙地卡羅法不需要評估的知識或手動輸入的規則，它只會追蹤數字，朝比較好的數字進行。

有這麼多有趣的方式來增進智慧機器的產出，就能理解為什麼「人類大腦如何運作」或「意識的祕密為何」這類事情會被忽略。過程或結果，哪一件事比較重要？大家永遠只想要結果，不論是投資、安全或西洋棋皆然。許多程式設計師自己也怨嘆，這種心態可以產生出實力高強的西洋棋機器，卻對科學或人工智慧無益。假如西洋棋機器能像人類一樣思考，但敗給世界冠軍，這種事情不會上新聞；假如西洋棋機器打敗了世界冠軍，根本不會有人去管它是怎麼思考的。

我最後的確敗給機器，那是一九九四年五月在慕尼黑舉行的閃電棋大賽，打敗我的是Fritz第三版。這場大賽是英特爾歐洲分公司贊助的，我在前一年和挑戰世界冠軍頭銜的棋手蕭特（Nigel Short）成立職業西洋棋協會（Professional Chess Association, PCA），便是受到英特爾歐洲分公司大力支持。那場大賽的參賽者除了有許多世界最頂尖的棋手之外，還有用新的Pentium晶片運作的Fritz第三版。我於一九八九年對戰深思時，看到媒體那麼關注那場比賽，幻想西洋棋有朝一日能受到這麼大的宣傳和贊助，而這場大賽正是我的夢想實現。

我曾在一九九二年十二月於科隆舉行的非正式一對一比賽中，和Fritz之前的版本對戰過好幾盤棋。弗瑞德說，我總共和他摯愛的創造物下了三十七盤棋；我把這個程式當成實驗室裡的動物，不斷刺來探去，指出它哪一步下得特別好，或是規畫得特別差。Fritz日後會變成凶殘的怪獸，此時它的實力距離這個地步還很遠，不過也沒有乖順到哪裡去。我總共贏了將近三十盤，輸了九盤，還有幾盤和棋。

慕尼黑的大賽就是另一回事了：雖然比的是閃電棋，但那是一場正式的大賽，不論參賽者是否包括機器，我信心滿滿預期自己會獲勝。我的起步慢了一些，但後來連續贏了八位棋手，不過Fritz第三版不遑多讓，最後我們雙方碰頭。我在開局時猛攻，只花了十二步便取得壓倒性的盤面。然而，之後發生的事情是未來十年人類棋手對戰機器一再碰到的情況：我有一步下得不好，它就反擊了。我對自己的失誤不滿，於是決定犧牲主力棋子，用我的城堡換它的主教，試圖保持我的優勢。雙方的盤面此時大致相當，但在閃電棋比賽中我沒有辦法精準推算來抓住機會。雖然雙方在靠近殘局時各發生失誤（我和機器都錯失一個讓我逼和的機會），Fritz 第三版最終獲勝。

這只是閃電棋，雙方的思考時間各只有五分鐘，但仍然是正式比賽中第一次有機器打敗世界西洋棋冠軍。假如這不能和登陸月球一大步相比，至少算是成功發射一枚小火箭。大賽最後由我和 Fritz 第三版拔得頭籌，對機器來說是非常輝煌的成績。另外，這也替未來鋪下很好的後路，因為我會在決賽中再次對戰它，有機會復仇。在決賽裡，我比較有辦法專注，讓它完全潰敗，以三勝二和奪冠。有一盤和棋我甚至完全處於獲勝的盤面，我持有王后，對方只有城堡，理應輕鬆得勝，我計時器上的時間卻不夠我取勝。

幾個月後，我在一場英特爾贊助的職業西洋棋協會大賽碰上另一個個人電腦程式，就沒有這麼好運了。這個程式是朗格（Richard Lang）設計的「Chess Genius」（西洋棋天才），大賽是在倫敦舉行的快速西洋棋淘汰賽，每人有二十五分鐘的思考時間。我在第一輪就碰上 Chess Genius，當然吸引許多人注意。雖然這不是傳統時間限制的比賽，相關代價非常高：我們總共要比兩盤棋，輸的一方就會被淘汰，而且這場大賽又是大獎賽系列賽事之一，每一點積分都至為重要。

我在第一盤比賽中執白棋，取得絕佳的盤面，但有一步失誤了，讓機器取得平衡的盤面。此時我又犯了一項對戰電腦時的大罪：我推得太猛烈了。理論上，我應該直接認了，讓這盤變成和棋，我卻想辦法讓簡化後的盤面存活，也馬上就後悔了。在 Chess Genius 的幾記王后妙著後，我的國王和騎士落到十分彆扭的盤面上，最後我又丟了一顆兵，也輸掉這盤棋。這一波轉折實在殘酷，如果現在在YouTube上搜尋那場比賽的影片，就能看到我的表情有多麼震驚。

雖然出了大錯，我十足預期下一盤棋能扳回一城，最後在平手加賽時獲勝，於大賽中晉級。在這盤棋中，我又取得了很好的盤面，以一顆兵的優勢進入王后加騎士的殘局。然而，Chess Genius找到一長串完全無法想像的王后棋步，讓我無法將兵推前。我喪氣地抱著頭，同意以和棋收場。我被淘汰了。[4]沒錯，這是快速棋，但仍然是正式比賽，而且機器有時候下得非常好。這還不能算是登月一大步，但火箭已經進入近地軌道了。

這兩盤對戰Chess Genius，反映出電腦西洋棋獨特的性質，特別是第二盤。西洋棋手最難將騎士的走法視覺化，因為騎士不像任何其他的棋子，走的不是容易預測的直線，而是L型的跳躍。電腦當然不會視覺化任何東西，所以處理任何棋子的難易度都一樣。我如果記得沒錯，拉爾森（第一位在大賽中被電腦打敗的特級大師）曾說過，如果把電腦的騎士拿掉，它們的積分就會掉個幾百分。這樣說言過其實，但有時候的確看起來如此。拿掉王后（強度遠勝過任何其他棋子）也有類似的效果：在一個開放的棋盤上（也就是大致上沒有兵阻擋的盤面），王后只需要一兩步就能到達任何一格，這樣會大幅增加複雜度，而電腦處理複雜局面的能力遠勝過人類。假如在棋盤對面的是一台電腦，它的王后和騎士在一個開放的盤面上離你的國王不遠，這樣簡直像是史蒂芬·金（Stephen King）的小說會出現的恐怖情節。

縱觀西洋棋史，即使是最偉大的西洋棋手也會因為戰術情況過於複雜得以喘息片刻，但是到了一九九三年，電腦幾乎不費力就能應付這種極度複雜的戰術。面對的對手是人類時，你知道不論棋盤上碰到什麼樣的狀況，你的限制和他的限制會差不多。以我自己來看，我一直覺得我的計算能力勝過所有的人，唯一的例外只有印度西洋棋明星安南德；安南德以快速的戰術聞名，而且實至名歸。一般來說，我一定知道如果我不能完全確定我走這一步會有什麼後果，我的對手也不能確定。然而，當你面對的是一台強大的電腦，這種推測雙方平衡的狀態就完全不適用了。電腦不只能下一手好棋，下棋的方式也不一樣。

心理上的不對稱，以及我先前提過的體能因素，都足以讓人擔心；但當你一直要猜測對手是否看到某個你完全想像不到的事情，這種新的感受非常令人不安。在複雜的盤面上，這造成恐怖的緊繃情緒，讓人感覺像是隨時有可能從暗處冒出一聲槍響。你的反應是再三檢查你的計算，而不是像面對人類對手那樣，相信你的直覺。這一切多出來的計算會占用你在計時器上的時間，而且讓比賽變得更耗體力。

在棋盤前面度過一生後，你的習慣一定會主宰你的一切，但對戰機器時這些習慣全被干擾了。我不喜歡這種感覺，卻也想證明我能跨過這些障礙，以及我仍然是世界上最好的西洋棋手，不管是人類或機器皆然。

個人電腦程式的進步讓人驚嘆，但是深思一直離我不遠。一九九三年二月，我在哥本哈根又與ＩＢＭ的團隊近距離接觸。當時他們的機器迎戰一個丹麥的棋手團隊，其中包括拉爾森。ＩＢＭ丹麥分公司非常想讓他們的新員工上工，此時這台機器叫「深思二號」，可是ＩＢＭ的公關部門決定在哥本哈根叫它「北歐深藍」，顯然是想要和他們正在製造、未來打算用來挑戰我的升級版機器區隔。我想直接從此之後稱它為「深藍」就好了，這樣可能比較不會讓人混淆。

姑且不管他們叫那台機器什麼名字，他們帶到丹麥的機器並沒有讓我印象深刻。我們用它來分析我的一盤比賽給觀眾看，大家都好奇它會給什麼建議。它對那盤棋的評估非常差，一直低估了我的攻擊機會，而且要過好一陣子才發現它的建議沒有用處。雖然如此，它對戰拉爾森和其他丹麥棋手的表現算不錯，論積分有將近兩千六百分的實力，我還得知ＩＢＭ計畫推出重大升級。創立團隊的許峰雄和康培爾找來了侯恩（Joe Hoane）擔任程式設計師，在ＩＢＭ總部還有更大的團隊和更多資源支持，深藍團隊不久就會遷往ＩＢＭ位於紐約州約克鎮高地（Yorktown Heights）的最頂尖研究機構。ＩＢＭ有了一位新任執行長葛斯特納（Lou Gerstner），他到職的時間正逢這間八十年老字號公司的低潮。ＩＢＭ的股價重挫，公司面對氾濫市場、身手矯健的新競爭者，正在苦苦追趕。葛斯特納處理的事情，包括中止將ＩＢＭ拆散成多間小公司的計畫，假如ＩＢＭ真的拆散，西洋棋計畫很可能也會完全中止。

一九九五年五月，我回到科隆，在德國電視上再次對戰Chess Genius，復仇成功。我想，軟體根本不懂下棋跟數沙子有什麼差別，面對這樣的對手，講「復仇」也許有點好笑，至少這讓我感覺不錯。第一盤棋理應以和棋結束，但Chess Genius染上西洋棋機器一直有的傳染病「過度貪婪症」，吃下一顆遙遠的兵後，國王受到無法阻擋的攻擊。我在第二盤執黑棋，最後以和棋收場，沒有值得大書特書的事情發生。在比賽後的訪問裡，我承認我在家裡練習時用了這個軟體的某一個版本，讓我盡可能準備充分。

一九九五年底，我又比了一次小型的一對一比賽，這次是在倫敦對戰Fritz第四版。看到版本數字一直在提升，老實說有點讓人心驚膽跳；我在第六次世界冠軍比賽獲勝後，也許應該堅持大家叫我「卡斯帕洛夫6.0版」才對。這樣並不會太瞎，畢竟一九九三年，美商藝電（Electronic Arts）推出一款個人電腦程式，名稱叫做「卡斯帕洛夫誘敵戰術」（Kasparov's Gambit）。這個程式的引擎很強，遊戲的色彩鮮豔亮眼，有時還會跳出一小段我的影片，給一些基本的提示：「小心你的兵！」或是「現在的方向不太對」。這款遊戲在當時讓人感覺是尖端科技，但假如我有辦法找到能在我的電腦上運作的版本，我可能會大笑。

追蹤個人電腦程式的版本演進時，有一件有趣的事：簡單來說，我一定可以找出程式的DNA。也許會增加新的程式碼，或是有新的演算法或最佳化方式來針對新一代的處理器，但簡言之，這些鬼東西各有各的風格。我會開玩笑說程式設計師把這些機器當作自己的小孩，或者至少當作自己的寵物，毫無疑問的是，他們創造出來的程式和他們自己在某些地方有相似之處，而且這些特徵會從一個版本遺傳到下一個版本，就像綠眼睛或紅頭髮會遺傳一樣。另外，這些特徵會隨著時間遞減，如同所有的遺傳機制。

舉例來說，Fritz是出了名的愛好棋盤上的棋子，一定會奮力抓著一顆兵不放，不論盤面變得多麼難堪，也死不放手。我這樣說，並非要貶抑設計程式的墨希，但是這位和顏悅色的荷蘭人絕對會第一個承認他的程式絕非市面上攻擊力最強者。再來是Junior程式，這個程式由以色列雙人團隊布辛斯基（Shay Bushinsky）和班恩（Amir Ban）開發，獲得許多大賽冠軍。它有革命性的攻擊火力，敢放棄主力棋子來換取開放的陣線，一有機會便直接進攻，以當時而言只能說完全不像是電腦在下棋。荷蘭人和德國人合力開發的程式冷靜、無動於衷，以色列人開發的引擎則火光四射；假如我們想，他們的產品吸收了刻板印象中的國民風格，是否想像力太豐富了？也許是吧，程式帶有設計者的個人特質是相當自然的事，而且若設計者本身的西洋棋實力不差，可以領略程式的風格和特徵，就更是如此了。

對我和其他十餘年來在大賽中對戰機器的特級大師來說，各個西洋棋引擎的基因印記也是個現實的問題。如果要在大賽中面對某個電腦程式，不可能拿同一個版本的引擎來練習，但即使練習時只能用同一個引擎的舊版，或者至少盡可能取得這個引擎的比賽棋譜，也能大幅幫助你的準備工作。機器對戰人類，以及機器彼此對戰，多年來留下了比賽紀錄和棋譜，我們可以用這些資源來備戰，就像面對其他特級大師一樣。它們有可能採用全新的開局法，或是在大賽之間（甚至兩盤棋之間）增加新的「個性」，即使如此，它們很少會完全改變，不過倒是不斷變強。

在倫敦與Fritz第四版下的兩盤快速棋之所以讓人印象深刻，只因為當中發生了另一個與電腦對戰的特殊情況。我執黑棋的那一盤，我在第七步移動主教兩格，用標準西洋棋記譜方式表示的話，是從c8移動到a6。然而，負責替 Fritz 執棋的人沒有注意，以為我少走了一格、放在b7上面，將這一步輸入電腦。讓人訝異的是，這盤棋再進行了四步棋以後，操作員才發現他輸入錯誤。更讓人訝異的是，假如當時輸入電腦的棋步是正確的，電腦其實還有發揮的空間，只是它接下來的棋步當然會不一樣。這盤棋最後由我獲勝，第二盤則是戰成和棋，因此贏了這次對戰，只是經歷這麼離奇的失誤後，我贏得並不滿意。至少 Fritz 無法對它的操作員不滿，不可能抱怨操作員讓它惹上麻煩。

到了一九九五年初，總算有人提議我對戰深藍：李維和紐波恩詢問是否可能明年舉行比賽，我也請我的經紀人佩吉（Andrew Page）留意此事。兩年前我在丹麥碰到深藍團隊時，向他們開玩笑，說他們得加快腳步才行，因為我那時即將年滿三十歲，想要趁年輕力壯的時候迎戰。雖然我一直對自己不老的西洋棋實力有自信，但我不可能永遠是世界冠軍。IBM想要進行比賽，我也想要進行比賽，問題只在於深藍是否準備好。

許峰雄對他的西洋棋晶片有一種執著的完美主義，因此截止期限不斷延後，不過我也同樣是一個完美主義偏執狂，可以同情他的情形。若要論美國超群的二十世紀是哪一小群人塑造的，那一定是才華洋溢、追逐偉大夢想，追逐到山窮水盡的工程師。不過，機器可以運作的部分一直發生問題。許峰雄和其他許多人曾描述深藍在一九九四年至一九九五年間的開發過程和下棋方式，如果閱讀他們的描述，一下子就會覺得那像是宅男電腦維修救火大隊（Geek Squad）的日誌。臭蟲、當機、電話線沒接好、網際網路連線中斷、開局手冊出錯、更多臭蟲、迴路鬆掉——只差沒有中毒而已。在這一切當中，ＩＢＭ依舊堅持這台機器上路征戰，為了公關面子參加大賽和展演賽。

其中一項比賽是一九九五年在香港舉行的世界電腦西洋棋冠軍賽，大家一致看好「深藍原型」（那台機器此時叫這個名稱，但基本上似乎和「深思二號」大同小異，因為新的硬體還沒準備好）。它已經連續好幾年沒有被其他機器打敗，而且據許峰雄所言，它在內部測試中與市面上的軟體對戰，勝率比市售軟體高出三倍。（他們有一個很大的優勢：只要去市面上買其他競爭者的西洋棋引擎，就能用來測試他們的機器，沒有別人可以這樣做。）

但如常言道，「冷門是會爆出來的」，所以才需要比賽下棋。深藍在第四盤棋中，和一款叫做 WChess 的個人電腦程式下成和棋；比賽的第五輪（也是最後一輪）會對戰 Fritz 第三版。此時深藍在比賽積分上領先半分，據許峰雄所言：「我們在ＩＢＭ總部進行賽前測試時，它對 Fritz 每下十盤大約會勝九盤」[5]；另外，它在這盤執白棋，有先動的優勢。Fritz 祭出尖銳的西西里防禦，取得相當好的盤面，此時深藍似乎被一套棋步的變著瞞了過去，走完了它的開局手冊，必須靠自己想了。

假如深藍真的遠遠強過 Fritz，這不應該是什麼問題才對。不過，說一句公道話，那個開局確實不太容易，即使是現今的電腦走出開局手冊後也會碰到問題。深藍就像是我在課上批評的年輕棋手一樣，盲目依循開局理論，等到走完記憶中的棋步，就對盤面一無所知。雖然如此，現在看那一盤棋，狀況其實沒那麼糟。若棋手的實力積分據評估高出對手兩百分，在那樣的盤面中穩住腳步應該不會太難。

然而，此時宅男救火隊又得上工了！深藍從香港連回紐約的網路連線中斷，整台機器必須重新開機、重新連線。許峰雄說，這樣「冷重啟」導致它的思路退化，它最後選出來的棋步和斷線前正在思考的棋步不同。

敘述這齣機器對機器的小戲是怎麼收尾之前，我想讓你注意一下剛剛發生的事，因為這與我自己對戰深藍的經驗有關。關於深藍在這個時期的情況，我找到的敘述幾乎處處有重設、當機、重新開機和斷線。它在哈佛大學比賽時，有一盤因為斷電必須棄賽。它在北京對戰女子世界冠軍謝軍（Xie Jun）時，有一盤因為當機而認輸。然而，倉促拼湊出來的實驗科技一定會這樣，通常有規則來處理這種狀況。

機器當機本身不太讓我擔心，但這次狀況還有兩件事令我擔憂。第一，操作員必須介入，才能讓機器返回棋盤上。這不只是重新接上電話線，或是等著網際網路連線回來。這需要人為輸入（許峰雄寫道：「我們需要把深思二號重新開機」）；就我的猜測，他們必須將整盤棋的棋步全部重新輸入到機器裡，才能叫機器開始下棋。正因如此，深思二號下出的棋步和當機前偏好的棋步不同，也是理所當然的事。再引述許峰雄的話：「侯恩當時在紐約州霍桑鎮（Hawthorne）的實驗室觀看比賽，根據他的說法，深思二號的確換成另一個棋步，斷線之前，這個棋步還沒有在香港的螢幕上出現，我們到了比賽結束後才知道這回事。」

為了討論此事，我們不妨假定深藍在當機前考慮的棋步比它後來下出的棋步好。（現在回顧那一盤棋，我可以明確地說，斷線後下出的第十三步確實不好。）沒錯，這次是不幸，但如果最後下出來的棋步比較好，那要怎麼辦？既然電腦下西洋棋時的思考變幻莫測，我們可以合理推測，機器有可能在重新開機後多花了一點時間，找到更好的棋步，或者單純迅速下出一步棋，結果正好比先前的好，又有誰能確定呢？就算你放寬心胸來看，這當中可能牽涉到的情形讓人不安。

這盤棋繼續下去後，Fritz 占了極大的優勢。許峰雄在他的書中想要保住深藍的名聲，不幸的是，他對這盤棋接下來的評論完全是胡說八道。我也許對於「0.8微米CMOS製程」和其他讓深藍運作的機制所知不多，至少我還算懂西洋棋。他將接下來的進展說成「糊塗進行」和「還沒有到全面敗北的地步」，彷彿這盤棋還有勝算；事實上，即使深藍當時並不知情，它在斷線後下了糟到透頂的兩步棋，就已經完全找不到方向了。第一個錯誤正好就是緊接著的第十四步，但是 Fritz 沒有找到必殺的回應，因此深藍沒有立刻受到懲罰。又過了兩步後，深藍已經敗得一塌糊塗，結果完全忽視了黑棋在王翼的攻擊力道，簡直是自殺。[6]我在自己個人電腦裝的西洋棋引擎實力積分達三千分，自己頭腦裡的引擎則有兩千八百分，這兩個引擎都能一眼看出 Fritz 祭出第十六步後，白棋已經坐以待斃。在頹勢無法挽回的情況下，深藍又丟掉大量的棋子，最後在第三十九步時棄子投降。冷門爆出來了：從德國來的大衛打敗了IBM的歌利亞，最後還贏得比賽冠軍。

我替弗瑞德和我在ChessBase的朋友感到高興，但是看到這個結果，不禁覺得我在未來的比賽可能會有些彆扭，因為深藍此時還不是電腦西洋棋世界冠軍，而且下一場冠軍賽很可能是好幾年以後的事。最後看來，我是白擔心了：基本上沒有人懷疑深藍是世界上最強的西洋棋機器，特別是因為我於九個月後在費城對戰的機器，是總算升級完全的版本，實力遠遠超過在香港敗給Fritz的版本。

在此同時，還有一件小事：我得確保世界冠軍仍然是**我**。在一九九五年的世界冠軍衛冕戰中，我的對手是印度的安南德，總共比二十盤。我們在紐約市進行比賽，地點是世貿中心南塔第一〇七樓。下出開幕儀式第一步棋的是紐約市長朱利安尼（Rudy Giuliani），日期是九月十一日。

我稍後會再敘述這場兩人對戰的細節，以及機器如何幫我衛冕成功，我們一次談論一個對手就好。一九九六年二月十日：這是我的「歷史上的今天」日曆上，另一個陰影籠罩的日子。那天是我在費城對戰深藍的第一盤，這一系列比賽總共要下六盤，而在此之前，我成為第一位在閃電棋中輸給電腦的世界冠軍，以及第一位在快速棋中輸給電腦的世界冠軍。趨勢很明顯：等到我在第一盤棋上面對棋盤另一邊執棋的許峰雄時，已經心知肚明，假如我保住世界冠軍的頭銜夠久，我也會成為第一位在傳統時間限制上輸給電腦的世界冠軍，而且除了輸一盤棋之外，還會輸一整個系列的比賽。但是我還沒準備好在這一天輸。

這場比賽的贊助者和主辦單位是計算機協會（Association for Computing Machinery, ACM），他們長年投入電腦西洋棋的發展。這一年在費城，他們在一年一度的計算機週活動中慶祝第一台數位電腦ＥＮＩＡＣ誕生五十週年。紐波恩自己就是西洋棋程式設計師，在計算機協會任職期間大力推廣西洋棋人機對戰。在這場比賽中（名稱為「計算機協會西洋棋挑戰賽」），他擔任中介人，協助制訂這場比賽的規則。國際電腦西洋棋協會（International Computer Chess Associatio, ICCA）是這場比賽的權責單位，該協會副會長李維協助與各單位交涉和組織比賽。比賽總獎金是五十萬美元，其中四十萬由勝者獲得。獎金這樣四／一分是最後達成的妥協，主辦單位原本的議案是三／二分，我認為要勝者全拿。我的自信滿滿，而且我在一九八九年打敗深思之後，等了超過六年，此時我比較不需要他們，反而是他們比較需要我，這個想法應該也算合理。

然而，還有幾個因素，使得這個想法不盡然貼切。英特爾打算不再資助我成立不久的職業西洋棋協會與大獎賽，因此我希望能與ＩＢＭ達成類似的贊助協議。我於一九九三年脫離國際棋聯，這個戲劇化又對我不利的決定，導致我更成為西洋棋界眾矢之的，不過職業西洋棋協會得到新的贊助商後，我們舉辦了非常出色的比賽，也讓許多棋手獲利。然而，英特爾歐洲分公司通知我們說，他們不會再續約。我認為在費城和紐約市兩次對決深藍，理應各有一百萬美元的價值，之所以願意屈就，是因為希望職業西洋棋協會與ＩＢＭ達成長期的贊助合約。

這場比賽早已備受期待，賽前的預測極度偏向我獲勝。李維大膽預言我會六勝完封比賽；ＩＢＭ團隊主持人譚崇仁（C. J. Tan）和我預測比賽積分會是四比二，他預測是深藍得勝，我認為我會得勝。我雖然有自信，也有些擔憂，因為我對於這台機器最新版本的能力所知甚少。我不在意技術規格，因為這對我沒用處，但在意特級大師在賽前準備會需要的東西：比賽棋譜。我面對的新版本機器從來沒有公開比賽過，所以我實在不清楚它的能耐。

至少從數據來看，這台機器極有能耐。機器前一版（最後一個正式名稱為「深思」的版本）每一秒能搜尋三百萬至五百萬種盤面。新版的機器有兩百一十六顆新的西洋棋晶片，連接到一台IBM RS/6000 SP超級電腦，每秒搜尋的盤面多達一億種。我知道，搜尋速度快二十倍，不代表實力強二十倍，對我來說，它仍然是個看不見內容的黑盒子，這樣的感覺絕對不會好到哪裡去。根據專家的說法，幾十年來的西洋棋機器一直依循「速度對應搜尋深度對應實力強度」的公式；依此計算，這個新版本的實力積分可能超過兩千七百分。假如開局手冊更好，再新增一些西洋棋知識，積分可能又會增加五十或一百分，這樣就逼近我的水平了（超過兩千八百分）。這一切只是理論上的情況；再說，又有誰知道它暗藏了什麼把戲？

除了硬體和軟體增強，深藍團隊還有一位重要的新成員：美國特級大師班傑明（Joel Benjamin）。在香港鬧出開局手冊的笑話之後，ＩＢＭ的團隊知道他們需要專家協助，所以聘請一位特級大師來幫他們準備開局手冊，以及在比賽中擔任深藍的副手，以備臨時調整開局手冊之需。班傑明還負責與機器對弈，以及調整機器的評估功能。就算是世界上速度最快的西洋棋機器，也需要一點人類的西洋棋知識。

我也認真看待這場比賽。我從里約熱內盧飛往費城，在里約熱內盧時，我在一場同步展演賽中擊敗一個實力堅強的巴西團隊。我的母親克拉拉一同前來，幫我確保比賽場地的環境都沒問題，她每一場都坐在觀眾席第一排。弗瑞德也到場，擔任我的非正式電腦西洋棋顧問。Belle的創造者湯普遜此時仍然活躍於電腦西洋棋界，他同意擔任中立的電腦監督員。跟一年後於紐約再戰時亂七八糟的情況比起來，第一次的對戰幾乎有一種純樸的感覺。比賽吸引了許多人注意，因此有多家媒體到場，大多數重要報章雜誌都派了記者，甚至CNN也有專屬報導。雖然如此，在巨大的會議中心裡，氣氛仍然相對輕鬆開放。由於比賽由計算機協會和國際電腦西洋棋協會主導，IBM在現場相對不太顯眼，處理公關事務的通常是團隊主持人譚崇仁。整體而言，這場比賽和任何其他的頂級西洋棋比賽感覺差不多，一直到我首次在棋盤上面對深藍的那一刻。

西洋棋世界冠軍棋手，對戰世界冠軍等級的西洋棋機器：我已經有二十年的時間，來想這種感覺要怎麼描述。我至今仍然不確定我是否成功了。在最高等級的人類文化項目裡，直接對戰一台電腦，是獨一無二的經驗。這不是在電動裡打電腦控制的對手，也不是就業市場上的譬喻，如麻省理工學院的布林優夫森（Erik Brynjolfsson）和麥克費（Andrew McAfee）

在他們的書中清楚闡釋的「對抗機器的競賽」和「與機器合作的競賽」。

約翰．亨利在圍觀的群眾面前對抗打鐵的蒸汽錘，一邊是人類的血肉之軀，另一邊是無情的鋼鐵怪物。傑西．歐文斯和汽車及摩托車賽跑，也是同一種悲喜交雜的不對稱故事：那是剝削、是娛樂，不是認真的比賽。假如有人在賽跑中贏過汽車，這是一件好笑的事。假如他輸了——難道你預期他會贏嗎？

另一項差異可以從大眾媒體的報導中看見，這些報導呼應了幾百年來對西洋棋與智慧的浪漫幻想。「大腦最後的防線」、「卡斯帕洛夫捍衛人性」、「機器即將殺入人類最後一個庇護所：智慧」。就連傑．雷諾（Jay Leno）和大衛．賴特曼（David Letterman）在深夜脫口秀中的笑話，也有一種焦慮、有如末世般的感覺。「卡斯帕洛夫看起來很緊張。你大概覺得這沒什麼，可是你就等著那個東西來搶**你**的工作吧！」「他和一台超級電腦下西洋棋，但我連錄影機都不會設定！」「相關新聞方面，紐約大都會隊今天稍早敗給一台微波爐。」

大致上，最逢迎的說法是主辦單位提出的——而且我必須承認，是參賽者自己說的。我能不說西洋棋是「人類智能活動的顛峰」嗎？或我不是「活生生的聖母峰」，或者有可能變成「讓全人類失望的西洋棋冠軍」？另外，面對外人臆測機器的「創意」或「有潛力掀起產業革命」，ＩＢＭ也沒有反駁的道理。計算機協會的紐波恩此時如魚得水：他是天生的演說家，即使有電腦科學和西洋棋背景，也不減他吹捧誇大的能力。我在當時沒有時間管這些事，即使到了今日，聽到紐波恩在訪談中認為這場比賽「關係到『人』是什麼」，或是深藍獲勝有如人類登月，連我都會覺得滿腔熱血。

種種浪漫化和神話般的言論終於可以丟到一邊，第一盤棋要開始了——或者說，要等到操作員再弄掉一個臭蟲後才開始。讓我錯愕不已的是，裁判按下計時器時，深藍還沒有開始運作，當天擔任操作員的許峰雄花了幾分鐘才讓它運作起來。說這種事情讓我分心，也許心眼有點太小了，但這種事當然會讓人分心。在那麼怪異的情況下，你很難像往常一樣保持專注，更何況你知道你的對手根本沒有這方面的顧慮。即使棋盤四周圍繞著攝影機，電腦也不會覺得心煩。你不可能看它的眼神來猜測它的心情，或是看它的手在計時器上猶豫了一下，表示它不確定自己的選擇是不是對的。我深信西洋棋不只是智慧戰，也是一種心理戰，面對一個沒有心理層面的對手，實在讓我從一開始就感到不安。

過了一陣子，深藍開始運作了，許峰雄替它動了第一步棋，1.e4。這是把國王前的兵向前移動兩格，我以 1...c5 回應，也就是我最愛的西西里防禦，一種尖銳的反制開局法。別擔心，我不會逐步講解整盤棋！這一盤在西洋棋史上極富盛名，假如你有興趣，早就有許多人分析過了。可惜的是，這盤棋下得並不好，我再次回顧的時候發現了這一點。為了讓我保持客觀，莫斯科也有幾位實力高強的棋手，用現今最好的西洋棋引擎分析了這盤棋。雖然我在費城下得夠好，對我來說還不能算非常好。

我向深藍提出挑戰，想讓盤面開放，深藍回絕了；這有點讓人意外，因為開放式西西里防禦容易帶出複雜的戰術盤面，這也正是電腦最擅長的情形。IBM團隊擔心我可能在開局時準備讓他們大吃一驚，顯然覺得在一個有風險的變著底下，遵照班傑明用來對付我的準備方式不是聰明的做法。它下出的第二步，反而和它在一九八九年那場對戰執白棋時下的第二步一模一樣；當然，雖然一九八九年那一盤由我獲勝，他們不可能預期我會完全照著同樣的棋步走。[7]如果你沒有準備更好的下法，想要完全複製以前的勝利走法，幾乎一定會走進對方布局好的地雷區。他們的選擇沒有問題，機器也準備得非常充分，走到第九步時還在開局手冊裡。

我一樣準備充分，第十步時下了一步從以前的比賽改善而來的變著。我不會躲在一角預防它進攻，而要看看它有什麼能耐。這次比賽不是閃電棋或快速棋，雙方的計時器各有好幾個小時，不是只有幾分鐘而已。這樣我有充足的思考時間，所以我不害怕進入尖銳的難題。深藍在初期下得很好，稍稍取得了優勢，這也是執白棋的一方常見的事。我失算了一步後，它又下了幾步強棋，開始真正威脅到我。我看了許峰雄一下，但這個習慣在這場比賽裡沒有意義。我的盤面要瓦解了。這個東西很強。這次不一樣了。

許多人早已針對這場比賽（特別是這一盤棋）寫過無數的書籍和文章，讀起來彷彿大家參加的根本不是同一場比賽、分析的不是同一盤棋。分析有歧見當然是正常的，而且無害。假如哪天真的有某種我們想像不到的科技，完完全全解構了西洋棋，我們就能談論棋盤上客觀的真理；在此之前，我們一定會不斷爭論某些棋步是好是壞。不同的特級大師和不同的機器會偏好不同的想法，也許這些想法都一樣強，西洋棋正是因此才有趣。

當然，有些棋步是單純失手或失算，而且常常沒有一個明確、最佳的棋步可以走。在許多盤面下，可以明顯看出正確的棋步是什麼，任何實力夠的棋手一定會這樣下。大約百分之十至百分之十五的盤面，需要大師級的經驗或計算能力，才能找到某個複雜的計畫或戰術。最後，還有百分之一至百分之二的棋步，艱難到連最強的特級大師都有可能沒發現。在這樣的情況下，再加上比賽與計時器的壓力，人類還能下得和機器一樣好簡直是奇蹟。事實上，我發現我們在壓力下經常下得更好，而不是更糟。

我撰寫《我的偉大前賢》系列時，研究了以前的世界冠軍棋手，不僅更尊崇他們的成就，也更全面認知到西洋棋手的難能之處。很少事情像一盤職業西洋棋那樣，逼出人類能力的極限。快速計算是必備的能力，同時腎上腺素激增，每一步都攸關勝敗。這會持續好幾個小時、好幾天，常常全世界都在看。在這樣的情況下，很容易身心崩潰。

正因如此，我開始分析世界冠軍前賢時，打算心態放寬一些。我不是在分析的時候放水，因為分析時必須無情，就像我的老師博特溫尼克教我的那樣，而是不會苛責他們犯錯。我現在在二十一世紀，資料庫裡有幾百萬盤比賽，指尖可以輕鬆使喚運算速度極快的西洋棋引擎。我告訴自己：「有了這些優勢和後見之明，我不應該對前人太嚴苛。」

這項計畫的一個重要部分是搜集所有與比賽相關的分析作品，特別是棋手自己或同時期的人出版的分析。我的同事皮列謝斯基（Dmitry Plisetsky）功不可沒，替我整理了六種語言的資料來源。理論上，我們會認為分析者可以靜心在書房裡移動棋子、寫筆記，完全沒有時間限制，工作應該比棋手輕鬆多了。後見之明一定不會出錯，不是嗎？但我不久就發現，在電腦盛行的時代之前所進行的西洋棋分析，即使有後見之明，也非常需要一副眼鏡。

矛盾的是，其他頂尖棋手在報章雜誌評論棋賽時，犯的錯誤往往比棋手下棋時還要多。即使棋手發表自己下棋的分析，卻常常不如比賽中下棋時來得準確[8]：高招被當成失誤、弱著被稱讚。這不只是因為少數記者自己下得不好，無法理解冠軍棋手的天才之處，或是有某個妙著可以輕易用西洋棋引擎找到但大家都沒有發現（不過這種事情的確一再發生）。最大的問題是，即使是棋手也會落入一個陷阱，把每一盤棋當作一個有起承轉合、中間有一些插曲的故事來敘述，而且故事最後當然要有寓意。

我從這個發現得到兩點結論。第一，我們經常在有壓力的時候思考得最好。我們的感官會更敏銳，直覺被啟發的方式也是只有感受到壓力與競爭時才會有的。當然，如果要下出關鍵的一步，我寧願計時器上還剩下十五分鐘，而不是十五秒；事實是，情況危急時，我們辨得到驚人的事情。我們常常要到非得依靠直覺不可時，才會發現直覺有多強。

第二，大家都喜歡聽到好故事，即使有違客觀分析也一樣。我們最愛看到電影裡某個煩人的角色最後總算嘗到苦果。我們會替弱勢的一方加油，看到英雄敗落時會皺眉和同情機運不轉的人。我們會在西洋棋比賽裡看見這些敘事主題，一如我們在競選或商界興衰中看到故事，而且即使沒有敘事存在的時候也會落入這個強烈的謬誤，覺得必須找到一個敘事才行。

這種將西洋棋分析當作童話故事的懶散傳統，最後被電腦分析打破了。電腦引擎才不管有沒有故事。它們唯一揭露出來的故事，只有每一步棋是好是壞而已。比起敘事描述，這種分析方式明顯不夠有趣，但這就是真理，這種現象不是僅見於西洋棋。人類有一種需求，需要將事情當作故事來看待，而不只是一系列彼此獨立分明的事件，這樣的需求會導致各種有問題的結論。假如有某個有趣的軼事，正好符合我們原本的期待，或是符合某一種常見的敘事主題，我們很容易忽略數據。這就是為什麼都市傳說那麼容易流傳：最好的傳說告訴我們的事情，就是我們由衷希望是真的事情。我當然也有這種傾向，要完全打破所有認知偏誤是不可能的。然而，若能意識到這種現象存在，便是踏出了第一步，而人機合作的諸多好處之一，就是能幫我們克服懶散的認知習慣。

講了這麼多之後，我們現在回到棋盤上：面對深藍的第一盤棋，我開始真正遇到麻煩了。現在回顧其他人的分析，以及聆聽當時由多位特級大師（還有 Fritz 第四版！）進行的現場講評，又能看到敘事勝過客觀陳述的傾向。大家似乎一致認為，我犯下的關鍵錯誤是沒有想辦法維持盤面、保住現狀，而是在開放盤面反攻電腦，因為電腦的戰術能力無法抵抗，在開放盤面裡會取得大勝。也許這個說法是對的，但我並沒有打算屈就電腦所擅長之事。我純粹認為我沒有更好的選擇。

一九八九年我擊敗深思後，《紐約時報》在一篇長篇雜誌文章中訪問了我。我們回顧新聞媒體對那場比賽的報導，深藍團隊的康培爾有一句話特別引起我注意。他說：「深思根本沒機會展現它的能耐。」「就是這樣子沒錯！」我對採訪記者大叫。「我沒讓它展現！西洋棋藝術的極致，就是讓你的對手沒有發揮能力的空間。」[9]

七年後，深藍顯然已經強到無法輕易侷限住，更何況它在這盤執白棋。我選擇攻擊它的國王，這也許可以批評，因為對戰機器時這種走法不佳，這一步並沒有不好，而且絕對不是導致我敗北的一步。導致我敗北的一步發生在兩步之後：諷刺的是，我為了保住一顆兵，停止了我的攻擊。假如我一直積極進攻（大家的批評都是說我太積極進攻），也許還能扳回一城。[10]然而，這樣又會與大眾的敘事相違，所以導致敗北的一步常常被忽視。

我自己忽視的事情，倒是被人正確指出來。深藍吃掉一顆離戰線很遠的兵，明明國王受到攻擊，這一步看起來像是浪費時間。然而，正如人機西洋棋對戰一貫見到的情形，它計算的深度剛好夠，讓它不會失手。雖然我一再強調敘事的說法有多麼危險，我在這裡非要分享下面這篇敘述不可。這段文字出自克勞特哈默（Charles Krauthammer）在《時代》雜誌的報導，我完全支持像這樣的故事敘述：

> 棋賽進入尾聲時，深藍的國王受到卡斯帕洛夫無情的攻擊。任何一位人類棋手被世界冠軍這樣攻擊，一定會瞪著自己的國王，苦思要怎麼逃走。但是，深藍忽略了這個威脅，悠哉地獵捕棋盤另一端的小兵。事實上，在最危急的一刻，深藍耗費兩步（許多棋手光

是多耗一步就會死在卡斯帕洛夫手中）去吃下一顆兵。這就像是在美國內戰蓋茨堡之役（Battle of Gettysburg）時，北方的米德少將（George Meade）在南方的皮克特（George Pickett）下令衝鋒之前，叫他手下的士兵去採蘋果，因為他計算他們回到崗位後還會剩下半秒的時間。

在人類身上，這叫做「血冷般的冷靜」；假如你沒有「血」，你可以非常「冷」。但是，假如米德真的百分之百精確知道敵軍到來的那一刻（需要精確計算出皮克特軍團所有的子彈、刺刀和大砲彈道），他也能真的毫不畏懼叫他的士兵去採蘋果。深藍就是這麼做的。它計算出卡斯帕洛夫能下的所有棋步中所有可能的組合，百分之百完全確定它可以跑去追殺小兵，殺完之後還有一步的時間，在卡斯帕洛夫毀掉它之前先毀掉卡斯帕洛夫。而且它也真的做到了。

要做到這種事，需要的不只是鋼鐵般的神經：這需要矽晶大腦。沒有人可以完全確認某一件事，因為沒有人可以確定他看過所有的狀況。但深藍做得到。[11]

我在第三十七步時伸出手來投降，電腦於是首度在傳統計時比賽打敗世界西洋棋冠軍。我有些錯愕，觀眾和講評者也感到錯愕。許峰雄在電腦螢幕上可以看到電腦取勝的評估，連他都看起來有些困惑，獲勝時還有些不好意思。老實說，雖然一年後再次對戰讓我非常不愉快，我現在回想第一盤棋也有些不好意思：我相信，他比較想和隊友興奮大跳，而不是回答我的問題。

看到機器下得多好之後，我在投降後還有些茫然，馬上反射性地問了一個問題，有如兩位特級大師下完一盤複雜的棋後進行所謂「驗屍」的工作。我問道：「我哪裡出錯了？」然而，許峰雄的西洋棋下得不好，而且可能也有些茫然，不太記得他在螢幕上看到深藍分析的內容，無法回答我的問題，所以當時我們兩人有些尷尬。

一個月後，我在《時代》雜誌寫道，我那天感覺到「桌子另一邊有一種新的智慧」[12]；就某方面來說，的確是如此。我不想用形而上的方式解讀那盤棋，但是這麼驚人的一盤棋，真的是純粹用速度弄出來的嗎？深藍有些棋步彷彿在說：「我敢打賭，你完全想不到電腦可以這樣下棋！」舉例來說，它在中盤時犧牲了一顆兵，來換取更大的活動範圍；這種想法非常像人類，完全不像機器一般重視盤面上棋子數量的下法。

不論是我或別人對戰機器，那盤棋是我看過機器下得最好的一次，至少在認輸的當下，我心裡還閃過一個念頭：也許它強到無法打敗。那天稍晚，我對弗瑞德說：「假如這個東西是無敵不敗的，要怎麼辦？」我早就知道這一天遲早會到來，難道已經到來了？

沒多久，我就有答案了。第二天進行的第二盤棋，我執白棋，以慢速移動的方式開局。我的目標是讓深藍沒有明確目標可以攻擊，因為我知道它無法像人類那樣規畫長遠策略——至少我希望它沒有這個能力。一如往常，它碰上一些技術問題，我當時只有發現到一項。比賽開始不久，深藍在第六步時下得很差。弗瑞德說，我那時看起來異常高興：我只能猜測，深藍的開局手冊可能有重大缺陷，它不僅沒有不死之身，我今天也不需要多費力氣就能解決它。我馬上就失望了：裁判跑過來說，許峰雄不小心下錯了棋步，吃錯了兵，正如我在倫敦對戰 Fritz 時發生的狀況。根據比賽規則，他們可以更正棋步，這盤棋後來就正常進行。最後一切無事，這也說明了兩件事：替電腦執棋的人棋力不強會有多危險，以及這種紛擾之事影響人類棋手有多麼嚴重。

許峰雄在他的書中責怪康培爾：第一盤棋後，他和班傑明更新了開局手冊檔案，康培爾沒有正確將新版檔案上傳回約克鎮高地總部。因此，深藍必須仰賴他所謂的「延伸手冊」，裡面根據特級大師的棋譜資料庫統計數據，建立一些模糊的原則。無論如何，我不知道深藍有這樣的狀況，它的開局沒有問題，一直依循高等特級大師的開局理論，一直到我在第十四步下出一步新的棋。有些書裡還提到深藍有一個「評估系統臭蟲」，影響了它在這一盤的表現；老實說，我已經不想去弄清楚哪些臭蟲是真的「臭蟲」，哪些「臭蟲」是真的蟲，又有哪些只是評估得爛而已。

我的策略相當成功，深藍陷入長遠的策略弱勢，不知道要如何防禦。我發現如果只避免狂野的戰術盤面是不夠的，我目標中的盤面，必須是廣泛通則勝過短期計算的盤面才行。深藍的確有評估功能，但並不特別精密，我理解到它的程式碼中有哪些偏好後，就能利用這個弱點。舉例來說，假如我發現它被設定成不計代價保住王后（機器對戰人類時，這通常是好的想法），我可以下出棋步，讓它選擇是否要以王后換王后，或是下出比較差的棋步。

由於人類有這種適應能力，有些電腦科學家認為西洋棋機器還要很久才能打敗人類特級大師，結果他們太悲觀了。他們認為，一旦人類棋手弄懂機器下棋時遵循的規則和知識，人類就能想出利用這些侷限的方法。最後的結果是，只要用極快的速度進行暴力搜尋，機器根本不需要多少可以利用的知識，大部分的弱點只需要用搜尋深度便能掩飾。

不過，深藍還沒有達到完美的地步。在第二盤時，我提出一個它無法抗拒的犧牲兵，在這一招後，它國王周圍的白格就露出嚴重的缺陷。它快要達成逼和的局面，但最好的走法一直比它的搜尋深度更深一些，而且它不知道這種盤面的防禦原則。小心翼翼地走了幾個小時後，我先吃了它的一顆兵，後來又吃了一顆，康培爾在第七十三步時替深藍舉起降旗。我的比分已經追平了，更重要的是，我知道它並非不死之身。

我這時知道，「桌子另一邊有一種新的智慧」，其實只是我熟知的電腦程式，只不過速度變快許多，稍稍鬆了口氣。沒錯，它非常強，但沒有比我強，而且它有明確的缺陷。正如面對人類對手一樣，如果我能避開它的強項，將目標對準它的弱點，就能打贏這系列比賽。

第三盤棋的開局與第一盤棋一樣，不過深藍後來改變了走法，這個變化是班傑明當天放進深藍開局手冊裡的。我們持續依照班傑明規畫的想法走下去，一直到第十八步時，深藍發現班傑明原本規畫的走法（對他運氣好的是，他沒有把這一步寫進開局手冊裡）會丟掉一顆主力棋子。這讓我稍稍取得優勢，也有明確的目標可以集中火力，因此我覺得我連勝兩盤的機率應該不小。然而，深藍開始進行機器最擅長的事，也就是頑強到無法想像的防禦，而且頑強到比蟑螂還難殺死。假如在某個弱勢盤面上只有一步可以挽回劣勢，機器一定可以找到這一步。深藍找到一長串出色的棋步，讓這盤最後變成雙方握手言和，也讓我挫折不已。*

人類與機器不對等的事情還有一項：在水深火熱之中精確出擊。在西洋棋中，我們所謂的「尖銳」盤面指的是複雜度高，犯錯的後果非常嚴重的盤面。在這種盤面中，雙方都像是在走鋼索，誰先滑倒就會喪命。對電腦而言，這種情況其實更容易找到正確的走法，因為所有其他棋步的評估分數都很低。人類就不可能有這種自信；更嚴重的是，只有人類棋手知道這裡有鋼索。我可以感受到某個盤面有危險，感覺到搜尋樹的歧枝大幅增加。對機器而言，這只是稀鬆平常的事；像深藍那樣有特殊搜尋延伸功能，能在相關的變著裡增加搜尋深度，這種狀況更是沒什麼大不了的。

比賽總共進行六盤，三盤後雙方的比數平手，最後三盤當中我有兩盤執白棋，因此覺得比較自在。深藍贏了第一盤後，媒體更加關注這次比賽，但機器當然不必接受訪問。我讓我團隊中的電腦專家失望了，因為我忽略他的建議，在第四盤時將盤面打開。由於我執白棋，敢以尖銳的方式下棋。第十三步時，我考慮是否對深藍的王翼犧牲一顆棋子，最後決定這樣風險太大。不過，這裡需要注意：假如我的對手不是深藍，不管他是人類或機器，我都會下那一步犧牲棋。我知道，在那樣的盤面下，只要我稍稍失算就必死無疑，在比賽中會落後，而且只剩下兩盤。回頭來看，這一刻非常重要：我不只是在下西洋棋，更是針對這台機器進行特定的調整，因為機器在某些方面的能力遠勝過我或其他任何人。

第四盤又有一次科技設備失常，正好發生在我準備發動猛攻的時候。我前一步花了很多時間思考，打算以一顆騎士換兩顆兵和進攻的機會。深藍還沒有回應就當機了，必須重新開機。我憤怒無比：這是這盤棋的關鍵時刻，我卻從全神專注的狀態硬生生被拉出來。他們花了二十分鐘才讓深藍再度運作，等到它回來後，它下了一步好棋，躲掉我的犧牲攻擊。這不禁讓我懷疑，他們是否只有弄掉臭蟲而已。（日後的分析發現，犧牲棋子的走法最後會讓雙方的盤面大致均等。）

現在的盤面雖然均等，但是相當尖銳，而且我的時間快用完了。假如我撐到第四十步，計時器上會再增加時間，問題只在我是否有辦法撐到第四十步。下了幾步精準的棋後，我安然達到第四十步，時間增加了，而且我的盤面可以防禦。我找到一個好方法逼出和棋的盤面，這一盤不久就結束了。雙方的比賽積分仍然打平，接下來還有兩盤棋，我已經精疲力竭。現場觀眾人數不斷增加，媒體也幾乎陷入瘋狂。雙方的團隊都接受訪問，也上了電視節目，而IBM一定發現了他們的西洋棋小計畫開始受到廣泛關注，受注目的程度遠勝過多年

＊譯注：這一盤總共下了三十九步，最後是協議和棋（draw by agreement）：此時沒有逼和的情況，但雙方剩下的棋子一樣（各有一顆國王、一顆城堡、四顆兵，而且兵陣的形狀和位置差不多）。經驗豐富的棋手看到這種情形，就知道這最後會變成 fifty move rule 的和棋（五十步內沒有吃子、沒有兵動，就算和棋），所以直接趁早握手言和，才不會浪費時間。

來他們做的任何事情。

雖然第四盤和第五盤之間有一天的休息時間，我很難喚起自己的能量。第五盤時，我未採用平常慣用的西西里防禦，而改用俄羅斯防禦（Russian Defense，亦稱「彼得羅夫防禦」〔Petroff Defense〕）。這不是展現愛國情操：彼得羅夫防禦是非常紮實的防禦方法，有人甚至會說無趣。這種開局常常演變成雙方多次以一顆棋換一顆棋，以及降低盤面動態的對稱兵陣；雖然我平常不會下這種盤面，但在疲憊的狀態下面對一台超級電腦，我認為這是理想的做法。深藍倒是將這個變成四騎士開局（Four Knights Opening），這種開局和彼得羅夫防禦一樣沉悶無趣。

多次以棋換棋後，我有極些微的優勢。由於第二天進行最後一盤棋時，我會執白棋，想要保住體力，於是在第二十三步時提議和棋。對西洋棋不熟的人，一定會覺得「提議和棋」這種想法很奇怪。想像一下：兩位拳擊手在第二回合時彼此同意停下來，或是足球比賽踢了十五分鐘就結束，因為雙方的教練覺得平手是個好結果。一般來說（在規則修改成讓人不輕易議和之前），西洋棋比賽的任何一方可以在任何一步棋後向對方提議和棋，對方可以想一想，決定要接受提議，或是忽略提議直接下出下一步，讓比賽繼續。

和棋一直是西洋棋中常見的事，至少在現代西洋棋史上如此。有許多盤面是任何一方都不可能獲勝的，其中包括「逼和」，亦即輪到動棋的一方沒有合法的棋步可以走，因此以和棋結束。在比賽積分上，和棋會讓雙方各得半分，所以比起輸掉一盤棋、完全沒拿到積分，和棋當然比較好。提議和棋的做法，是為了禮貌而設立的，讓實力高強的棋手碰到耗時、明顯均等的盤面時，不需非要消耗體力、戰到最後一兵一卒不可。這樣是表示：「我了解，你知道這個狀態要怎麼變成和棋，所以我們乾脆握一下手一起去抽根菸。」現場觀眾也許對於這盤棋提早結束感到失望，但通常根本不需要擔心有多少現場觀眾。另外，十九世紀時，下棋的水準相對較低，幾乎所有的比賽都會分出勝負。

等到大師棋手開始把提議和棋當作一種策略（甚至戰術）時，問題就開始了。假如在大賽排名裡，你下成和棋並無不利，那麼何不提議和棋，看看你的對手是否也想提早收工？或是，你發覺你的盤面正在衰退，何不提議和棋，看看你的對手怎麼想？不久後，這幾乎變成一種瘟疫，有些比賽像是例行公事一般，只花幾分鐘下了十幾步就結束了，即使是高強的特級大師之間也會發生這種事。這種習慣很容易流傳，如今就算在實力不強的業餘比賽，開始沒多久就以和棋收場已經見怪不怪了。

最後，頂尖大賽的主辦單位決定他們不能再支持這種行為，於是新增規則，像是一盤棋必須走完的最少棋步數量。現今的比賽中，常常可以看到禁止三十步或四十步內提出和棋的規定，碰到「三次局面重複和棋」的情況就沒有辦法了。由於棋手的實力逐年變強，最頂尖的棋手之間下成和棋的情況也增多，菁英等級的比賽有大約一半以和棋收場。我不認為這是個問題，只要這些是真的有在較勁的棋就好了：和棋並不失公允。然而，不斷有人提議再修改規則來鼓勵積極進攻，讓更多比賽分出勝負；其中一項提議是模仿許多足球和冰球聯盟的規定，將比賽積分改成獲勝得三分、和棋得一分。

在一對一的系列賽裡，快速以和棋收場在策略上有用處。在第五盤棋中，我提議和棋時仍然覺得精疲力竭，而且當時的盤面似乎沒有什麼好爭奪的地方。對於當天在現場的大約七百名觀眾來說，這樣一定會讓他們失望；他們運氣好，因為深藍團隊決定忽略我的提議，繼續下棋。岔題一下：什麼時候該提議和棋、接受和棋提議，又是機器下棋的一個特殊層面。這是否該由機器決定呢？舉例來說，若它評估出來的價值是零，甚至更低，它是否應該直接接受和棋提議？假如它非贏不可呢？正如開局手冊一樣，這種最後需要人為介入的情況，實在沒有好的解法。

我提議和棋時，深藍自認它的盤面稍差。團隊的人聚在一起討論，最後依照班傑明的建議，認為這時結束太早了，更何況最後一盤時他們執黑棋。結果，這正好讓我碰上好運，因為深藍下一步棋是嚴重失誤。它看不到長期的後果，於是直接掉進我設下的陷阱，會把它的主力棋子綁死，讓我同時將我的兵向前推進。它沒有可以進行的長程計畫，也不知它唯有奮力出擊才能挽回劣勢，因此連續幾步只是漫無目的地走動。等到危險逼近它的搜尋地平線，它已經沒有挽救的空間了。我在第四十五步時獲勝，首度在系列賽中超前，而且第二天最後一盤棋一定至少能達到和棋。

雖然我疲憊不堪，進行第六盤時仍感覺不錯。我在第五盤勝過機器，覺得自己開始認知到它的弱點。只下五盤棋就這樣認為，也許是我高估自己了，但跟一週前比起來，我知道的事情更多，這一切會在第六盤顯露出來。我們重複了先前兩盤我執白棋時的棋步，一直到深藍開始下出變化為止。由於深藍在系列賽中落後，它的團隊需要找到方法讓它以黑棋獲勝，這並非易事。即使我的棋風是積極進攻，我依然可以輕易在一整年中執白棋而不敗，此時我只需要和棋就能贏得系列賽和四十萬美元的優勝獎金，所以不打算冒任何風險。

我的變著把深藍帶出它的開局手冊後，它開始下得非常差，陷入被動的盤面。特級大師會知道，在某些開局中，某些主力棋子本來就應該放在某些格子上，深藍在走出開局手冊的情況下，沒有這樣的知識。這種思維方式，正是人類一天到晚使用的廣面、類推式思考；由於深藍缺乏這種思考能力，它必須仰賴搜尋功能才能避開麻煩，可是它的選項一直在減少。我將后翼的兵推前，逼得它的主力棋子向後推。這正是我夢寐以求的控制型比賽：封閉而非開放，重策略而非重戰術。我可以嗅到血味，或者該說嗅到它的迴路裡流動的東西。

第二十二步時，我思索著是否要針對它的國王進行犧牲走法，這一步犧牲棋非常誘人，看起來可以取勝。然而，我有辦法確定這樣會勝利嗎？我有百分之九十的信心，也許有百分之九十五的信心，但現在的對手是深藍，而且只需要和棋就能贏得系列賽，我必須百分之百確定才行。後來的分析證實，這一招確實是獲勝的一擊，卻無法完全確保我接下來能完美進行；再說，我沒有任何冒險的理由，因為我已經在重挫它。黑棋沒有反擊之道，我的兵一直向前推進。觀眾知道此時的情況，開始變得很興奮：深藍漸漸被我掐死，它的主教和城堡被卡在第一行上。到了最後，黑棋的主力棋子完全被綁死，我連衝破防線都不必。深藍沒有任何不丟掉棋子的棋步可走，團隊決定是投降的時候了。

我以四比二的比賽積分獲勝，與我賽前的預測吻合，也比我想像中更難達成。我稱讚了深藍團隊的成就：撇開比分不論，它有時候能下出水準相當高的西洋棋，而且是我原先無法相信電腦能做到的水準。我調整了我的策略，最後兩盤輕而易舉取勝，但這對我隔年再戰時的心態可能不是好事。在《時代》雜誌中，我對這個系列賽的結論如下：

> 最後看來，這也許是我最大的優勢：我可以弄懂它的偏好，並且調整我的下法，但它對我就做不到這件事了。雖然我覺得我看到一些智慧的跡象，這些跡象卻有些怪異，是一種缺乏效率、沒有彈性的智慧，讓我覺得我還有幾年可以逍遙。

事實上，我總共只有四百五十天，一直到一九九七年五月十一日，也就是再戰的最後一盤結束時。現在回頭來看，我是最後一位贏過電腦的世界冠軍。為什麼「歷史上的今天」不會提到這件事呢?!

雖然一開始沒有什麼媒體報導，第一次與深藍的對戰最後成為當時史上最大型的網路事件。網站上的流量大到ＩＢＭ需要專門用一台超級電腦（與執行深藍的超級電腦相似）來應付——而且這是一九九六年，大多數人只能撥接上網。這件事成為一個早期的例子，說明了新通訊網路的力量有多大，網路有朝一日可能會匹敵電視和廣播。想像一下這個情況。

當然，深藍團隊對於比賽結果不高興，對最後一盤的情勢變化更是不悅，但他們說他們覺得滿意。他們贏了世界冠軍一盤，而且在前四盤讓我冒了不少冷汗。另外，ＩＢＭ比我還要高興：媒體大幅宣傳比賽，讓公司的股價飆升，也提升了公司的形象；相較之下，他們給我的優勝獎金根本不算什麼。原本無趣、古板的ＩＢＭ，此時突然變流行了，走在人工智慧與超級電腦的科技尖端，與人類大腦爭奪優勝：至少表面上看起來如此，而且股市似乎也抱持這種看法。

紐波恩在他敘述這場比賽的書中寫道，ＩＢＭ的股價在一週多的時間裡飆升，相當於市值提升三十三億一千萬美元，而同一期間，道瓊指數的其他公司股價重挫。[13]我不應提出四／一分獎金，應該要求股票分紅才對！媒體處處可見「深藍」的名號，ＩＢＭ團隊與品牌的聲望如日中天。當然，這對我來說也是好事，特別是因為西洋棋冠軍在美國幾乎不會成為家喻戶曉的人物。我在費城打敗深藍，受到美國媒體的關注比我在紐約市的世界冠軍賽打敗安南德還要多。從結果看來，當上世界冠軍不算什麼，捍衛人性才是大事。

比賽成為公關大事，因此勢必再戰，問題只剩何時再戰。還沒有大幅更新深藍之前，團隊絕對不可能再次對決。若是他們要準備好新版、更能造成威脅的深藍，需要多久的時間？因為在交涉過程中，有一件事變得非常清楚：假如再戰，這不會是因為深藍團隊想要進步，或是卡斯帕洛夫想要多一張支票。如果再戰，會是因為ＩＢＭ想要贏。

第八章 更深的深藍

湯普遜設計出革命性的 Belle 西洋棋機器時（深藍的晶片就是以 Belle 為雛型），任職於紐澤西州的貝爾實驗室，這是著名的「新點子工廠」，創造出許多領先業界的突破，包括太陽能電板、雷射、電晶體和行動電話。湯普遜在那裡工作時也是 Unix 作業系統的主要發明者，Unix 作業系統無所不在，衍生的作業系統包括蘋果的 Mac 作業系統、Google 的 Android 作業系統，以及在數十億台裝置和伺服器上運作的各種 Linux 作業系統。

一如高等研究計畫署早年的情況，貝爾實驗室的理念是先描述廣義的問題，再想辦法製造出解決這些問題的科技，而不是一開始就計畫製造某個特定產品。二〇一〇年，我受邀到奇異公司（General Electric, GE）在底特律附近新設立的創意中心發表演說，在那裡聽到類似的故事。奇異公司非常想要激發這種「藍天式」的想法，工業界在連續幾十年的公司合併與收購後，這種思維模式已經不再盛行。在我的講座上，有人指出大型公司經常會假定，就算他們沒有發揮創意，世界上某個地方一定有人在做這種事，有人發明出好東西後，他們收購就好。假如大家都認為別人會進行創意研發，最後一定變成問題。

談論西洋棋機器時，我想到這場講座，因為我在講座上有一張投影片引述了電腦先驅佩利（Alan Perlis）的一句話。一九六六年，佩利是計算機協會頒發的圖靈獎第一屆得主；一九八二年，他寫下一系列與程式設計相關的格言，其中之一是：「最佳化會阻礙演化」。這句話讓我驚訝，因為這一開始會讓人覺得矛盾。改良某個東西，怎麼可能會阻礙它的演化？演化本身不就是不斷進行的改良嗎？

然而，演化不是改良，而是改變。演化通常由簡至繁，關鍵是會增加多樣性、改變某個東西的本質。最佳化能使得電腦的程式碼運行更快速，但這樣不會改變它的本質，或是創造出新事物。佩利喜歡給大家看程式語言的「演化樹狀圖」，說明某個程式語言怎麼演化成另一個程式語言，以因應需求和新的硬體。他說明，大膽的目標會帶向演化，因為這樣會創造出原先未預期的需求和挑戰，只靠最佳化現有工具和方法是不足以應付的。

這也是機會成本的問題：過度重視最佳化，就不會創造出新事物，因而可能變成停滯不前。我們很容易只專注讓某個東西變得更好，有時創造出不一樣的新事物可能更適合。

佩利的格言可以廣泛應用在程式設計以外的領域，但得小心不要過度應用。這句話本身又演化成另一句名言：「最佳化是創新的敵人」，而這又帶出另一個容易造成滑坡的名詞。我們所謂「創新」的事物，許多只不過是用精巧的方式將諸多小型最佳化集結。舉例來說，第一代 iPhone 沒有太多新科技，它甚至不是第一款智慧型手機。iPad 也不是第一個平板電腦，如此云云。然而，成為某個領域的第一個人，不一定代表會成功，成為某個領域最好的一個人亦然。另一個關鍵，是在最適當的時間將最適當的碎片拼湊起來，在行銷預算不斷增加、研發經費不斷減少的今日，格外如此。沒有任何發明是天生的「干擾」（這裡又用了另一個濫用的詞彙）：新發明必須以干擾現狀的方式受到使用。

巴貝奇、圖靈、夏農、西門、米契、費曼（Richard Feynman）、湯普遜……這個名單還能繼續下去。二十世紀許多重要的思想家和科技專家將大量心力投入西洋棋，這不禁讓我猜想，假如沒有西洋棋，他們會更有成就，還是變得一事無成？文獻早已證實西洋棋能讓小孩更專注、更有創意，所以我們能合理推測成人應該也會這樣。或者，小時候學習西洋棋，讓這些名人在成長時大腦多了一些刺激。

以前的人相信，大腦的可塑性在成年之前就會喪失，近年來這種說法已經被推翻了。諾貝爾獎得主費曼經常寫道，他覺得演奏巴西音樂、開鎖等怪異休閒活動並沒有讓他從物理學上分心，反而讓他更有成就。湯普遜喜歡自己開小飛機飛行。再說，就算你已經和諾貝爾獎無緣，下西洋棋永遠不嫌晚，特別是因為現今有許多研究說明了西洋棋（或其他需要耗費認知能力的遊戲）可以延緩失智症。

諷刺的是，湯普遜創造出速度超快的硬體機器 Belle，卻代表了西洋棋機器停止演化。假如你想要製造一台有競賽能力的西洋棋機器，用速度、暴力法和最佳化所得到的成果太好了，你無法忽視。雖然還有許多重要的改良，讓搜尋更有效率，也增加了一些知識，得勝的概念已經找到了。再加上透過網際網路交流程式設計技巧、遠比以前好的開局資料庫，以及英特爾不斷推出更快的晶片，個人電腦西洋棋引擎以飛快的速度進步；深藍裡面有幾百萬美元的特製西洋棋晶片和超級電腦運算能力，短短六年以後，用一台跑Windows的商用伺服器執行市售的西洋棋引擎，就能超越深藍的實力。

換句話說，不論何時，你用當時最好的硬體建造出來的純硬體機器，會是當時最強的西洋棋機器。然而，要讓升級真正有成效，必須將那些昂貴的晶片全部換成更小、更快的晶片，因此純硬體的機器在缺乏持續的資金挹注下，會被凍結在時間脈絡之中。在比賽中成為第一台擊敗世界冠軍的電腦是一項大獎，因為IBM覺得這樣的投資值得，但假如深藍此後不會再下西洋棋，那麼除了將一些元件送到博物館展示之外，它就沒有什麼用處了。

IBM多年來在新聞稿和訪談中，將他們對深藍計畫的投資合理化，慎重地指出深藍可以用來測試平行處理和其他IBM計畫；我不會反駁這些說法，因為我相信多少有合理之處。然而，我質疑他們為何**需要**將投資合理化。世界科技龍頭投資一項重大探索，參與一項結合流行文化與高科技的精采競賽，不應該有什麼不對。我知道，這些比賽帶來價值上億的公關宣傳，他們想要將之轉變成產品與銷售量，「挑戰、探索」是更有深度的訊息，也讓他們的收穫更豐富。要搶下市占率，最好的方式就是搶到世人的想像。

我們還在費城的閉幕典禮上，就開始討論再次對戰深藍了。我問了團隊主持人譚崇仁，他們有沒有辦法近期內大幅改善深藍，他說可以，因為現在他們更清楚他們需要做什麼。「很好，」我回答：「那我會再給你們一次機會！」

這不是玩笑話，我也是很嚴肅地問他這個問題。我知道（或者說，我自認為我知道）電腦會怎麼隨著時間變快，以及西洋棋機器會怎麼變強：摩爾定律、速度快一倍就多搜尋一層、每多搜尋一層實力就大約增加一百分等等。即使是這樣一台硬體機器，有著經驗豐富、才華洋溢的團隊，又有IBM的龐大資源撐腰，依然有明顯的困難之處。深思花了超過六年的時間，才從大約兩千五百五十分的實力，進步到費城時兩千七百分的水平。即使有了新的晶片、新的超級電腦，以及特級大師負責訓練，我在第五盤騙過它，最後一盤更是幾乎完全不受阻就讓它受到重挫。深藍到了這個地步，在搜尋深度上也許已經碰到收益遞減的問題？我那時認為，他們可能還需要幾年的研發，才能讓深藍到達我兩千八百分的水準。

我相信，我當時那樣評估是正確的，但這也有幾個問題。首先，IBM看到這個小型的西洋棋計畫變成全球熱門話題後，會投入更多資源。短短一週時間內，「深藍」一詞幾乎變成了「人工智慧」的代名詞，讓IBM至少在大眾眼中成為熱門科技領域的領導者。IBM執行長葛斯特納積極將公司轉型，含括好幾項這樣受到高度關注的計畫，包含用一台超級電腦（與控制深藍的超級電腦相似）讓一九九六年亞特蘭大奧運的網路運作，其中之一是即時天氣預報系統，不久被稱為「深雷」，以呼應那台西洋棋機器。

這場系列賽IBM原本幾乎沒有出聲，一直到深藍贏了第一盤才大肆鼓吹；若是像這樣的比賽能讓公司股價飆升，又帶來那麼多報導和宣傳，不難想像再戰時ＩＢＭ的公關部門從一開始就全力運作，能夠帶來什麼樣的效益。想像一下，假如再戰的系列賽中他們獲勝，又會帶來什麼效益。[1]沒什麼人關心深藍在第一次系列賽中落敗，就像沒什麼人記得我在第一次系列賽中獲勝。那一次是創舉，是計算機協會和國際電腦西洋棋協會在費城的會議中心舉辦的，也是從一九四八年開始進行的科學實驗一部分。深藍在第一盤獲勝，表示已經達成進展，而且深藍當時是不被看好的一方。深藍團隊應當受到讚揚，也確實載譽而歸。

再戰的時候，這一切全都會不一樣，ＩＢＭ賭上的也會更多。套用撲克牌的術語，他們會「全額押上」，花費幾千萬美元，自行在紐約市舉行一場大型盛事。如果深藍又輸了，不論他們獲得多少媒體版面，都會讓人覺得在浪費投資人的錢；他們不會像是挑戰尖端的人，只會是失敗者。深夜脫口秀和漫畫調侃的對象不會是我，會是他們。葛斯特納會想再戰第三次嗎？也許會，但不會那麼快再戰，而且又有誰知道幾年後會發生什麼事？

我知道，既然他們押上這麼多寶，ＩＢＭ不只是想要製造一台在棋盤上打敗我的機器，而是要一台完完全全打敗我的機器。

我在一九九六年自行評估的第二個問題，是我對於自己的棋法失去客觀性。如我先前所述，成功可能是日後成功之敵。由於我在最後兩盤大敗深藍，我犯下了常見又危險的錯誤：我認為這是我自己下棋有方，而不是對手下棋無方。你也許會覺得這不重要，因為再戰時雙方是一樣的，但當其中一方是機器時，這種想法完全不適用。深藍團隊從落敗中學到的事，比起我從獲勝中學到的事還要多；他們會從所學之事，來針對我的弱點反擊，同時補強他們自己的弱點。他們不只會讓機器的速度增加一倍，也會改善機器特定的缺陷。

博特溫尼克對於這種再戰的情況略知一二。世界冠軍阿列欽（Alexander Alekhine）於一九四六年過世後，世界頂尖棋手進行大賽決定新任世界冠軍，博特溫尼克於一九四八年獲勝，成為第六位世界冠軍。蘇聯製造出一個西洋棋黃金世代，在一九五〇年代至一九六〇年代稱霸全球，其中博特溫尼克就是這個世代的元老、同儕之首。他能維持這個地位，不是因為他在世界冠軍大賽中獲勝，而是在世界冠軍再戰中獲勝。一九五一年，他與布龍斯坦進行世界冠軍衛冕戰，最後在系列賽中平手；根據規定，挑戰者需要獲勝才能奪走世界冠軍頭銜，衛冕者只需要平手就能衛冕成功。一九五四年，他在世界冠軍賽中對戰斯梅斯洛夫，又以平手衛冕成功。三年後，斯梅斯洛夫勝過博特溫尼克，因此他首次丟了世界冠軍的頭銜。

不過，博特溫尼克最好的一招，不是棋盤上的棋步。根據規則，世界冠軍如果衛冕失敗，第二年自動有再戰的資格，不必經過一般的三年資格賽。這個再戰條款，讓博特溫尼克和其他受到蘇聯當局青睞的人，多年下來大幅增加奪冠的機會。他仍然需要在棋盤上獲勝，一九五八年確實獲勝，對戰斯梅斯洛夫時贏了前三盤後就保住優勢不放。兩年後，這個循環又發生了一次：博特溫尼克碰上「來自里加的魔術師」，二十三歲的塔爾；塔爾用他的棋盤魔法取勝，最後以比賽積分四分的差距大敗博特溫尼克，使得博特溫尼克第二次讓出世界冠軍頭銜。

第二年再戰時，沒什麼人看好五十歲的博特溫尼克，但他再次向世人證實，塔爾的連環招數不危險，低估西洋棋元老才是危險的事。再戰的系列賽中，博特溫尼克完全制霸[2]，以更大的積分差距奪回世界冠軍頭銜。他會保持這個頭銜到一九六三年，在這一年輸給彼得羅相（Tigran Petrosian），也敗給制訂西洋棋規則的委員會，因為他們拿掉了再戰條款。這是公平的事，即使是比博特溫尼克年輕十八歲的棋手，有誰敢打賭他會在再戰中勝出？我可不敢打這個賭。

博特溫尼克仍然活躍於棋壇，成立了以他為名的西洋棋學院，日後我成為該學院的明星學生；另外，他也撰寫許多文章談論一個實驗性質的西洋棋程式，並且參與程式的開發。他替大家上的課中，最重要的可能是一九五八年再戰斯梅斯洛夫，以及一九六一年再戰塔爾時獲勝。打敗他的人享受了一年的光榮，同一段時間，博特溫尼克幾乎什麼別的事情都沒做，只有分析他輸掉的比賽、準備再戰。他不僅進行分析、準備應付對手，更以強烈自我批判的眼光進行這些工作。他知道，光是找出塔爾和斯梅斯洛夫的弱點是不夠的，他必須加強自己的棋法，以及找出和保護自己的缺失。很少人有這種客觀的眼光，而能像博特溫尼克那樣成功的人更少。

準備時，博特溫尼克專注於訓練比賽與分析，而這些聚焦在他認為他下得不好的比賽，以及他落敗的比賽中處理不好的盤面。他理解，他不可能控制對手加強了哪些方面，但可以針對自己的缺失來準備。當然，他的狀況和我的不太一樣，因為他在那兩次比賽中落敗。自信過度不是他會有的問題，而是斯梅斯洛夫和塔爾的問題。無論如何，他那樣專注在自己下的棋，不論是什麼人從事什麼事情都能學習這一點。

博特溫尼克被對手打敗後，兩位勝將旋即一面讚美，一面又說他的時日已盡，人稱「沒有情感」的博特溫尼克將此視為額外的動力。斯梅斯洛夫尤其嚴重：一九五七年對戰後，斯梅斯洛夫寫道，世界冠軍的爭奪戰總算結束，博特溫尼克現在可以放輕鬆一點，不需要再背著「世界冠軍」頭銜的包袱。看到斯梅斯洛夫這麼有自信，博特溫尼克認為有機可乘，日後他寫道：「自大自負不會讓人有認真工作的心態。」[3]我更謹記我老師的話就好了。

假如我記得他說的話，會發現我在第一次系列賽中的表現只能算平庸，而深藍在最後兩盤的特殊缺陷掩蓋了這項事實。正如深藍團隊的康培爾所說，我沒有讓他們的機器有表現的機會。沒錯，這有一部分是我刻意達成的，但這也表示在接下來一年，他們可以針對特定的目標來修補這些大破洞。與許峰雄不同的是，康培爾是一位認真的西洋棋手，這使得他說的話更有啟發性。落敗有兩種：落敗，以及糟透了的落敗，後者必須當作教訓才能避免再次發生，而康培爾知道兩者的差別。他向紐波恩說明淒慘的第六盤如下：「我想〔卡斯帕洛夫〕沒有非常全面理解深藍的強項與弱點，只下五盤棋怎麼可能有全面的認知？但我想，他有想法足以讓他誤打誤撞，找到某個可以利用的弱點，而且他善用了這個弱點。」[4]

這種看法是合理的，只是我可能不會說我是「誤打誤撞」找到可行之道。雖然我只面對深藍五次，卻早已熟知西洋棋機器普遍的弱點。它們常常不善於理解盤面性的因素，像是空間（每一邊的棋子分別控制多少地盤），第六盤的大敗就能看到這個弱點。然而，第二年再對戰時，我對於機器偏好的認知顯然是不夠的，需要特別針對深藍的知識才行。回到網球的譬喻：我在第一盤中知道對手的反手拍很差，所以一直針對這個弱點進攻。再戰時，我以為深藍的反手拍仍舊很弱（更準確來說，是它對空間的認知不好），這個弱點卻幾乎完全消失了，再戰時第二盤便讓大家震驚。

我對深藍及第一次對戰整體結果的分析還有第三個問題：在西洋棋實力上，人類與機器的差別有多大。每一位特級大師都有強項與弱點。即使是世界冠軍，在每一盤棋的三個階段（開局、中盤、殘局）也會有不同的實力水平。然而，他們在不同盤面之間的變異程度相對不大，而且這些差異不會一致地透露出來。一位殘局不出色的特級大師，也有可能某天運氣好時下出漂亮的殘局。另一位特級大師也許開局常常有弱點，但你和他對戰時，他可能正好針對你下出的開局準備了某個殘酷的招數。即使是以戰術見長的大師，也有可能在棋盤上突然瞎了眼。這一切的上上下下，最後會反映在一個人的積分上。

當我們說某位特級大師有兩千七百分的積分，這個分數代表他在幾百盤棋以來的表現。這個誤差範圍非常小，例外的只有非常年輕的棋手，以及極少數非常不穩定的特級大師。西洋棋機器完全不是這個樣子。第一次對戰後，從結果推估出深藍有兩千七百分的實力，我被問到這件事情時回答：「對，也許有兩千七百分，但某些盤面上有三千一百分，某些只有兩千三百分。」在尖銳的戰術裡，深藍能夠可靠地表現出來的水平，甚至高過我超過兩千八百分的實力。即使是當時相對虛弱的個人電腦西洋棋引擎，也能看到這樣的現象。在封閉、單純移動的盤面，深藍的計算能力會受到阻礙，有可能下出怪異、沒有意義的棋步，即使是實力不高的人類大師棋手，也會因為依循一般通則，不可能下出這樣的棋步。整體來說，它的評估功能相當虛弱，有時候（例如我在系列賽中利用的弱點）更是糟透了。

我在推估它一年後能進步多少時，並沒有考慮到這一點。在實務層面上，我預期它的速度會增快，可以再多搜尋一層、積分增加一百分，假如這些積分是增加在它原本就比我強的盤面上，這個增長沒有定生死的效果。單純速度增加，也會影響它的盤面式下法，但這個影響比較小，如果它只是從兩千三百分進步到兩千四百分，我又能進入同樣的盤面，自認不會遇到什麼問題。

不幸的是，深藍團隊也深知這一點。與我這位博特溫尼克的明星學生不同，他們遵照了他的再戰要點，針對他們的弱點進行準備。幾乎從準備之初，他們就決定要將大部分的心力放在改善深藍的評估能力上。這表示他們要聘請更多位特級大師來調校評估功能，而且也與原先的計畫相反，需要製造出內建新版評估功能的新西洋棋晶片。康培爾和侯恩寫出新的軟體工具，讓調校工作遠比以前有效率。他們還找來實力高強的西班牙特級大師伊耶斯卡斯（Miguel Illescas），幫助班傑明整理開局手冊，並與機器下棋進行訓練，幫助改善它的評估功能。據許峰雄所述，不久之後，即使深藍的處理能力被限制成與市售的西洋棋引擎相仿，照樣打敗最強的市售引擎，表示它遠比以前聰明。我面對的不只是一台更快的機器，更是一個完全不一樣的軟體程式。

費城的比賽在二月結束後不久，我受邀到ＩＢＭ位於約克鎮高地的總部，陪同我的人除了弗瑞德之外，還有我在美國的新經紀人威廉斯（Owen Williams）。這是一次友誼十足的訪問，我們除了開始討論再戰的細節，我也發表演講討論比賽中的幾個時刻，深藍在一旁跟著我一起分析。我指出深藍分析的幾個弱點，現在看起來也許不是好主意。我仍舊將此視為合作進行的科學實驗：我絕對不可能給卡爾波夫建議，說明怎麼打敗我！我透過遠端連線，與幾個國外的ＩＢＭ實驗室對談，其中有一個實驗室位於中國。這一切感覺像是合作關係之始，我也希望雙方能合作。幾個月後，我們決定了再戰的基本架構和時間：再戰訂於一九九七年五月初，地點是紐約市，一樣比六盤。在這一年間，雙方後來又敲定了獎金金額和其他細節：總獎金會增加超過一倍，達到一百一十萬美元，其中勝者獲得七十萬美元。

這一回的獎金分帳沒有那麼大膽，有人因此認為我這一回比較缺乏自信：畢竟，第一次對戰時，我提議獎金由勝者全拿，最後才妥協五十萬美元總獎金四／一分。事實也許真的如此，但我不記得那時是這樣想的。再說，最大的誘因不是金錢：我大可以去比展演賽，不用耗費那麼大的力氣，獲得的酬勞還遠多於此。既然這場系列賽期間那麼短，總獎金又那麼多，我覺得押注保守一些比較有道理。假如我這一場比賽輸了，獲得的酬勞又與第一次比賽獲勝時的獎金一樣多，這樣不失為保險的策略。我雖然有信心，卻知道在區區六盤內什麼事都有可能發生。在一對一的比賽裡，我有時候也會起步慢。我與卡爾波夫在世界冠軍賽碰頭五次，過了六盤之後我領先他的只有一次：那次是一九九〇年的比賽，也是我最後一次對戰他的世界冠軍賽。剩下的四次裡，有三次過了六盤後我落後，另外還有一次過了六盤後雙方平手，這些系列賽最後我都沒有落敗，其中兩次獲勝，一次戰成平手。（我們第一次對戰時，我從零勝五負追趕成三勝五負後，比賽就被中止了。）

一九九六年剩下的時間，我的職業與私人生活依然忙碌。當時有許多改變準備發生，而交涉再戰細節、準備再戰，距離我的優先工作清單很遠。當時我已經開始分不清楚了：到底是其他事情讓我從西洋棋分心，還是西洋棋讓我從其他事情分心？威廉斯想要將再戰變成一個與ＩＢＭ合作的大型計畫，包括多場西洋棋比賽、一個網站，還有更多。英特爾不再贊助職業西洋棋協會後，我忙著尋找新的贊助商，八月在日內瓦舉行的一場大獎比賽找到了瑞士信貸集團（Credit Suisse）贊助。一個月後，我率領俄羅斯西洋棋隊，參加在亞美尼亞首都葉里溫（Yerevan）舉行的西洋棋奧林匹克，獲得了金牌。同年年底，我在西班牙拉斯帕爾馬斯（Las Palmas）參加史上實力極強的大賽，我所有的重要對手全部參賽，最後由我勝出。然而，我在那一年最大的勝利，是我的兒子瓦丁姆於十月出生。

再戰之前我們與ＩＢＭ的接觸，透露出我對再戰勝利的評估又有一項錯誤。費城那場由計算機協會主導的比賽氣氛融洽、開放，這一回就不是了。這一次比賽全程由ＩＢＭ主導，友善的氣氛轉變為策略上的阻撓，甚至敵意。如果我更注意這一年當中的媒體報導和ＩＢＭ

發布的新聞稿，也許就不會那麼意外了。八月時，深藍計畫主持人譚崇仁以相當直接的口吻告訴《紐約時報》：「我們不再進行科學實驗了。這一回，我們只要下西洋棋。」[5]

當然，我自己並沒有怯戰。我早已身經千萬戰，也早就熟悉各種政治操作和心理戰。我早年與卡爾波夫的對戰，除了是在棋盤上對戰蘇聯的特級大師，也是在會議室中對戰一大群蘇聯的特級大師官僚。假如我知道通往紐約的路上，伴奏的歌曲不再是一首蕭邦的圓舞曲，而是柴可夫斯基的進行曲，一定可以調整自己的心態來因應。然而，這在當時很難辨到，因為ＩＢＭ不只是我的對手，也是比賽的東道主、主辦人和贊助者。我還希望他們可以再多一個「夥伴」的角色。

我們敲定的獎金總額，比大家（特別是我的經紀人）認為我能要求的金額還要少，這裡又能帶出一個最重要的原因：我相信ＩＢＭ對未來合作的承諾。我在一九九六年造訪他們的總部時，與一位資深副總裁見面，他向我承諾ＩＢＭ會成為贊助者，幫助職業西洋棋協會的大獎賽事重新開始。我們還有其他合作的遠大構想：一個大型的網路平台、展演賽、各種推廣西洋棋的方式，當然還有ＩＢＭ的技術。他們甚至派了一個團隊到莫斯科，和我及一些朋友碰面，討論「卡斯帕洛夫俱樂部」網站的創建。我沒有理由懷疑ＩＢＭ對這些遠大夢想的承諾，一直到合約送來的那一天，我發現這一切都沒提。我們被告知，負責預算的行銷部門沒有同意這些計畫，抱歉，我們來下棋吧。這是我首次知道再戰時他們不懷好意。再次對戰期間，譚崇仁和其他人偶爾在公開場合向我提起未來合作的事[6]，這只是演戲給大家看。

這讓我很失望，因為我投入了時間和金錢，認為這對西洋棋的幫助甚大。這也是我第一次覺得在這個實驗中受到背叛；從一九八九年對戰深思開始，我一直以為我參與了這項史上最長的科學實驗。那時我見了他們的團隊，對他們的熱忱與野心印象深刻。當時雙方互有敬意，第一次在費城的比賽也相互尊敬。等到再戰的日期逼近，我明顯看到ＩＢＭ不想要我的敬意或我的合作；他們要我的項上人頭。

他們不斷提醒我，我老早就同意比賽規則，若他們日後咬文嚼字利用這些規則，我沒有抱怨的餘地。其中一件事，是我要求拿到深藍在前一年下過的所有比賽棋譜。在第一次對戰之前，這些棋譜全部能公開取得，只是數量不多。再戰之前，我得到的回應簡短無禮：沒有任何比賽，接下來也不會有。我們知道班傑明、伊耶斯卡斯和其他人跟深藍下過訓練棋，這一整年深藍團隊刻意不讓深藍參加任何公開比賽。事實上，我們日後發現，我們嚴重低估了其他特級大師參與深藍計畫的程度。職業西洋棋協會也許正在崩解，拜我之賜，ＩＢＭ聘用了好幾位特級大師。我們被告知，由於這些不是正式的比賽（規則裡是這樣寫的），他們沒有義務把這些棋譜給我們。沒有棋譜。

我在賽前記者會提到這一點時，譚崇仁的回應是，我需要把我和其他電腦下的所有訓練棋棋譜給他們。過去這一年，我在大賽中下過好幾十盤棋，他們早就能輕易取得，但我馬上回答，我樂意交出我和 Fritz 及 HIARCS 引擎訓練時的所有棋譜。不過，ＩＢＭ從未回應，因此在第一盤棋之前，深藍一直是看不到底細的黑盒子。另一個最後讓我不悅的讓步，是比賽的時程。我知道，我的對手完全不需要休息，因此我必須盡可能要求休息時間，費城的經驗告訴我，和一台機器比傳統計時的比賽有多麼勞累。我沒有堅持最後一盤前休息一天，反而愚蠢地同意第四盤後連續休息兩天，讓第五盤和第六盤在週末舉行，有可能藉此增加觀眾人數和媒體版面。這個錯誤會帶來巨大又可怕的後果。

那一場記者會，讓我再次感受到實驗已經結束，友誼式的競爭已然終止。我們不再一同用餐，也沒有閒聊比賽。我假定他們會繼續友善的心態，這時顯得我太天真。這喚醒了我，而且喚醒得不懷好意。我被問道，假如我落敗要怎麼辦，我回答：「那麼，我們需要在公平的條件下再舉辦一次。」也許這樣說有失禮貌，我到現在才看到整個趨勢的走向。我氣我自己在制定規則和其他事項時太隨和。第一次對戰結束後，我完全沒想到事情變化會這麼大。我只能希望，新的保密、敵對氣氛，不會影響到比賽本身。

這又是一個有問題的假設，因為ＩＢＭ下了一個單純的決定：他們為了獲勝，要賭上一切。雖然深藍團隊極盡心力，他們不能確定有辦法讓機器到達我兩千八百二十分的水平。等到比賽開始，就算有了新的評估調校工具和開局手冊，他們無法再讓深藍下得更好。然而，總是有讓我下得差的機會。如果我沒辦法下出兩千八百分的水準，深藍不用到那個水準也能打敗我。於是，賽局中的賽局就此展開。

第九章

棋盤燒起來了！

ＩＢＭ租了曼哈頓城中區的安盛公正中心（Equitable Center）大樓好幾層，來進行這一次比賽。深藍的主要系統硬體會架在會場內的房間，房間的安全保護機制勝過美國五角大廈的任何一個房間。據紐波恩所述，還有好幾個備用的系統連接到主系統上，其中一個在約克鎮高地，另一個比較小的系統位於大樓裡面，有狀況時都可以無縫接手。新的深藍使用的是一台新機型的超級電腦，運算速度比舊一代快一倍，裡面有更多許峰雄設計的西洋棋晶片。這些更進步的新一代晶片總計達四百八十顆，在極速下每秒可搜尋兩億種盤面。很久以後，我在文章裡讀到在訓練比賽時，這個新版本勝過舊版本的比例達四分之三，但就算我在比賽前聽到這個數據，對我也沒什麼意義。假如運算速度增加一倍，程式就算大致上沒有進展，也會比舊版本強上許多；機器與其他機器對戰的結果，沒有辦法輕易換算成它對特級大師棋手的實力。

下棋的地方是一個小房間，裡面有一個大約十五張椅子的貴賓席。大樓另一樓有一個大型演講廳，可坐大約五百人；廳裡有大型投影畫面，讓觀眾可以一邊看著我們下棋，一邊聆聽現場講評。負責分析講評的主要是兩位美國特級大師：塞拉萬（Yasser Seirawan）和艾許利（Maurice Ashley），另外還有電腦西洋棋專家暨國際大師瓦勒渥。講評團隊還有一位：Fritz第四版；我想，讓其中一位主持人提出機器的觀點，也是一件公平的事！一如預期，觀眾非常挺我，這對IBM團隊一直有些彆扭：這次比賽從頭到尾是他們主辦的，但來賓一直替另一方加油。好消息是，他們的棋手根本不必管主場優勢或觀眾支持。

比賽開始前幾天，我們檢查了比賽場地和我的團隊在比賽中會使用的設施。畫給我的休息區離下棋的房間有一大段距離，這一點需要改善，而且的確改了。休息區主要是用來在比賽中踱步思考，或是快速吃個小點心。深藍需要好幾千瓦的電力才能下西洋棋；我的大腦在比賽中需要消耗二十瓦的能量，只要補充香蕉和巧克力就好了。我在這裡提這件事，是因為我日後聽到一種有趣的說法來平衡人機對戰的差距：能量要平衡。換句話說，若是西洋棋機器所消耗的能量不會比人類消耗的多，就代表能源效益有了重大進展。

下一個意外是，我們詢問比賽過程中我的團隊會在哪裡，得到的答覆與IBM當時和我的經紀人威廉斯所說的相反：我們的團隊沒有自己的房間，他們必須坐在媒體公關室或是坐在觀眾席；我們只有分配到兩個座位，他們必須和我的母親輪流坐。對主辦單位來說，這種事情有如事後突然想到的，是一件非常怪異的事。即使是簡單的請求，往往也需要透過多重管道傳達，多所延宕。我和先前的世界冠軍費雪一樣，身為世界冠軍，我覺得我對比賽環境的要求不只是我的權利，更是我的義務，因為這樣能替其他的比賽和棋手訂下標準。幾個小過失和小麻煩可能沒什麼，可是一旦成為常態，就會變成惱人之事。

比賽開始之前，我要先強調一件事：我對賽前與賽中的氣氛和規畫有種種的煩惱或怨言，不過說這些幾乎完全不是要讓深藍團隊難看。他們是參賽者，同時也是ＩＢＭ員工，因此每當我提出要求或抗議時，他們無可避免地處於敵對的位置。我說過，我相信即使程式設計師與訓練師創造出一台世界冠軍的機器，他們也不應有立場像人類世界冠軍那樣自負；不過，他們熱切投入這項競爭，我也不能抱怨他們這麼投入。這些事情大多由譚崇仁處理，但在記者會和訪談裡，深藍團隊難以置身事外。我已經歷過七次世界冠軍賽，熟知我必須抵抗敵意越來越重的比賽規畫，否則會在心理上受到重挫。康培爾、侯恩和許峰雄缺乏這方面的經驗，又被ＩＢＭ的公關推上火線，因此他們覺得我對他們不懷好意，而且有時候可能真的是這樣。ＩＢＭ同時身為主辦單位和參賽者，這又是這種雙重身分會帶來的問題之一。

再戰的第一盤，可能是一九七二年費雪與斯帕斯基對決的第一盤以來，最受期待的一盤棋了：雜誌封面、公車站牌廣告、電視脫口秀……大家都在談論，根本不可能不知道。現場的媒體公關室塞不下那麼多人，必須換成更大的空間。我先是試著享受這個氣氛，再來是試著忽略這個氣氛，但是壓力已經升高了。多克伊安、科達洛夫斯基、弗瑞德和我訂出了整個比賽的策略，我希望這個策略能讓我盡可能知道新版深藍的底細，同時不必冒大險。我以前的世界冠軍比賽曾經長達好幾週、甚至好幾個月，在十六盤或二十四盤棋裡，有時間去實驗或嘗試不同的想法，現在只有六盤棋，假如沒有受到壓力就發生失誤，不可能有時間挽回。

在賽前幾個月的訪問中，我說：「第一次對戰證實了在某些盤面下機器是不可能被打敗的，在某些盤面上它又沒有獲勝的希望。當然，在這兩個極端中間有許多種盤面。我大致上知道我應該預期什麼，但也會謹慎提防意外。」

在紐約時，我一整週都聽到ＩＢＭ團隊說他們怎麼讓深藍大幅進步；我在那裡碰到幾位參與深藍團隊的美國特級大師，讓我嚇了一跳。第三盤時，我的團隊發現有幾位特級大師和ＩＢＭ團隊其他人住在同一間旅館，ＩＢＭ說他們沒有與其他特級大師合作，這顯然與ＩＢＭ的說法不符。《紐約時報》的記者後來證實，他們是被ＩＢＭ聘過來的。

加上其他種種小意外後，這明顯表示我必須全副武裝參戰。準備重大比賽時，你的副手是誰，通常是最高機密。假如你知道你的對手和誰一起訓練，有可能就能猜到他們準備了哪些開局。舉例來說，若你打算下西西里防禦，理所當然應該聘請一位西西里防禦專家。如果我看到深藍團隊和幾位世界頂尖的電腦專家走在一起，我會猜測他們正在想辦法增加它的運算速度，這樣我就不會那麼擔心了。正如我先前所說，即使深藍在戰術盤面上的實力從三千一百分增加到三千兩百分，只要我能避開那些盤面，這樣的增長不足以定生死。然而，如果他們和一大群特級大師合作，也許那些特級大師是真的教它怎麼下西洋棋！假如他們能將深藍的盤面評估能力提升到特級大師等級的兩千五百分，大多數反制電腦的策略就無法在深藍上奏效了。

既然他們的團隊那麼龐大，鐵定花了許多時間處理開局手冊。比世界冠軍賽之前，我和我的團隊會花好幾個月準備，試著比我的對手和他的團隊準備得更充分。然而，我們走上舞台時，就只剩下我們兩個人，憑靠記憶在開局上爭戰。深藍的特級大師家教團隊餵給它幾千種開局下法後，它根本不需要擔心記不住。

人機對戰西洋棋，有許多複雜的不對稱情形，這只是其中之一，而且一旦規則確立，就幾乎無法改變了。有鑑於我在紐約的經歷，日後的人機對戰會訂下更嚴格的規則，試圖讓雙方更平等。舉例來說，他們會限制兩盤之間機器開局手冊的增修數量，也讓人類棋手在賽前不久取得西洋棋引擎近期的版本，來稍微彌補機器缺乏公開棋譜的差異。（我與深藍再戰的比賽規則總共有三頁。我下一次對戰機器時，規則長達六頁。人類也是有學習能力的。）

其他的規則會針對更難處理的公平競賽與保密問題，這些也是沒有完美解決方案的不對稱議題。舉例來說，機器在比賽中當機或發生其他問題，是否要告知人類棋手？這樣會讓人類棋手分心，但不告知他，他看到操作員突然開始打字，或是突然跑來跑去和團隊其他人討論，可能又會胡思亂想。另一個新訂的規則是要詳細記錄比賽中所有人類與機器的互動，而不只是記錄操作員的動作。還記得深藍與 Fritz 在香港對戰時，遠在紐約州的人想盡辦法讓深藍在當機後再次運作嗎？遠端存取與多重備份，使得監控機器動態成為幾乎不可能達成的事，這需要在多個地點有技術專家，也需要完整存取機器的權限。我的團隊在紐約市準備時警覺心不足，沒有察覺到煩惱這些事可能多麼讓人分心。這又是我們不夠聰明，單純相信一切會像在費城時那樣公開、友善。

這樣嚴密監督之必要，是為了確保所有紛爭會以公正、不偏頗任何一方的方式處理，讓人不必煩惱這些事。假如參賽者只有一方必須遠離煩惱才能發揮完整的實力，這樣的監督格外重要。如果各方秉持善意與公開透明，不需要那麼計較細節。有時候，規則沒有涵蓋的意外或問題有可能發生，我在其他的人機對戰中就曾經發生過幾次。有時候實在沒辦法，一定會有一方碰上不在自己掌控範圍內的問題，最後反而自己受害。如果大樓電力一直中斷，機器是否要直接認輸？這樣當然對它不公平，但是人類棋手疲倦又受到干擾，在黑暗中枯等，不知道比賽是否會繼續，這樣他要怎麼辦？到底要等多久呢？

比賽開始前幾天，我也處在黑暗之中，這個黑暗是我不知道深藍的能力。我要求看到它的棋譜被拒，此時仍然感到不滿。我到底該拿什麼來準備？我知道，我在費城跟它比過六盤棋，但這個樣本太小了，不可能可靠，再說他們一定會想辦法解決我揭露出來的問題。我決定利用最初幾盤試探它的實力與偏好。這表示我必須和自己的習慣相反，下比較被動的棋，不過這樣也符合我的通則：我打算盡量下出沒有動態的盤面，讓它無法以戰術能力取勝。

賽前的預期大致上仍然看好我，例外的當然只有ＩＢＭ團隊的預測。有些人（像是李維和塞拉萬）甚至認為我這一次會超越上一次對戰四比二的成績，因為我能從上一次的經驗中學習。以我自己來說，我的預測一如往常那樣大膽。怎麼能不大膽呢？有哪個運動員進行比賽前，會預測自己穩輸不贏嗎？不過，我確實自信十足，原因如前文所述，根據的是我推估他們在一年之內能讓深藍增長的幅度。ＩＢＭ團隊的譚崇仁甚至比我還要大膽：他說，深藍會「大勝」。

我們於五月一日在安盛公正中心抽籤。這個古老的西洋棋傳統用來決定第一盤誰執白棋，主辦單位通常會藉這個機會增添一點當地的色彩。若沒有道具可以用，決定哪一方執哪個顏色很簡單：一個人雙手各拿一個顏色的兵，將手放到背後，另一個人猜一隻手；假如他猜到的手裡拿的是白兵，就會執白棋。這樣太無趣了。多年下來，我參與過各種匪夷所思的方式來決定執棋的顏色：我曾經遇過樂透彩球、動物、舞者和魔術師。一九八九年在瑞典謝萊夫特奧（Skellefteå）舉行的大賽，用的是十六個純金做的金條，每個金條下面貼了一個數字，十六位棋手走過來拿起一個金條，來看自己開始的位置。我看到有些人覺得金條太重，就堅定地想要用一隻手舉起我的金條，但我舉不起來，必須像其他人一樣用雙手。這時我看到歲數大我整整一倍的匈牙利特級大師波爾蒂施（Portisch Lajos），毫不費力地用一隻手舉起金條。二〇〇二年，我在紐約市時代廣場和卡爾波夫比了一場快速棋。負責抽籤的是神乎其技的魔術師，同時也是西洋棋愛好者大衛．布萊恩（David Blaine）。我們原本以為他會用傳統的方式抽籤，雙手各拿一顆兵來讓我們選，但兩顆兵當然一直從他的手中消失不見！

這一次在紐約市的比賽比較寧靜：譚崇仁和我面對兩個一模一樣的盒子，裡面各有一頂紐約洋基隊的棒球帽，一頂是白色的、一頂是黑色的。我選了一個盒子，裡面是白色的帽子——正好符合我這個「人性捍衛者」的地位！這一回和上一回不同：再戰的第一盤我會執白棋。這並非無關緊要（至少理論上很重要），因為面對當時的情況，我寧願最後三盤當中有兩盤執白棋，讓我更能利用前三盤所學到的事。第一次對戰也可以看到，從比賽的分數來看，最後一盤執白棋可能是戰術上的優勢。假如你的對手和你打平，或是落後，他（或它）會有很大的壓力，必須好好利用最後一次執白棋的機會。另外，我在一開始會以謹慎的方式開局，等於是讓出執白棋的優勢，因此我比較偏好第一盤執黑棋。

大日子總算來了。幾百位記者到現場即時採訪，演講廳座無虛席。我在棋盤前和許峰雄握了手，在攝影師大軍拍下畫面時，試著將所有的紛擾排出頭腦之外。終於可以鬆一口氣：總算可以下棋了，總算可以看看這個東西有幾分能耐。有一件事讓我覺得高興：我承受著捍衛人性的重擔，但手中的棋子並沒有因此變得更重。

我在第一盤的第一步是將王翼的騎士移到f3；前一次對戰我執白棋時，都是以這一步開始。這一步相當有彈性，雙方都有許多變著的機會，正好適合試探我的對手。這是我的「反制電腦」策略之一，不過我當時是心不甘情不願這樣下的，現在也是心不甘情不願來寫這一段描述。電腦可以存取的資料庫有如作家波赫士（Jorge Luis Borges）的圖書收藏那麼無止境，我寧願像面對卡爾波夫、安南德等人一樣，下出平常慣用的尖銳開局，才會與我針對電腦進行的準備工作相符。

然而，我也必須務實。我想要贏，不想要雖敗猶榮，就算落敗再怎麼光榮也不要。我和實力遠遠不及深藍的電腦程式練習時得知，我對戰任何人類時偏好極尖銳的盤面，面對深藍卻很可能惹上麻煩。我有信心在開局時不會出問題——我面對這一天所做的準備，可以用來應付世界上任何特級大師團隊。我依循主要的開局套路，面對深藍時有兩個大問題。

首先，機器可以直接從開局資料庫中叫出棋步，也可以一步不差地記住我自己的棋譜，這樣等於讓機器可以直接進入中盤，而中盤又是它最擅長的部分。假設機器下到第二十步時，下得和卡爾波夫一樣好，因為它完完全全下得和卡爾波夫一樣，如果是這樣，那我何必讓它下出和卡爾波夫一樣的二十步？弗瑞德給我看過市售的開局手冊，有些變著深入到幾乎到達殘局。假如深藍真的可以下出世界冠軍比賽等級的棋，我想要它證明它是靠思考來達到的，而不是一五一十地把我自己的比賽再下一次。我希望利用它無法規畫、無法策略性下棋的缺陷，讓它儘快走出開局手冊，就算弄出來的盤面客觀看來對我不利也無妨。至少，就算我們之後回到主要的套路（這曾經發生過數次），我也能藉此稍稍了解它的偏好。

第二，我喜好的開局法當中，許多會帶出尖銳、開放的盤面，這樣更接近深藍的實力達到三千分的狀況，距離它不擅長的封閉、無目標移動的盤面更遠。就算深藍團隊真的如他們所說，增強了它的盤面知識，我認為我陷入反制電腦的泥沼裡，機會比在開放空間爭戰來得大。下這樣的決定，實在非常痛苦。我的天性就是不願妥協，不論在棋盤上或其他地方皆然。但我不能說，我最後輸了比賽，所以這個決定錯了。

在比賽分析中帶入「敘事」其中一個問題，是我們所謂「分析結果」。換句話說：勝者因為獲勝，所以棋步下得好；敗者因為落敗，所以棋步下得差。由於進行分析之前，你已經知道比賽的結果，很難不用更批判的眼光去看輸家的棋步，就算其實沒那麼糟也一樣。既然知道我這次對戰深藍落敗，大家很輕易就會認為我所有的決定都是錯誤，其實每一項決定必須盡可能用客觀的眼光來看。輸掉一盤棋，或輸掉一系列比賽，當然表示你犯了錯，但我們也需要記住美國西洋棋作家霍洛維茲（Israel Albert (I. A.) Horowitz）所言：「一著差的棋步會抵銷四十著好的棋步。」

我採用反制電腦的策略，在第一盤的確奏效，只是沒有定出勝負的效果。我採用列蒂開局（Réti Opening），以前曾用這個開局法來成功對付深藍；我們最後演變成一個棋手熟悉的盤面，我確定深藍此時仍然在開局手冊裡。我的第十步不照正常的下法走，假如我的對手是人類，我下這一步會覺得丟臉。我不採用正常在棋盤中間擴張的手法，沒有把國王前的兵向前推兩格，而是只有怯懦地推進一格，避免和黑棋接觸。這是故意被動的一步，幾乎像是停下來等待一樣，也是呼應李維的老把戲：讓電腦沒有明確的目標，看看電腦會不會上當，削弱了自己的盤面。

結果，它還真的會上當！它的下一步讓它的國王周圍出現不必要的弱點。深藍沒有利用我怯懦的走法，我多給它一點時間，它反而不知道該怎麼辦才好。這裡要記得一件事：這最初十餘步，是ＩＢＭ團隊以外的人首次看到這個版本的深藍下棋。對我來說，這是一個好徵兆，表示它還有東西要學；現在的問題是，我能不能教會它。假如我一直裝死，也許會導致它下出幾步爛棋，但我知道，如果我想要贏，到了某個地步後必須主動進攻。

我繼續移動，結果又得到獎賞：深藍下了兩步完全沒有意義的棋。後來我讀到，評論的特級大師和觀眾看到深藍那樣漫無目的亂走時大笑。在那麼靜態的盤面下，深藍這樣浪費時間並不會帶來危險，但這倒是讓我有信心，也讓我有一個想法。我用我的騎士進逼，希望能讓深藍再削弱自己的盤面，逼它移動國王前的兵，來保住它的主教。很高興的是，它的確這麼做了，雖然將我的騎士逼退，不過也讓它自己的盤面充滿漏洞，好讓我之後再利用。

然而，要利用這些漏洞並不容易。電腦常常能被誘導成削弱自己的盤面，但它們保護這些弱點的能力也強到超乎想像。光有理論上的弱點沒有任何價值，你必須要能利用這些弱點才行。深藍走出怪異、不像人類的棋步，對機器來說，這些棋步不盡然是壞事。就算客觀評估認為我占優勢，若它能帶出它擅長的盤面，這樣的優勢不會有什麼意義。

這並不是說我這時的盤面客觀來說有多好。我下得太小心翼翼了，根本沒有立足點去利用深藍那些虛弱的棋步。然而，這樣與我整體的計畫吻合。我必須不斷提醒自己不要趕，並且竭盡所能探察出對手的能耐。我將「限制機器的反擊能力」訂為優先，正如我上次在費城對戰它時，在第六盤讓它窒息而亡。可是，這個新版的深藍進步許多，不肯屈居下風被我窒息，這表示我遲早需要露出真本事，讓我的火力全開。

英國特級大師納恩（John Nunn）在 ChessBase 分析第一盤時，是這樣形容這一刻的：

「這是關鍵的階段。任何和電腦下過棋的人都知道這個情境：你取得戰術上會贏的盤面，電腦使出某個孤注一擲的戰術，你有幾步失算了，突然就被機器踩在腳下。」確實如此：在我繼續整理好之前，深藍就找到一些非常高強的棋步來反擊。它將它的兵向前推進；電腦進攻讓觀眾震驚大叫，這可能是史上第一遭。謹慎、防禦的時間已經結束了，現在必須以火攻火，或是如艾許利當時對觀眾評論時所說的：「棋盤燒起來了！」

不論是當時的評論者，或日後諸多討論這場比賽的書籍和文章，都說我的決定「大膽」又「瘋狂」：我讓深藍用它的兩個主教，刺開我國王周圍的盤面。我希望以棋易棋，犧牲一顆城堡來換一顆主教，同時換得用兩顆兵來進逼黑棋的國王。特級大師金恩（Danny King）在《卡斯帕洛夫對戰更深的深藍》（*Kasparov v Deeper Blue*）一書中對這一盤的描述如下：「不論是人類或機器，雙方一定在幾步之前就推算出這樣的盤面，而且雙方一定都認為這個盤面對自己有利。這個盤面幾乎不分軒輊。」

如普魯士陸軍元帥毛奇（Helmuth von Moltke）所說，一旦接觸到了敵人，任何戰爭計畫都存活不了。我計畫讓第一盤棋成為寧靜、刺探敵情式的任務，但現在機器積極進攻，使我的計畫灰飛煙滅。我將自己的希望放在我更強的評估能力。深藍喜歡在棋盤上的棋子數量占優勢，以及讓棋子落在恰到好處的位置。我喜歡我有兩顆相連的兵，可以不受阻走到最後一行，以及我在黑格子上有一顆強大的主教。此時高動態的盤面中，雙方不對等但實力均等，是一個典型的鬥智盤面。這會是一場大廝殺，我計時器上的時間很充足，因此我相信不論碰到什麼樣的戰術，我都有辦法處理。

我在一九八六年重挫英國特級大師麥爾斯後，他說我是「一隻什麼都看得到的千眼怪物」。我不喜歡這個暱稱，就跟我不喜歡被稱做「巴庫的猛獸」一樣（據說，在西班牙文裡是el Ogro de Baku），但我想這是在稱讚我。我只需要幾秒的時間，就能看出其他經驗老到的特級大師得花幾分鐘才能算出來的事情；我童年時受到博特溫尼克注意，就是因為我有這個能力。我不是機器，也不是洞察一切的千眼怪物，但在西洋棋這件事情上，我可能是最接近這種狀況的人類了。特級大師伯恩（Robert Byrne）第二天在《紐約時報》上寫了一篇文章，標題是「越晚越開花，人類算計超越計算機」，文中這樣寫道：「卡斯帕洛夫昨天勝過IBM絕妙的西洋棋電腦深藍，用它的拿手把戲打敗了它。」

假如深藍知道此時的盤面大約均等，它大概就不會有事。不過，它高估了它在棋子數量上的優勢，高高興興地以王后換王后，其實不該這麼做。這是典型的電腦錯誤：它對現狀滿意，但看不出它無力增強自己的盤面，我看得出來，也確實增強了我的盤面。深藍還有最後一次好機會，可以讓它以和棋而退。若它要下成和棋，必須犧牲自己在棋子數量上的優勢，從結果來看，就算機器也會因為頑固過頭而受害。它並沒有做出相當於承認錯誤、儘早認輸的舉動，而是試圖緊抓著不放，最後全盤盡失。黑棋又發生一次防禦失算，還有一著非常怪異的城堡棋步（稍後會詳述），最後陷入完全沒有希望的盤面，康培爾伸出手來認輸。讓人訝異的是，我沒有任何一顆主力棋子跨過棋盤一半，這是非常難得一見的勝利情況。然而，我有兩顆兵幾乎走到棋盤底，結果這樣就夠了。

我走進演講廳，裡面的觀眾起立鼓掌歡迎我，以及隨後到來的深藍團隊。雙方都應該獲得讚揚。這是真正的對戰，是一盤內容豐富的西洋棋。最後是我勝出，但如我下完後在舞台上所說，這一盤的感覺已經和在費城時非常不一樣。這一版的深藍是一位可敬的對手。

連勝深藍三盤的喜悅，我只有不到二十四小時的時間可以享受。第二盤我會執黑棋，必須好好準備才行。業餘休閒下棋時，先動並沒有太大的優勢：多出來的時間有如在棋盤上多打一拍的節奏，在開始時的價值不如半顆兵。假如雙方都是實力差的棋手，幾乎每一步都在犯錯、浪費時間，這樣幾乎沒有優勢可言。但對特級大師來說，每一拍的節奏都很珍貴，特別是在尖銳的盤面中，誰先進攻就能得勝。

在相對封閉的盤面（像是第一盤的開端），損失幾個節拍雖然不是好事，也不至於讓人喪命。李維的經典反制電腦名言是「什麼都不做，但做得好」，建立起充足的防衛，讓機器自己踏進死路。第一盤的情況有些相反：深藍面對我踱步耗時，不知道該做什麼才好，但至少它做得好到沒有陷入大麻煩。只要一有些微的機會，它就會快速、無情地攻擊。這裡並不能說我不會再低估它，因為我一開始根本沒有資訊可以用來評估它。然而，接下來我不會低估它，它在第二盤執白棋時，我可不會平白放著給它打。

白晝過後必然是黑夜；同理，勝過電腦以後，必然會有臭蟲報告書。對西洋棋程式設計師而言，「臭蟲」有如特級大師口稱自己下棋時「忘記」某個東西，其實我們只是不想承認自己錯失了某個東西，而對手沒有錯失罷了。斯帕斯基於一九八八年受訪時就拿這個傾向開玩笑，當時他正在寫一本書，討論自己的比賽棋譜，他在訪問中說：「我想要非常誠實。假如我沒看到某個東西，我會想說：『我在這裡瞎了，我沒看到這個！』」[1]也許莎士比亞說得最好：我們所稱的「錯誤」，不論換了什麼名字，都一樣是「臭蟲」。

第一盤據稱有兩個「臭蟲」，其中只有一個被認為有實質影響，而且這個影響還不是針對這一盤棋。另外，這也有一個怪異的轉折，又是敘事勝過事實的一例：過了十五年後，這個臭蟲死而復生。

第一盤走到第四十四步時，基本上已經結束了。我取得穩贏的盤面，而且過了第四十步，計時器的時間增加，所以我有足夠的時間來避免任何花招或意外發生。現代的西洋棋引擎分析我第四十四步後的盤面時，評估白棋幾乎以正十二分的差距勝過黑棋，這個差距比白棋多一顆王后還要大。人類面對這樣的盤面差距，只能在椅子上抱頭怨嘆，回想先前的種種錯誤，導致淪落至此。電腦不會這樣，它們會持續搜尋幾十億種盤面，尋找最佳的一步。它們不理解人類對於「實際機會」的認知：如果你本來就惹上一身麻煩，更好的下法常常是故意下出客觀上比較差的棋步，因為這樣也許能混淆對手。電腦也沒有干擾計算的自尊心：對電腦來說，假如有一步棋有如腳跟拖地慢走，但要十步後才會被將死，這一定會比一步很難下成功卻九步就會被將死的棋步來得好。任何對戰過電腦的人都知道，電腦瀕死時，它們會下出怪異的棋步，來拖延將死的時間。

深藍的第四十四步看起來就像是拖延將死的行為。我的兵快要晉升成為王后，而且沒有方法再拖延多久。若是連我都能清楚看到這件事，我知道深藍也能看得到。也許它已經從這個盤面一路計算到將死的時候了；在一個別無選擇、只能不斷被逼的盤面下，這是很有可能的事，等於是搜尋樹變得非常狹窄。深藍沒有投降，或是下出我正在分析的防禦性棋步，反而將它的城堡移到棋盤底，遠離廝殺的範圍。我完全無法理解這有什麼用意，所以當然必須再三檢查，確認這一步裡沒有什麼精采絕倫的電腦算計。想了五分鐘之後，我沒有找到任何不對勁的情況，因此直接將這一步當作電腦迷失方向時常常會走的莫名其妙棋步。我將我的兵推至 g7，距離晉升只有一格之遙。我戴上了我的愛彼錶（Audemars Piguet）；我知道一盤棋快要結束時，會習慣將手錶戴上。康培爾投降了，這讓我確定深藍最後這一步怪棋只是死前的最後一口氣。

那天晚上，我和我的團隊還需要分析這盤棋，特別是需要分析開局。到了深藍那個奇怪的第四十四步時，我們停下來了，因為我們無法讓自己的西洋棋引擎複製出這一步，或是依照我們預期的方式解釋這一步。深藍的這一步看起來就是很差，沒什麼話可以說；我們手邊的機器相對比較原始，花了很長的時間才推算到將死，現在的西洋棋引擎只需要幾秒就能算出來了。（我手邊的西洋棋引擎說，最後一個盤面以後，將死要花十九步，但是只要五步就可以輕易獲勝。）難道深藍看得比我們深入太多，也比我們個人電腦上的引擎還要深入，所以這一步對它來說有道理？這要怎麼解釋？我問弗瑞德：「電腦怎麼有辦法像這樣自殺？」我在 Fritz 上操作了一段時間，找到我預期深藍會下的那一步後將怎麼逼出將死，而且是用那顆城堡將軍。這一套棋步十足精妙，我在比賽時沒有看到，但推測深藍有看到。我最後的結論是，機器看到它即將被將死，這一步對它來說完全合理，可以延後無可避免的結局。一切蓋棺論定了。電腦在完全迷失方向的盤面下，常常會下出無法理解的棋步，假如我們還需要分析更多像這樣的棋步，對我們來說確實是好消息。

其他評論者的結論與我一致。金恩在他的書中說第四十四步「詭異」又「奇怪」，也指出機器可能在推測的棋步後「看到比較快的勝利方法」。這個盤面明顯早就迷失了方向，所以甚至不必像我們在棋譜上標記錯誤那樣，在這一步後面加上問號。

多克伊安和我回去準備第二盤；弗瑞德記下了第一盤這個無關緊要的一刻，身為一位擅長說故事的人，他將這一步化為傳奇。他在 ChessBase 記錄這盤棋時，用戲劇化的手法描述了我對第四十四步的困惑，即使我們明明在分析中得到讓人滿意的結論（但這個結論最後發現是錯的）。弗瑞德寫道：「結論有點恐怖……深藍其實全部算出來了，一路算到最後，只是單純選擇最不難堪的輸法。卡斯帕洛夫說：『它可能看到二十步或更多步以後會將死』；面對這麼驚人的計算，他只得感激他沒有失算。」

這種說法算是沒什麼害處，特別是因為他也放進我用 Fritz 進行的分析，裡面寫出深藍下出我所預期的那一步後，我會怎麼讓它將死。「恐怖」、「驚人」兩個用詞是弗瑞德說的，不是我說的。不知怎麼一回事，這一系列比賽之後，這個小故事演變成為一個都市傳說：我看到機器的計算這麼深入後大為驚訝，所以接下來的下法和決定都受到影響，特別是在關鍵的第二盤。這個說法是康培爾提出來的，最早可以追溯至二〇〇二年紐波恩談論深藍的著作。這個論點好笑的地方是，深藍這一步神祕怪棋完全沒有重大意義；這是個錯誤，而且又是另一個臭蟲造成的錯誤。據康培爾和許峰雄所述，這一步是「隨機的」，產生自一個他們已知，但在比賽開始前沒有清除掉的臭蟲。

到了二〇一二年，這個傳說獲得新生：選舉分析專家席佛（Nate Silver）在《精準預測：如何從巨量雜訊中，看出重要的訊息？》（*The Signal and The Noise*）一書中，有一整章以這個故事為基礎。弗瑞德所提、康培爾所傳的敘事太吸引人了：卡斯帕洛夫輸給深藍，只因為一個臭蟲！席佛寫道：「對深藍來說，這個臭蟲並非不幸運的事：它之所以打敗卡斯帕洛夫，很可能就是因為這個臭蟲。」《時代》雜誌、《連線》雜誌（*Wired*）和其他媒體無止境地繞著這個說法打轉，每轉一手就有更多關於西洋棋的錯誤[2]，也有更多針對我心智狀態的愚蠢猜測。

看到我的比賽和西洋棋本身已經成為文化現象，變成許多熱門文章的主題，也在流行文化中現身，我真的覺得欣慰。問題是（就像電影中絕大多數的西洋棋棋盤方向都擺錯了），在流行書籍和報章中談論西洋棋的人，常常根本不了解自己所說的事。他們沒有花時間去詢問職業棋手，反倒覺得自己在小學二年級某次西洋棋比賽贏了一個塑膠獎盃，因此理所當然有資格對一位世界冠軍的棋步和心智狀態高談闊論。

席佛在那一章講對的事情，大多出自其他資料來源，而且當那一章有那麼多事情講錯，講對的部分顯得特別突兀。他的許多錯誤當中，包括他對開局手冊的錯誤認知，將中盤稱為「比賽中間」，對第六盤的說法更是胡說八道。當然，我們現在還沒講到第六盤，但不妨看一下他寫的一句話：「卡斯帕洛夫不知道卡羅－卡恩〔防禦〕（Caro-Kann [Defense]）……。」沒錯，我年輕時就不再下卡羅－卡恩防禦了，不過我還合著過一本卡羅－卡恩防禦的專書。另外，任何一位西洋棋手都知道，就算你不會下某種開局法，經常面對那種開局（像我那樣），也會對它特別熟悉。

回到第一盤棋，席佛忽略一件事。在那篇打開這一切天窗的 ChessBase 文章裡，弗瑞德早已寫道：「大約在這個地方，Fritz 開始找到將死。」小小的 Fritz 在一台個人電腦上運作，看到的深度遠遠超過十幾步，而且我們深知深藍的運算速度比它快上許多。我們早已熟知，假如大多數的棋步是被逼迫的，棋子數量又不多，在某個盤面下搜尋到那麼深絕對有可能：搜尋樹會大幅縮減，像深藍在十年前那樣的「單一延伸」也能推得非常遠。當國王被將軍，棋盤上又只有四顆城堡和幾顆兵時（那盤棋當時就是這樣子），深藍只需要幾分鐘就能輕易搜尋到那麼深。比賽後幾年，深藍的紀錄檔公布，從紀錄檔裡甚至可以看到，深藍在第四十一步時（當時棋盤上的棋子更多），搜尋就已經深達二十層了。

如果深藍在相似的盤面上做出同樣神祕不可測的事，那麼整個狀況就不一樣了，需要好好探究才行。這一步發生在一盤棋的尾聲，盤面又完全迷失方向，因此只是一門怪事，很快就被大家遺忘了。我一開始感到困惑，後來稍稍覺得有點敬佩，僅此而已。然而，「臭蟲打敗卡斯帕洛夫」的說法太吸引人，即使是統計專家也抗拒不了。對這件事進行幼稚的精神分析，又當成我在第二盤投降的原因，根本是在製造荒唐至極的神話。

在那一章開頭，席佛引述愛倫坡於一八三六年寫作的文章，談論會下西洋棋的偽機器土耳其人，他實在應該要留意愛倫坡說過的另一句話才對：「耳聞之事皆不可信，眼見之事只能半信。」

我同意這個小故事的廣義結論：如果我的心智狀態比較好，這一系列比賽就不會輸。然而，要到第二盤棋，以及第二盤棋帶來的驚人後續效應，我的心智狀態才受挫。

假如真的要說什麼，我進入第二盤的時候信心高昂。從費城那時算起，我已經連勝深藍三盤，現在可以不必再對摸不著邊際的鬼魅下棋，實在是讓人鬆一口氣。這個新版的深藍確實很強，但離完美的境界還很遠。它在開局時發生了一連串電腦會發生的失誤，後來挽回得好。我用戰術面對它，證實了我對盤面的評估比它好，最後獲得整整一分的比賽積分。

第二盤是另一回事，因為我執黑棋。看到機器一有機會就多麼積極進攻後，我們決定，執黑棋時再用被動的反制電腦策略太危險了。執白棋時，我更能掌握比賽的節奏，也更能等待契機。執黑棋時，比較安全的做法是用熟知的開局法，就算這個開局法在深藍的開局手冊裡也一樣；更好的做法是採用封閉式的開局法，讓它難以找出計畫。這個策略的缺點（正如每一盤的情況）是，這也不是我的棋風。我雖然在下反制電腦的西洋棋，卻也在下反卡斯帕洛夫式的西洋棋。

這個策略到底是不是正確的？即使現在有後見之明，也難以論定。假如我能取得深藍的棋譜，就算只有十幾份也好，都能安然下出我習慣的開局法，準備時也能像針對任何特級大師對手一樣。既然沒有任何資料來進行確實的準備，比較好的做法是採用有彈性的盤面，讓我不必煩惱開局新招，畢竟我要煩惱的事情已經夠多了。我在棋盤之外的計算當中，一個重大因素是要節省能量消耗。和一台機器下棋相當耗費體力，因為我必須檢查我一般不會考慮的可能性，而且所有的計算都要再驗算。在一般的大賽或比賽，我和多克伊安會熬到深夜，想辦法多擠出幾秒的準備時間來應付第二天的對手。面對一台不會像我一樣疲倦的機器，這樣做只會引來災難。

我可以確定的一件事是，我在第二盤選擇的開局是糟中之糟。這是西班牙開局，亦稱「羅培茲開局」，羅培茲（Ruy Lopez）是十六世紀的西班牙神父，在歐洲第一本重要的西洋棋著作裡分析了這種開局法。這種開局別稱「西班牙酷刑」，稍後就會明白為什麼會有這麼讓人痛苦的暱稱。我不想要下反制電腦的西洋棋，同時又想避開我習慣下的尖銳西西里防禦，好避免走進深藍開局手冊裡的意外陷阱。一般來說，羅培茲開局是平靜、移動式的開局法，在龐大的西洋棋文獻裡屬於策略最複雜、受到最多分析的一種。這種開局法的多種主要套路早已分析超過第三十步，許多棋賽在三十步時已經下完了。

這不是我執黑棋會用的開局，但是我執白棋時有諸多試圖擊敗這種開局的經驗。我在世界冠軍賽面對卡爾波夫、蕭特和安南德時，羅培茲開局就曾是核心戰場之一。讓深藍可以直接憑著資料庫走進中盤，實在非我所願，不過我們決定這值得一試。第一盤時，我們看不出深藍的盤面下法有任何進步。我希望將盤面保持封閉，讓它沒有明確的目標可以推進；假如情況允許，我可以試著自己稍稍推進一些。若是不行，所有的東西都被擋住了，用黑棋達成和棋亦能在系列賽中保持領先，這也是好結果。

不論對手是人類或電腦，我們通常可以看出對方是否「還在開局手冊裡」，因為他們會想都不想立刻回應。如果你早就記好某一步棋，而且確定想下這種變著，那麼何必浪費計時器上的時間？

這個修辭上的反詰，有幾種非關修辭的答案。有時候，你只是想站穩腳步、一再驗算，確保不會走進陷阱或難以處理的變著。曾經有人說，下西洋棋就像在繪製一幅名畫時有人拉著你的袖口，而且下棋的雙方都有這種感覺。你必須記住，棋賽中任何時刻的盤面，都是兩人共同創造出來的。也許你對開局的情況滿意，但通常可以說，你的對手也對情況滿意；知道這一點後，你至少要稍稍謹慎一些。

下出一步棋之前停頓，還有另一個原因：打心理戰。大多數棋手偏好快速下出準備好的開局法，這樣可能會有好的心理效果，特別是當你的對手熟思每一步時。假如你面對一個複雜的盤面，坐在棋盤旁苦思，最後總算下出你的棋步，你的對手馬上就回應，逼你再苦思，這種情況不好受。這也有可能是一種刺激：你知道，你的對手對這個盤面比你更熟，而且在當今這個時代，很可能表示他用一個非常強的西洋棋引擎準備過這個盤面。這樣說來，你對戰的不只有你的人類對手，還有他的電腦。這個轉折有些諷刺，卻無可避免：機器使用的開局手冊是建立在人類知識上，但越來越多特級大師使用西洋棋引擎來準備開局。

然而，也許你不一定想讓對手知道你還在開局手冊裡。也許你準備好稍後使用一個絕妙的新招，不想要直接飆下去，免得讓他起疑。有時停頓一下，可能讓他以為你沒有深入準備你正在下的變著，使他有不應該有的自信。我通常沒有耐心用這種欺敵戰術：我的準備非常透徹，也想讓對手知道我準備透徹。正如費雪有一次在訪談中所說（這樣說有點不誠懇）：「我不相信心理戰。我只相信好的棋步！」

當然，對機器用心理戰術沒有用處，但是我想，讓他們的人類教練猜測你準備得多好，也許有些用處。不過，我在十二年後發現，雖然心理戰術對深藍沒有用，它卻有採用心理戰術的能力，這倒是讓我非常震驚。

根據伊耶斯卡斯和其他人的訪談說法，就我所知，所有參與深藍計畫的人都簽下保密協議，未經允許不得談論幕後的情況。禁止自由談論深藍是怎麼達到這個舉足輕重的成就，我想再也沒有更清楚的方式可以印證譚崇仁在比賽前所言：「我們不再進行科學實驗了」[3]。

同時，我很難想像這個禁令有什麼意義，特別是針對非電腦技術的顧問而言，又不是外頭還有別的西洋棋機器計畫，準備搶走深藍的特級大師教練來刺探他們的祕密。ＩＢＭ為什麼不想要團隊的人在媒體上說話？而且封口十年？

第二盤的西班牙主題，正好適合現在提到這件事，因為二〇〇九年西班牙特級大師伊耶斯卡斯打破沉默，在《西洋棋新知》雜誌（*New in Chess*）上發表長篇訪談，詳述了他參與深藍計畫的過程，以及比賽期間的其他事情。[4]我只讀了幾個段落，就清楚理解ＩＢＭ為何要他們承諾封口。

伊耶斯卡斯是一個精明但隨和的人，也是實力高強的特級大師和教練。他在西班牙經營一所重要的西洋棋學院，並在那裡出版一本雜誌。巧合的是（也許沒那麼巧合），我在二〇〇〇年世界冠軍賽敗給克拉姆尼克，失去世界冠軍頭銜，而伊耶斯卡斯正是克拉姆尼克的副手。我一生當中只輸過這兩次系列賽，正好伊耶斯卡斯都參與其中，不過我對他沒有怨念。好啦，也許有一點。

我會在下文再提到他的訪談中其他更引發聯想的部分，他在這裡談的是深藍在第二盤的開局。「我們給深藍很多西洋棋開局的知識，不過也讓它有很大的自由空間，用統計數據在資料庫裡選擇。在第二盤的羅培茲開局裡，機器想的是像a4那樣的棋步。這是非常理論性的一步，卡斯帕洛夫看到機器開始想理論性的棋步，也許有些驚訝。它想了十分鐘，最後下了a4。到底發生了什麼事？他可能開始聯想到太多結論了。在當時，這是一種新的做法，卡斯帕洛夫一直不確定電腦是依照理論下棋的，還是自己在思考。」

這相當耐人尋味，不過我在比賽之後不久就知道有這種技術。假如它真的比許多特級大師還要強，讓這麼強的一台機器有更多開局的選擇，當然是合理的，否則它只會盲目照著特級大師的棋譜走。不過，伊耶斯卡斯下一段話讓我大吃一驚。「我們當然也針對卡斯帕洛夫內建了幾招。某些棋步之前，它會延遲一下，某些棋步它又會立刻下出來。在某些盤面下，我們猜測卡斯帕洛夫會下出最好的棋步；假如他真的那樣下，那我們就立刻回應。這有心理上的衝擊，因為機器會變得無法預測，而這正是我們的主要目標。」

太驚人了！他們為了騙過我，故意在程式裡放進延遲——而且只有針對我，因為深藍在短短的壽命裡沒有面對過其他對手。這也只有單向的作用，因為深藍對這種花招免疫，就像它對羅培茲的建議一樣免疫：下棋時，永遠要坐在陽光會刺到你對手眼睛的地方。我想，西洋棋和戰爭一樣，什麼招數都是公平的，但這個消息再次證實了一件事：對ＩＢＭ而言，勝利不只是一切——他們只要勝利，其餘免談。

由於第二盤是西洋棋史上受到最多分析與評論的比賽之一，我就不再贅述，直接談這一盤為什麼那麼出名。經過二十步正常羅培茲開局的棋步後，我可以說雙方都感到滿意。這裡需要澄清：我完全不喜歡我的盤面，但那是我想要達到的封閉、策略式盤面。我的主力棋子擠在擁擠的兵牆後面，執黑棋採用羅培茲開局時，這是常見的劣勢。白棋的空間比較多，這表示它有更多自由的空間可以移動主力棋子來刺探弱點。我打賭的是，深藍沒有那個耐心或技巧，來進行這種細微的刺探工作。

第一個犯錯的是我，但這也是我自知自己犯錯的那種錯誤。我相信，我需要盡可能讓盤面封閉，因此將后翼的兵陣結構部分封閉住，讓我無法主動反抗白棋的計畫。假如面對的是一位特級大師，這種盤面簡直糟透了，不過從第一盤來看，深藍自去年的比賽以來，評估功能沒有增強多少，無法利用它此時的優勢。不過，我慢慢看到第二盤的深藍與第一盤的深藍非常不同。它精湛地在陣線後方移動，準備抓住契機突破出來。第一盤時它無意義地四處移動，這一盤完全變了。在此同時，我沒有任何更好的事情可以做，只能漫無目的移來移去。西班牙酷刑開始了，但綁在刑台上的是我。

深藍下一步讓講評的人吃了一驚：它開放了王翼的陣線，將f格上的兵向前推兩格。這一步意外地像人類會下的棋步，這個原則是：在棋盤上有優勢時，要展開另一線進攻。當然，深藍不會遵照這種廣義的原則——至少，它必須先將這些原則拆解成更小的評估單位。主力棋子的機動性可以寫進程式，讓電腦清楚地理解。我想，講評的人會吃驚，是因為開啟第二道攻勢像是策略性的想法，不太像是機器會做的事。然而，跟電腦比起來，人類更容易緊抓著一項計畫不放。深藍會以全新的眼光檢視每一種盤面，先前的決定或任何其他的事情都不會成為包袱。這就是為什麼機器的棋步常常讓我們吃驚。即使是特級大師，也往往會落入填鴨式的思考方式：「既然我下了甲步，我現在就必須下乙步。」電腦根本不知道它剛剛下了甲步，只關心當下哪一個棋步最強。有時候，這是一個弱點，在開局的時候更是如此，所以它們需要開局手冊。整體來說，它們這種近乎健忘的客觀性，使得它們成為絕對的分析輔助工具——以及危險的對手。

有個比我還要老的老掉牙西洋棋笑話：有個人在公園裡散步，看到一個人和一隻狗下西洋棋。他說：「太神奇了！」下西洋棋的人說：「這有什麼神奇的？我贏了三盤，牠只贏一盤啊！」

我準備寫這本書的時候，首度和同事深入分析那一次與深藍的對戰，不禁讓我想到這則笑話。時間久了之後讓人可以客觀，再加上現今的西洋棋引擎遠比深藍強，我們因而發現了許多有趣的事情。從結果看來，世人對這顆f格兵的棋步和幾個類似棋步的評論，帶出了一種模式，而幾乎所有關於這場比賽的文獻都重複了這個模式，我的思考方式也被這個模式影響。這個謬誤是，如果電腦下出來的棋步讓人覺得不像是電腦會下的，就直接假定這些也是客觀上的強棋步。我們常常驚訝深藍下出某個棋步，而這種走法是我們不曾看過電腦下出來的，也因此影響了我們對於這一步真正品質好壞的看法。

舉例來說，第二盤 26.f4 這一步在許多談論這場對戰的書裡，紛紛標上了驚嘆號註記，但透過分析可以發現，這一步絕非這個盤面最好的棋步。深藍可以退回它的主教，讓它在a列上的主力棋子增加兩倍，因而使它有主宰一切的盤面，也讓我沒有反攻的機會。事實上，當今所有好的西洋棋引擎只需要花幾秒鐘，就會將這一步列為首選。可是，深藍就像那隻會下西洋棋的狗，光是看它能這樣下棋就已經讓人驚嘆，它的下棋水平不佳往往被忽略了。在比賽期間，這對我有很大的影響。我一直在意它有可能辦到哪些事情，因此忽視了我自己的問題：我出問題的地方，不是因為它下得有多好，而是我下得有多差。

我還處在反制電腦的幻覺之下，於是以被動的方式回應。深藍持續占據整個棋盤，我的防禦則是虛弱不堪。第三十二步時，我錯失了最後一次主動防禦的機會，那時我仍然希望它找不到突破的致命一擊。我坐在那裡受苦時，深藍在第三十五步花了異常久的時間思考，讓我嚇了一跳。它通常很快就會下出棋步，最起碼一定會在三到四分鐘內下出來，但它在這一步花了五分鐘……十分鐘……十四分鐘，才下出棋步。這讓人很分心，我以為它可能當機了，不過它看起來進入程式設計師所謂的「恐慌模式」，只要它對某個主要套路的評估大跌，這個模式就會啟動。

第三十六步時，它有機會用王后進攻我的盤面，很可能可以因此吃掉我的兩顆兵。我覺得這可能讓我有機會，在棋盤中間孤注一擲地反擊。電腦又會因為貪婪過度落敗嗎？

深藍讓我失望了：它再次不肯像機器一樣下棋。它沒有吃掉我的兵，而是移動主教，這一步宛如我棺蓋上的最後一根釘子。將近四小時裡，我處於我痛恨的被動盤面，不斷受苦，而此時不知怎麼搞的，竟然還變得更糟糕。我陷入一種宿命般的憂鬱，接下來幾步幾乎無法下出來，讓白棋的王后和城堡從 a 列入侵。我唯一的希望，只剩下用某個方式建立起防線，但是我看不到任何方式可以做到這一點。我幾乎像是發脾氣一般，用我的王后做了最後一次將軍；深藍將國王移向中央，而不是用較自然的方式退到角落，我連這個幾乎都沒注意到。

第四十五步時，它用城堡攻擊了我的王后，這時一切都完了：我的王后假如逃走，我的主教就會被吃掉。白棋的國王此時沒有防備，我也許可以犧牲主教，用我的王后絕望地將軍幾次，這看起來也希望渺茫。電腦擅長看到一長串的將軍，而將軍是西洋棋中最逼迫對手非得回應的棋步。深藍在這一盤的表現這麼強大，不可能放棄用簡單的方式防衛國王，放著讓它的國王被我追殺成和棋。

這一盤讓我士氣渙散，我一心只想盡可能離棋盤越遠越好。我的頭腦早就在胡思亂想：明明第一盤時電腦在浪費時間，第二盤怎麼有辦法弄出這種盤面傑作？我這時已經不再把頭腦放在比賽上，這是常見的人性弱點，我們實在無法避免。我相信這個盤面已經無法挽回；看著這個盤面，讓我身體痛苦不堪。我想要在還能保有一點尊嚴時投降，保留一點力氣給下一盤棋，而不是繼續做沒有希望的事情。

我投降了，氣沖沖地離開棋盤，儘快將我的心情從厭憎轉變為憤怒。我沒有心情面對觀眾或講評者，或任何其他人。我和母親快速離開了大樓，讓深藍團隊獨享光榮的一刻。

我沒有在現場聽到，從逐字稿來看，深藍的表現獲得演講廳裡的人一致好評。平時經常批判深藍棋法的塞拉萬，對這場比賽的評語是：「如果我能有這一盤的勝利，會很驕傲。」艾許利說這是「亮麗的一盤棋」；他和瓦勒渥一同稱讚深藍「蟒蛇般」的棋風，用極不像電腦的方式讓我的盤面窒息而死。一位觀眾問道，這一盤是不是史上電腦下過最出色的一盤棋，答案很難否定：這是史上電腦對戰卡斯帕洛夫最出色的一盤棋。

深藍團隊興高采烈，他們的說法反映他們的感受：前面十四個月的努力總算沒有白費。許峰雄說：「今年它對西洋棋的了解更深，也更了解西洋棋一些細緻之處，從這一盤棋裡可以看到。」班傑明說：「讓人心滿意足的一點是，若執白棋的是任何一位人類特級大師，他們都會感到驕傲。」他們謝幕的最後一句話，也是所有報紙記者最愛的一句話。李維問，深藍怎麼有辦法從第一盤中「幾步讓人狐疑的棋」，變得「像一位天才一樣」。譚崇仁回道：「我們給它灌了幾杯調酒！」語畢，哄堂大笑。

我自己一直不太愛喝酒，當天晚上我們回顧那盤棋時，我倒是應該喝比當時那杯熱茶更強勁一點的東西。強迫自己回顧敗戰總是一件困難的事，更何況還得替自己打氣，下一盤還要再奮戰一次。在大賽裡，你不會執同一種顏色的棋子面對同一個對手兩次，所以不太需要迫切立刻驗屍。在一對一的系列賽，你每天都會碰到同一個對手，所以每下完一盤後進行檢視，看看是否能找到對下一盤有用的教訓，便是當務之急。對戰深藍時更是如此，因為我們的資料只有這些比賽。

有些比賽輸了，會比其他比賽難受，這一次落敗更是我經歷過格外慘痛的一次。這次落敗逼得我質疑所有的事情：深藍下棋的品質怎麼突然大躍進？我為什麼會決定下反制電腦的西洋棋，而不是我自己想下的棋？我為什麼會被騙，以為賽前可以拿到深藍下棋的棋譜？我們對這盤結尾的分析，並沒有讓我好受一些。電腦在第一盤下得那麼彆扭，那麼看重棋子數量，那麼像一台電腦，這一盤它有機會吃下我的棋子時，怎麼反倒回絕了？深藍那些出人意料、有耐性的棋步，我們的西洋棋引擎甚至連考慮都不考慮。

稍早我批評別人試圖對我做精神分析，我在此不會犯下同樣的錯誤，只會說明我當時真正的感覺。我熟知參與競賽的人落敗時，會運用哪些心理防衛機制，但我也知道這些機制有如粒子物理學：觀察得太仔細，它們就不會以同樣的方式運行。我必須重拾自信來面對第三盤，還有這一系列剩下的比賽，否則就沒有希望。我又困惑，心裡又煎熬，把這股怨氣發洩在所有人身上，特別是自己。

我當晚不知的是，假如我難以從這一場落敗中回復，接下來的事更是讓我無法回復。第二天中午，我的團隊（多克伊安、弗瑞德、科達洛夫斯基、威廉斯）和我走在第五大道上準備吃午餐，此時多克伊安靠近我，表情像是要告訴我有位親人剛剛過世了一樣。他用俄語跟我說：「昨天那盤最後的盤面是和棋。長將（perpetual check）。王后到e3。和棋。」

我在人行道上愣住了，雙手抱頭好一陣子。我看了一下每個人，因為他們顯然早就知道這件事，也討論過是否要告訴我、何時告訴我、如何告訴我。他們幾乎無法與我四目相對，因為他們知道我聽到這件事有多麼錯愕。我在全世界的目光之前，在一盤畢生最難受的棋中落敗，然後現在我又知道，我這一輩子第一次在和棋的盤面上投降。我完全無法置信，這一系列比賽中，這種感覺已經太常出現了。和棋?!

庫伯勒—羅絲模型（Kübler-Ross model，也就是世人熟知的「哀傷的五個階段」（five stages of grief））是一系列的情緒感受，人在罹患絕症或聽到其他可怕消息時會接連出現這些情緒：否認、憤怒、討價還價、抑鬱、接受。剩下的午餐時間裡，我一直處於難以置信的否認狀態，乾瞪著牆壁幾分鐘、頭腦裡跑過各種變著之後，開始用一連串的問題轟炸我可憐的團隊：「深藍怎麼可能錯過那麼簡單的東西？它下得那麼好，它下了Be4，它下得像神一樣，怎麼會錯過這麼簡單的重複盤面和棋？」

我只打算做這麼一次精神分析：我有整整二十年的時間經歷五個階段的循環，這也等於我問我自己：「我的天啊，**我**怎麼可能錯過這麼簡單的東西？」當你是傲視全世界的世界冠軍，所有的失敗都能被看成是自找的。這樣對我的對手可能不太公平，畢竟很多人會認為他們打敗我是他們事業的顛峰，不過聽到這麼讓我啞口無言的事情之後，我可沒那個心情想對大家都公平。

他們能發現這件事，是因為網際網路將世界各地的人連結起來。我在第二盤投降之前，幾百萬名追蹤比賽的西洋棋手已經著手進行分析，並且分享他們分析的結果。到了早上，這些同樣配備強大西洋棋引擎的鍵盤分析專家證實，假如我沒有投降，而是下出最佳的棋步，深藍無法從最後的盤面中獲勝。我的團隊當天早上驗證了這件事之後，才把這件難以置信的事情告訴我。我原本以為我用王后進攻是出於絕望，最終不會有任何意義，事實上這是救命的一招。面對我的王后不斷將軍，白棋的國王不可能逃掉，最後會因為「三次局面重複」的規定變成和棋收場。事實上，深藍最後的幾步，有好幾個是失誤，如果我當時知道自己有機會，就能阻斷它通往勝利的道路。

這無疑是一大打擊，彷彿這盤棋我輸了兩次。在和棋的盤面上投降，這是無法想像的事啊！我可以確定，如果面對的是人類，我絕對不可能用那麼悲慘的方式在同樣的盤面下投降。深藍的棋法讓我太驚訝了，這盤棋發生的事情令我太灰心；我氣自己讓這一切發生，也一直堅信機器不可能犯這麼簡單的錯誤。

面對另一位特級大師時，我可以猜測我們兩人所見大略相同，若有什麼我不確定的事，他應該也不能確定。然而，現在面對的是一台每秒可以檢查兩億種盤面的電腦，這台電腦前一天才和世界冠軍下了一盤強棋，所以我的猜測會不同。我不能用正常的方式下棋，在某些盤面下，我必須多一些猜疑。舉例來說，我以為我看到一個妙著，犧牲一顆棋子就能逼它將死，我可以幾乎完全確定我的計算有問題，因為實力強大的電腦絕對不可能允許這種事發生。人類對戰機器時，必須有這種思維：假如它讓你下出某個可以獲勝的戰術，那麼這個戰術很可能根本沒辦法獲勝。這樣可以讓你節省一些能量，但以此例而言，這讓我犯下職業生涯中最嚴重的錯誤。

在一對一的系列比賽裡，最糟糕的事情就是你在一盤吃了敗仗後，損失的比賽積分超過一分。若頭腦無法回復平衡狀態，你會喪失專注能力，接下來可能一敗再敗。常見的解法是，慘敗後儘快下成和棋，藉此讓局勢平穩。然而，這一次系列賽的盤數不多，我下一盤執白棋時不能浪費機會。另外，在實力均等的盤面下，深藍團隊不太可能接受和棋的提議，畢竟他們的機器不會疲倦，而且就算它知道它在第二盤犯錯、弄出會變成和棋的盤面，也不會覺得丟臉。

我為此感到憤怒一事很快在媒體上傳開來，變成頭條報導。我害怕有人問我為什麼要那麼早投降。我能說什麼？假如大家仍然持續關注第二盤，只會讓我無法忘記這回事，接下來的幾盤就無法專注。還有四盤棋要下，但這時我已經沒有心情下西洋棋了。我根本不知道我的對手是誰：是第一盤那台不善於用兵的電腦？還是第二盤那台下棋像蟒蛇一樣的策略大師？還是，它有一大堆臭蟲，容易犯錯，連簡單的重複局面和棋都看不出來？我的頭腦非常混亂，開始游移到一些黑暗的想法。IBM已經明白表示，他們要不計代價取得勝利。深藍的性格突然大變，是不是因為有外力介入？

我對自己也感到不安。我怎麼會下出那麼糟的開局？是因為我收到的建議太差，還是純粹是我做出不好的決定？我應該改變什麼？我怎麼會那麼早就投降？到底是怎麼一回事？

這一切在我頭腦裡翻滾的同時，我還得坐下來下第三盤。第一步對我來說又是開創先例：我悲慘地下出 1.d3，將王后前的兵移動一格，不是正常的兩格。這是反制電腦西洋棋之極致，將深藍逼出開局手冊外，希望用最早的棋步凌駕它。這個策略在第一盤的時候成功了，但我頭腦裡深知，我現在面對的可能不是「那一個」深藍了。

現在回顧那一盤，我有點驚訝我還能下出不算太差的棋，畢竟二十四小時以來發生過那麼多事。我沒有從開局得到什麼，因為我略過一記強力的后翼擴張，至今我依然無法解釋為什麼。二十年後分析再戰的第三盤至第六盤，感覺起來像是分析陌生人下的棋，不像是我自己的比賽。比賽期間每個時刻頭腦在想什麼，我通常可以記得非常清楚，即使是幾十年前下的棋也是。這一場比賽就不是這樣了，因為我根本不是我自己，我的心思也沒放在棋盤上。

深藍在第三盤的表現也沒有多好，但我不清楚能怎麼推進。我抓住機會犧牲了一顆兵，讓深藍有一點壓力，將它的主教逼死在角落；而我這時已經漸漸確知，假如深藍沒有犯錯，這樣不足以讓情勢倒向我這邊。另一步棋也可以看出我不在最佳狀態：我沒有讓我的城堡長驅直入黑棋的盤面，反而逼深藍以王后換王后。從後來的分析來看，以城堡進攻並不會比較好，不過至少比較像我的風格。我這時下棋滿心恐懼。

深藍的警覺性夠，沒有讓自己的棋子落入過於被動的狀況，我本來想要騙它走進被動的防衛，這樣就能從容地壓制它，不過最後的希望也消失了。從表面上來看，我的主力棋子主宰了棋盤，但潛在的機動性不夠，無法轉變成勝利。到了最後，深藍讓出一顆兵，進入一場乏味的殘局，幾步之後我們就握手言和。這一盤結束了，更激烈的戰鬥正要開始。

我知道賽後記者會會讓我度時如年，因為我被問到深藍在第二盤堅強的表現，以及我過早投降的事。我也知道，在這一系列比賽後半的表現要讓人看得起，一定不可以被逼入防衛的狀態。我一直相信「最好的防衛，就是好好進攻」，不論是西洋棋、政治或記者會皆然。

無精打采的第三盤，怎麼可能和火花四射的第二盤相比？第二盤的時候先是世界冠軍開局差，後有機器精采的盤面棋法、出色的一擊、驚人的大錯，以及撼動棋壇的真相在賽後揭露。從逐字稿來看，講評的人那一天幾乎沒有提到其他的事。弗瑞德向大家透露他當時怎麼跟我說那件事，以他一貫的戲劇手法讓大家竊喜；他說，他們最後還是決定要告訴我，因為就算他們沒講，我碰到的第一個計程車司機也一定會說。

講評席上唯一世界級的特級大師是塞拉萬，他同情我的遭遇，第三盤我還在棋盤上賣力演出時，他試著向觀眾說明我經歷過（而且當時還在經歷中）的感受。「他說服自己，他的盤面已經落敗了，所以他就投降了。我們人類會憂鬱……職業西洋棋手有非常強的自尊心。他們是藝術家，會非常、非常認真看待自己的藝術。下出一盤好棋，對棋手的職業生涯意義重大。在和棋的盤面中投降是完全無法想像的事。假如是我的話，我會一直在精神上虐待自己。卡斯帕洛夫要怎麼從這種狀況回復？」

深藍似乎不理解它的盤面，如果我繼續下棋、自行找到最佳棋步，它很可能贏不了。許峰雄寫道，他後來分析最後盤面時大吃一驚，因為他發現那應該是和棋。這個故事多年後又有了轉折，因為我們當時的時間不夠，無法分析得像日後那麼透徹。現今強大的西洋棋引擎會發現，白棋仍然距離勝利不遠。若你想自己在家裡試試，只需要將最後的盤面輸入西洋棋程式，看看它會怎麼想。即使是手機上的免費西洋棋引擎，也很可能顯示白棋的盤面分數是正數，而且有將近一顆兵的優勢。你也可以順便看一下深藍下出最後一步（45.Ra6）之前的盤面。現今的機器會立刻發現，只需要以王后換王后，白棋就會有壓倒性的勝利。讓人訝異的是，深藍這一幅傑作的最後兩步是嚴重的錯誤；然而，我犯下最後，也是最嚴重的錯誤，因為我投降了。

在第三盤之前，我要求拿到機器在第二盤的紀錄檔，來檢視第二盤中我覺得無法解釋的棋步，包括最後原本可能變成和棋，結果卻是失誤的那一步。譚崇仁拒絕了，他說我們可能會用紀錄檔來弄懂深藍的策略，我實在無法理解最後那一步怎麼可能透露出策略。我們向申訴委員會提出檢視紀錄檔的要求，希望這樣至少會有白紙黑字的文字紀錄讓大眾檢閱。經過協調後，譚崇仁說他會把紀錄檔交給湯普遜，後者在這次對戰時擔任申訴委員，扮演中立技術顧問的角色，和在費城時一樣。即使我們一再提出要求，紀錄檔依然沒有交出來，因此現在又有紀錄檔的紛爭。

我滿懷恐懼地前往記者會時，決定要直接說出我心裡想的話，不管後果為何。我早就該有抒發己見的權利，假如我對於我所經歷的事情感到不安、困惑，一定要說出來。我必須清除這一切的否認之詞和混沌不明，讓自己用怒氣淨化一切後，才能好好下棋。各方多年以來一直從自己的立場解釋這些事情，導致有一種歷史修正主義式的觀點，認為我是輸不起的一方，想要用各種瘋狂的陰謀論來解釋我為何會落敗。對於有人說我「輸不起」，我已經承認自己有罪。至於瘋狂的陰謀論，記者會的逐字稿可以看到真相：我只是想要表達我的疑問和挫折。我不知道到底發生什麼事，我也承認了這一點。我不懂機器怎麼會先下得那麼出色，後來又犯下那麼基本的錯誤，我也這樣說了。我要求他們向我和全世界說明、公開紀錄檔、消除一切的疑點，他們不肯。為什麼不肯？

數次表達我的困惑後，艾許利明白問我，我是否在暗示第二盤有「人為介入」。我說：「這讓我想起馬拉度納在一九八六年時對英格蘭的進球。他說那是『上帝之手』！」

如我所願，觀眾笑了，我那時不知道美國人大多對足球認識不深，不了解我指的是什麼。一九八六年墨西哥世界盃時，阿根廷在半準決賽對戰英格蘭，阿根廷的傳奇人物馬拉度納進了一球。從重播畫面可以看到，馬拉度納是用左拳頭將球打進球門，當時只有附近的球員看到，裁判很明顯沒有看到。這場比賽最後是阿根廷以二比一勝出，賽後馬拉度納被問到這個進球時，用一句機智的話含糊帶過：「有一點是用我的頭，有一點是用上帝之手。」[5]對於我無法解釋的事情，除非有證據可以澄清，否則看不見的力量也可能是一種解釋方式。

我和班傑明在記者會上略爭吵了一番：我想要拿到深藍在那幾個關鍵時刻的紀錄檔，在記者會上，我們吵的是深藍在那幾個時刻看到了什麼、沒看到什麼。譚崇仁試著緩頰；瓦勒渥提議，我們「比賽後一起到實驗室」分析第二盤結束時的盤面，譚崇仁同意了：「沒問題，比賽結束後我們很樂意讓卡斯帕洛夫到我們的實驗室，一起繼續我們的科學實驗。」

我那時已經開始緩和下來了，譚崇仁這一番勸和之語，又讓我腎上腺素激增。譚崇仁自己不就和《紐約時報》說過「我們不再進行科學實驗了」？真的要講科學，為什麼不公開紀錄檔，消除這一切疑慮？我回答，假如我們真的要談論「實驗的純淨度，那應該要讓對戰的雙方有均等的條件」。康培爾也向媒體暗示，比賽一結束就會公開一切：「他不知道我們怎麼辦到那些事，比賽結束後，我們會告訴他。」

第十章　聖杯

我現在已經五十多歲，需要留意我的血壓，所以這裡先暫且忘掉那個激烈交鋒的場景，回來談論再戰的最後幾盤棋，以及閉幕的記者會；和閉幕記者會相比，第三盤後的記者會簡直像是兒戲。

世界冠軍賽的歷史裡，有許多醜陋的指責和反控，認為對手作弊或是做出更糟糕的事。所有普及的西洋棋書籍都會寫出最常聽到的軼事，因為這些故事從遙遠的距離來看會覺得好笑。費雪於一九七二年對戰斯帕斯基時，抱怨比賽大廳的攝影機，最後導致他第二盤棄權，第三盤在小房間下棋，而不是在主要舞台進行。卡爾波夫和科爾奇諾伊經常在比賽期間激烈爭吵，特別是一九七八年在菲律賓的世界冠軍賽。卡爾波夫的團隊裡有一位心理師（有些人說是偽心理師），名字是祖克哈爾（Vladimir Zukhar），後者在每一盤棋中都會一直瞪著科爾奇諾伊。由於雙方不斷爭吵和抗議，祖克哈爾幾乎每一盤都坐在房間裡不同的位置。科爾奇諾伊報復的方法，是請來某個印度宗教教派的美國成員，比賽時他們會冥想、瞪著兩位棋手和祖克哈爾。雙方抗議和要求檢查的東西包括椅子（科爾奇諾伊的椅子還被拆解用X光檢查）、科爾奇諾伊那副會反光的眼鏡，以及卡爾波夫吃的優格。

克拉姆尼克與托帕洛夫（Veselin Topalov）在二〇〇六年的世界冠軍賽更是低級，甚至低到連馬桶都被牽連。托帕洛夫的團隊指控，克拉姆尼克在棋賽進行時，花在自己廁所的時間長到讓人覺得可疑，於是主辦單位將他的廁所關閉，第五盤時克拉姆尼克因此棄權抗議，這個醜聞很快就被西洋棋傳媒稱為「馬桶門案」。（這次比賽最後還是由克拉姆尼克獲勝。）

我與卡爾波夫的對決可歌可泣，這種奇事自然也不缺。卡爾波夫針對我的開局準備，一再展露出近乎魔法般的直覺。一九八六年再次對決時，我有時使出開局新招，他幾乎立刻以高強的方式回應，即使是一般不會預期我下出來的套路，他似乎也全盤有所準備。我認為，這種事會一再發生，一定是因為我的團隊裡有人向他洩露我的準備工作。我的團隊後來有兩個人離開，這時我已經連敗三盤。卡爾波夫的團隊有人後來寫了一篇文章，提到卡爾波夫有一夜沒有睡覺，分析了一個下一盤「他認為鐵定會出現」的變著，但這個開局變著和我先前執白棋的兩盤（這兩盤我獲勝）完全不一樣。當然，他的猜測是正確的。

總之，你也許可以相信頂尖西洋棋界有種種齷齪事，或是有些特級大師真的像傳聞一樣那麼容易妄想多疑，或者在全盤的心理戰裡，各種招數和棋盤外的花招都只是司空見慣。或者，你也可以和大多數人一樣，選擇「以上皆是」。

我接下來要澄清的，是艾許利在記者會上提到的危險詞彙：「人為介入」。二十年來，我思索過這個名詞背後代表的多種含義，但這個名詞不是我創造的，我當時指涉之事也比這個複雜。比賽期間，規則允許在深藍身上某種程度的人為介入：舉例來說，深藍團隊可以修正臭蟲，當機後可以重新開機，在兩盤之間可以改變開局手冊和評估功能，而他們也的確做過這些事。日後的人機對戰會限制這類活動，將之認定為讓電腦取得不公正的優勢。

棋賽進行時，深藍至少當機過兩次，需要手動重新開機。根據深藍團隊的說法，第三盤和第四盤各有一次當機。雖然兩次當機看似無關緊要，因為都沒有影響到深藍下一個棋步，但我在第四盤緊張的殘局時，需要問許峰雄深藍發生了什麼事，這絕非理想的狀況。後來有幾位西洋棋程式設計師跟我說，從再製所有活動的觀點而言，系統重新開機會改變一切。西洋棋機器必須將各種盤面儲存在記憶體資料表裡，重新開機後，記憶體資料表就會消失，而且沒有任何方法可以確定機器會重複同樣的棋步。

撇開允許的人為操作不論，大多數人聽到「人為介入」，想到的會是像卡爾波夫或其他高強的特級大師躲在某個暗處的箱子裡，決定要下哪個棋步，就像是古代肯佩倫（Wolfgang von Kempelen）假造的自動西洋棋機「機器土耳其人」。在現代，既然有了各種備份和遠端存取點，箱子裡根本不必藏一位侏儒西洋棋大師。這樣想也許好笑，但這不是重點。光是重新開機，或是引發某個事件，逼迫深藍在艱困的盤面下多花時間思考，就有可能造成巨大差異。還記得一九九五年香港大賽的深藍原型機嗎？它對戰 Fritz 的時候出了問題，必須重新開機，等到重新連結後，它下出來的棋步比先前差。這是它運氣不好，但它也有可能下出比原本更好的棋步，特別是（舉例來說）假如它的程式被設計成當機後要花更多時間思考。

二〇一六年九月十五日，我應邀在英國牛津的社交機器與人工智慧會議上發表演說，利用這個機會和夏吉（Noel Sharkey）碰面。夏吉任職於英國謝菲爾德大學（University of Sheffield），是世界知名的人工智慧與機器學習專家，目前參與好幾個計畫，探討機器人的道德規範和對社會的影響。然而，他在英國最為人所知的角色，是在熱門電視節目《機器人大戰》（*Robot Wars*）中擔任專家講評和首席裁判，十分風趣。他在會議中發表專題演講，在那之前，我們只有短暫的午餐時間能聊一下。我想要跟他聊機器學習，以及他在聯合國辯論機器人道德的事，但是他只想聊深藍！

他告訴我：「這個已經讓我不高興很多年了。一個人工智慧系統有可能打敗你，讓我覺得非常興奮，可是我想要公平的競賽，那場不公平。怎麼會一直當機？他們怎麼要放那麼多個相連的系統？這樣要怎麼監督啊？他們有可能在棋步中間更換軟體或硬體。我不能說ＩＢＭ作弊，但我也不能說他們沒有作弊。至少他們有作弊的機會。算了吧！假如是我當裁判，我會把所有的電線都拔掉，在深藍周圍放一個法拉第籠（Faraday cage）＊，跟它說：『好啊，來下棋啊，你要靠你自己了。』不然，我不到一秒就會判那個鬼東西棄權！」光是想到夏吉瘋狂將深藍的網路線扯下來，這個畫面就讓我確定，不論我的對手是誰，我的團隊裡一定要有夏吉。

最後，當時有一個論點：ＩＢＭ絕對不可能為了讓深藍贏，做出任何不當的事，也絕對不會允許這種事情發生。這個論點當時相當盛行，現在看起來則有些荒謬、不合時宜。一九九七年，距離安隆（Enron）案還有四年。安隆公司的醜聞撼動了企業界，讓世人看到這個美國能源龍頭有多麼狡詐卑劣，對企業界有如水門案，也預示了二〇〇七年至二〇〇八年金融危機時揭露的種種黑幕。當然，我不是拿一場西洋棋比賽和全球金融體系瓦解來相比。之所以指出這一點，是因為安隆案發生後，大家不再跟我說：「IBM這樣的美國大企業，絕對不會做出任何不道德的事情」——特別是他們發現比賽之後IBM的股價上漲了多少。

由於伊耶斯卡斯誠實說出真相，我們知道IBM為了增加深藍獲勝的機率，寧願採用道德讓人質疑的手段。伊耶斯卡斯在二〇〇九年接受《西洋棋新知》雜誌訪問時，透露一件驚人的事情：「每天早上大家會開會，包括工程師、公關人員，整個團隊一起開會。這麼專業的作風，我這輩子從來沒看過。所有的細節都會納入考量。我要講一件極機密的事。其實這比較像一件軼事，因為沒那麼重要。有一天我說，卡斯帕洛夫在比賽結束後會跟多克伊安講話。我想知道他們說些什麼。我們能不能把警衛換成一個會說俄語的人？他們第二天就換了警衛，這樣我就知道他們比賽後說了什麼話。」

如他所說，也許實際上沒那麼重要，但倒是讓人大開眼界，看到IBM為了在比賽占上風不擇手段。假如比賽期間，有人揭露IBM為了竊聽我和副手的談話，在我的私人休息區

＊譯注：法拉第籠是由金屬或良導體形成的籠子，藉由金屬的靜電等勢性有效屏蔽外電場的電磁干擾。

雇用了會說俄語的警衛，我無法想像這個醜聞會鬧多大，不過一定讓他們很難看。

說了這麼多，我要自己坦承一番。關於最關鍵、讓我控制不了情緒的一件事，我確實錯了，也需要向深藍團隊道歉。第二盤讓我陷入落敗盤面、導致我失去信心的那幾步棋，只能說在當時是絕無僅見的。不到五年之後，一般市場上買得到的西洋棋軟體，用標準規格的英特爾伺服器跑，就能重製所有深藍下的好棋步，甚至是當年讓我和其他所有人驚嘆的「人類式」棋步，這些軟體還能找出更好的走法。我現在裝在自己筆記型電腦裡的軟體，不到十秒就會稍稍偏好第二盤中 37.Be4 這一步「出奇像人類」的棋；我當時預料深藍會出動王后，根據我電腦上的軟體，這兩步的評分幾乎一樣，因為 37.Be4 其實不像我們當時認為的那麼優越。如果我防禦得比較好，而不是崩潰認輸，第二盤無論結果為何，大家只會覺得機器的表現異常出色，但也僅止於此。

這也說明為什麼另一件事會那麼嚴重：在比賽前，我完全沒讀過深藍任何一場比賽的棋譜。假如我在任何一場比賽中，看到任何一步棋透露出盤面式、「不像電腦」的手法（像第二盤Be4的走法，或是像第五盤出乎意料將士兵推前至h5），我的下法和反應就會完全不一樣。整個比賽過程最強的一步，是將深藍完全隱蔽起來，決定這麼做的是ＩＢＭ，不是執棋的任何一方。

相對來說，現在知道深藍雖然非常強，依舊發生不少失算之後，它在第二盤結尾忽略了長將和棋一事就更容易理解。這還是非常奇怪，畢竟它的計算能力強大，卻至少不再是讓人摸不著頭緒的事了。若是我有辦法在比賽進行時知道這一點，也許結果就會不一樣，但我也不敢肯定。導致我幾乎無法再下棋的事，是我在第二盤提早投降，以及投降後我內在感受到的羞愧與挫折。

我會悔不當初，但我當時感到震驚、困惑並沒有錯。一九九七年，深藍的下法讓我完全無法理解，而且ＩＢＭ更是竭盡心力讓我繼續無法理解。也許他們沒什麼東西要隱藏，但他們認知到，裝作好像隱藏了什麼，其實沒有什麼壞處，因而導致我起疑。他們仍舊拒絕公開第二盤的紀錄檔，假如湯普遜看了紀錄檔後覺得並無不妥，這樣至少能讓我少擔心一點公眾眼光之外在進行的事。

第四盤開始之前，我的經紀人威廉斯告訴主辦單位，如果湯普遜不能拿到第二盤的紀錄檔，他就不肯擔任申訴委員會成員。ＩＢＭ視此為一項警告，若是湯普遜不會出席，那我也不會出席，於是他們向媒體說，當天的比賽有可能取消。第四盤開始前三十分鐘，紐波恩傳來了訊息說，紀錄檔已經交給申訴委員會，不過我們到了三十五樓時，湯普遜說他只拿到一個棋步（37.Qb6）的紀錄檔。由於沒有其他的紀錄來建立前後脈絡，只拿到這個紀錄檔完全沒有用處。

這種保密又充滿敵意的行為模式也以其他方式展現出來，第五盤結束後，《紐約時報》這樣報導：「ＩＢＭ雇用記者季瑟洛夫（Jeff Kisseloff），替比賽的網站報導卡斯帕洛夫團隊的事，季瑟洛夫在報導裡寫出卡斯帕洛夫支持者對深藍的惡言與負評，因此採訪權被取消。

ＩＢＭ也請來費多洛維奇（John Fedorowicz）與迪費米安（Nick DeFirmian）兩位特級大師，負責處理深藍的開局，深藍團隊沒有任何人公開談論此事，即使他們在記者會上被直接問到是否有外人輔助，也沒有說明。迪費米安向我們確認了他和費多洛維奇的參與，卻不願多做說明，他說這是因為ＩＢＭ堅持要他簽下保密協議。」[1]

我母親看到這一切，因此跟我說：「這讓我想到一九八四年與卡爾波夫的世界冠軍賽。你打的不只有卡爾波夫，還有整個蘇聯官僚體系。現在過了十三年，你變成要打一台超級電腦，還有一個會用心理戰術的資本主義體系。」（假如她在這裡用「資本主義」聽起來像是過時的馬克思思想用語，不妨想一想第一次對戰後，ＩＢＭ的股價上漲了多少！）

棋盤上的比賽也要繼續下去，第四盤時我執黑棋。我當然不會重演第二盤人類與機器典型角色顛倒過來的災難：在第二盤，電腦用強大的策略性棋法，建立起強勢的盤面，我只能採用東西游走的防禦。等到它終於突破出來，想要利用這個優勢時，它犯了一個戰術失誤，有可能立刻被我利用，來達成震驚四座的逼和。從最早的人機對戰以來，這樣的比賽發生過的次數多到數不完，第二盤正好重演了一次，只是這一回人類和機器的角色互換了。在第四盤和第五盤，雙方會回到正常的角色。

在第四盤，我再次運用彈性的防禦方式，深藍下了幾步卑微的棋，我取得堅固的盤面。深藍有時候還看得出這個缺點：它不能像人類一樣，用邏輯將各個棋步連接起來。它先將王翼的兵向前推，後來找到其他的優勢後，好像忘了它們存在，讓人覺得十分詭異。當然，如此極度客觀的視野有好處，但至少人類下西洋棋時，我們會說「缺乏計畫比不上爛計畫」，會這樣說必有其因。不論是政治、商業或西洋棋，沒有目標，從這一步晃到下一步，從一個決策恍神到下一個決策，那麼你什麼都學不到，充其量只是一個善於即興演出的人。

深藍一直奮力向前推進，但奮力過了頭，在自己的陣地露出缺陷。第二十步時，我下了一著強大的犧牲兵，將我的主力棋子釋放開來，也讓盤面扭轉過來。深藍又下了幾步奇怪的棋，講評者（至少人類講評者）很快就說這幾步「醜陋」又「沒有意義」。特級大師伯恩質疑：「它怎麼可能今天很強，明天卻變得瘋瘋癲癲的？」也許講評者覺得這幾步瘋瘋癲癲，但我早已認知深藍有辦法讓它的棋步發揮作用，不論這些棋步對特級大師而言有多麼醜陋。這樣說是有道理的：即使機器不會採用人類那種以目標為導向的策略，假如它評估某一步是最佳的棋步，這是因為它的評估系統裡某個部分偏好這一步，以及這一步所帶來的盤面。每一位特級大師都有自己的棋風，這只不過是一種比較陌生的棋風。前世界冠軍彼得羅相以防禦技術聞名，對一位像我這樣的進攻型棋手來說，他下的棋步可能看起來完全沒有意義。假設我下了同樣的棋步，效果一定很差，對彼得羅相來說就是強大的一步，因為他理解這一步的道理，以及這一步之後的結果。深藍當然還是會下出確實虛弱、無意義的棋步，但它至少實力夠強，即使它的棋風像其他電腦一樣那麼不一致，通常也不會出太多問題。

讓人大失所望的是，第四盤又看到這種事情發生。我錯過了一次很好的進攻機會[2]，不過一直到殘局時仍然明顯占了上風，只是這時發現深藍使出一系列讓人匪夷所思的棋步逼出和棋，這些棋步我絕對無法事先猜到。即使是現在，我看第三十六步之後的盤面，仍然無法相信我沒有在那種盤面中獲勝；更讓我無法想像的是，從客觀的角度來看，那種盤面也許真的無法致勝。此時雙方各有兩顆城堡、一顆騎士和幾顆兵，但不論怎麼看，這個盤面都對我有利。我的主力棋子比較有動態，它的兵孤立無援。就連我的國王也以比較優越的位置進入殘局。面對實力強的特級大師，我估算在這種盤面下，五次當中能贏四次。

深藍彷彿在捉弄我，故意要弄得讓它看起來要輸了，又回過頭來變成和棋。棋盤上的棋子數量慢慢減少，我也開始疲倦了，無法清楚計算。我堅信我只要轉個彎就能逼出勝利，卻一直找不到這個彎。講評者和後來分析的人和我一樣驚訝，大家一直想辦法找出我哪裡出了錯，導致深藍上了鉤後又溜走。也許我下的棋步並非毫無瑕疵，但現在看來那個情況根本沒有致勝的可能。所有實力強的棋手都能說明為什麼黑棋的盤面比較優越，不過即使是採用強大西洋棋引擎的特級大師，也無法示範出那個盤面要怎麼獲勝。那一天下棋，再度讓我沮喪又疲憊不堪。

下完之後，我問了弗瑞德，看他覺得深藍下出那麼神奇的和棋，是不是因為它用了祕密武器。有人謠傳，深藍在分析時可以存取殘局盤面庫，假若此話為真，我就要怪罪湯普遜。一九七七年，湯普遜參加世界電腦西洋棋冠軍賽時帶了一個新的東西：這是一個資料庫，可以完美無瑕地下出王與后對王與城堡的殘局。（這種殘局簡寫為ＫＱＫＲ。）它不是西洋棋引擎；它完全不需要思考。湯普遜產生出來的資料庫，基本上是將西洋棋倒過來破解，也就是我們所謂的「逆向分析」（retrograde analysis）：它會從將死開始計算，一步一步往前推算，一直到資料庫裡具備這幾顆棋子的所有可能盤面，再算出每一種盤面的最佳棋步。舉例來說，假如它是KQKR殘局裡持有王后的一方，一定會下出最快達成將死的棋步；假如它是持有城堡的一方，一定會下出讓將死拖延最久的棋步。它下棋並非像神一樣；它**就是**神。或者，更精確來說，它是西洋棋女神克伊薩（Caissa）！

殘局需要精妙的棋藝，長久以來一直是西洋棋機器的弱點，這個盤面庫是一項革命性的創舉。人類看到只有兵的殘局時，如果一方有兩顆兵，另一方只有一顆兵，他馬上就知道有兩顆兵的一方可以讓兵不受阻到最後一行，晉升為王后。真的要做到這一點，也許需要十五步或二十步，但就算你沒有全部計算出來，也知道這件事一定會發生。相較之下，電腦必須一步步算到兵晉升為王后，才能看到那個盤面的真理為何，而且即使是強大的西洋棋引擎，往往也到達不了那種搜尋深度。

有了盤面庫，這一切都開始改變了。機器不需要算到最後，只需要算到盤面庫裡的某個盤面，就能知道它會獲勝、落敗或是變成和棋。對機器來說，這有如開天眼一般。不是所有的西洋棋比賽都會下到殘局，所以盤面庫的用處有限，盤面庫變得越來越龐大後，裡面儲存了更多主力棋子和兵的資料，也就變成電腦一項強大的武器。

湯普遜的殘局資料庫也是第一個影響人類下棋方式的電腦西洋棋革新。當他最初建立

KQKR的資料庫後，向特級大師下了挑戰書，看看有沒有人能持著王后贏過他的資料庫。這裡需要記住一點：一般的認知是，實力強的棋手要在王后對城堡的殘局中獲勝並非難事，所有的殘局教本都會教基本的演算法。讓人無法置信的是，機器證實了這種殘局其實非常困難，即使是特級大師，也難以解釋它下出來的一些棋步。

六度贏得全美冠軍的華特．布朗（Walter Browne）和湯普遜打賭五十步以內打敗資料庫（根據西洋棋的規則，這類盤面最多只能下五十步，否則另一方可以宣稱和棋），結果他賭輸了。布朗嚇了一大跳，愛賭的他花了幾週時間研究後，再試了一次，結果以剛好五十步讓電腦將死，也贏回他的賭注。根據資料庫的內容，假如下法完美無缺，那個盤面其實只需要三十一步就能獲勝。電腦現在首度揭露，人類絕非完美的西洋棋手。

每新增一顆棋子進入資料庫，就需要極為龐大的儲存空間，因此最初對大多數引擎不實用。一套常見的資料庫需要花30MB儲存四顆主力棋子的所有盤面，五顆主力棋子則需要7.1GB，六顆主力棋子更需要1.2TB。新的資料產生與壓縮技術問世後，再加上硬碟的容量越來越大，盤面庫更廣為使用。

若從一盤棋最初的狀態開始計算，搜尋樹會迅速增大，因此讓西洋棋無法從最初的狀態完整解構；同理，盤面庫的資料量太大、太難以處理，無法從最後的狀態解構西洋棋。我們理論上可以產生出三十二顆棋子的盤面庫，但這樣所需的儲存空間實在大到無法想像。七顆主力棋子的盤面庫一直到二〇〇五年才出現，因為它們需要耗費大量的運算資源和儲存空間。這個盤面庫現在可以在線上存取，最初是由莫斯科國立大學（Moscow State University）研究員札卡洛夫（Victor Zakharov）和馬克尼赫夫（Vladimir Makhnichev）運用羅蒙諾索夫超級電腦（Lomonosov supercomputer）算出來的。

這些盤面庫發掘出一些讓人訝異的事情，說明了西洋棋有多麼複雜，同時駁斥了幾百年來的西洋棋分析與研究。舉例來說，七顆主力棋子的盤面中，需要最多棋步才能達成將死的是KQNKRNB（一方持有國王、王后和騎士，另一方持有國王、城堡、騎士和主教）。假如調整得剛剛好，雙方總共需要完美地走五百四十五步才能逼出將死。許多更務實、更知名的盤面也需要重新評估。一百年來，大家以為在某些盤面下，用兩顆主教無法打敗位置恰恰好的單顆騎士，盤面庫證實了這個假想是錯的。

西洋棋謎題的研究有非常悠久的歷史：撰寫謎題的人巧妙地安排棋子，給讀者解謎的條件，通常像是「白棋先攻可獲勝」或是「白棋先攻，三步將死」。區域性報紙常常在西洋棋版面上刊登這些謎題——當然，前提是報紙還有西洋棋版面（另外，我們也還要有報紙）。有些謎題看似根本無法解開，但解法往往需要絕妙的巧思，也極為優雅。資料庫根本不會管巧思或優雅，許多西洋棋謎題也被機器證實有誤。

有時候，研究資料庫怎麼下某些常見的盤面，對人類來說有用處，但這種情況很少見。我們需要有實用價值的模式與啟示才能下棋，像是「把城堡放在前方不受阻的兵之後」，或是「抵抗王后時，將城堡放在國王附近」。盤面庫通常無法幫助人更容易理解這些殘局的下法，就算是我來看，在某些盤面下，百分之九十九的盤面庫棋步也完全無法理解。我翻閱過需要超過兩百步才能解答的六顆或七顆棋子殘局，最初一百五十步往往看起來什麼事都沒發生，沒有任何我能掌握的模式出現。我需要到將死之前的四十步或五十步，才能看出機器的瘋狂行為之下有一套方法在運作。

面對一群特級大師製作的龐大開局資料庫是一回事，面對一個可以下得完美無缺的殘局資料庫是另一回事。盤面庫變得越來越大、越來越普及後，日後的人機對戰比賽會訂出規則來平衡這個落差。舉例來說，我於二〇〇三年對戰 Deep Junior 時，規則新增了這一條：「倘若雙方達到的盤面存在於機器的殘局資料庫裡，且以完美的下法從該盤面進行會變成和棋，該盤棋立刻結束。」若非如此，棋賽就不再是競爭，而是一種怪異的一人比賽。

人類西洋棋與非人類西洋棋的差異當中，盤面庫是最明顯的差異，也說明了人類達到結果的方式與機器有多麼不同。人類花了十年的時間教導機器怎麼下殘局，拜一項新工具之賜，這一切苦勞都白費了。所有與智慧機器相關的事情裡，我們一再看到這種模式重演。假如能教導機器像我們一樣思考，固然是一件好事，但如果你能成為神，又何必屈居當人類？

我在第四盤看到深藍那種難以置信的防禦時，腦中就想著這個問題。棋盤上有八顆棋子的城堡殘局是和棋，不論是當時或現今的盤面庫，八顆棋子都太多，無法確切定奪勝負。然而，深藍是否在搜尋時存取了盤面庫？它是否有辦法向前看，檢查哪些盤面會獲勝、哪些會落敗，藉以增強它的評估功能？這種「探測」進入盤面庫的搜尋方式，日後會成為西洋棋引擊的常態，我們不確定深藍是否在做這件事。假如它真的有在做，那麼我們就需要擔心了。我已經得記住自己面對深藍時要避開哪些盤面，現在我是不是還要記住哪些殘局要避開？

根據深藍團隊日後發表的論文來看，它的確在比賽進行中存取盤面庫，而且的確在第四盤進行搜尋時短暫使用過；第四盤是系列賽中唯一一次進入簡化殘局盤面的一盤。六顆棋子的盤面庫在當時相當罕見，所以我讀到深藍的盤面庫裡包含由一位專家挑選出來[3]、「六顆棋子的特定盤面」時，格外驚訝。

第四盤又發生一次當機，這一次是在我下完第四十三步時。所有用過電腦的人都知道什麼是當機：你的機器會凍結住，或是畫面變成一片藍色，然後你要一邊罵髒話、一邊重新開機。我在演講時碰過多次筆記型電腦或投影機當機，這時我就能開玩笑說，那是因為電腦還在恨我！然而，我和專家討論這些事情時（包括多次獲得電腦西洋棋世界冠軍的 Deep Junior 共同創造者布辛斯基），發現我的認知太單純了。布辛斯基指出，幾乎什麼事情都有可能在系統復原過程中發生，特別是如果電腦不是災難性當機，而是「控制性當機」。程式設計師常常會放入重啟的程式碼，只要程式遇到某些特定狀況，就會重新啟動那個程式的部分或所有程序。事實上，根據許峰雄在《深藍揭祕》（*Behind Deep Blue*）一書中所述，深藍就是碰到這種狀況。許峰雄稱之為「自我終結」，不是當機：「這個程式碼會監控平行搜尋的效能，假如效能降得過低，就會將程式終結。」

他承認這件事相當驚人，因為這表示這些擾人的當機（抱歉，是擾人的「自我終結」）

是一項功能，不是臭蟲；雖然這不能算是刻意進行的功能（不是提出要求就會執行的），卻是系統正常運作的一部分，讓深藍的平行處理系統堵住時可以「清空管線」。這並不是說這樣直接導致深藍變強，或是若這樣的確讓深藍變強，也不一定不公平（端視當時的規則而定）。不過，撇開下棋時我被他們調整機器一事干擾不論，這也讓這些比賽無法重製。

布辛斯基說，這是最大的問題。二〇一六年某個酷熱的夜晚，我和他在他特拉維夫住處附近用餐，他告訴我：「一旦它當機，整件事就變得有點像騙局，因為你不可能確認它發生的事情是真實可信的。」我當時到以色列發表兩場演說，一場關於教育，另一場關於人類與機器的關係，藉此機會徵詢這位老朋友的建議，因為他正好是機器西洋棋界的世界級專家。他繼續說道：「動棋的時間點會改變，雜湊表（hash table）會改變，誰知道還有什麼會改變？我們不可能事後斷言：『機器會下出這一步，就是因為這個原因。』假如是測試或友誼賽，這樣並不算嚴重，可是在一場受到高度關注又攸關幾百萬美元的比賽裡，這種事情讓人無法接受。」

第四盤的當機發生在深藍要動的時候，而運氣好的是，那個盤面正好只有一個合法的棋步可以走：我剛剛用城堡對深藍將軍，它被迫要回應，因此這時重新開機不太需要擔心它會因此獲益或受害。

ＩＢＭ執行長葛斯特納在這盤進行時到了現場，我想沒有人告訴他，他的電腦明星剛剛又當機了。深藍替ＩＢＭ做了不少公關宣傳，若媒體開始詢問當機或自我終結的狀況，這些宣傳鐵定會大打折扣。葛斯特納激勵了他的團隊一番，並且向媒體說，這次比賽「一方是世界最強的西洋棋手，另一方是卡斯帕洛夫」。此時比賽成績是平手，而且深藍唯一獲勝的那一盤是和棋盤面，只是我提早投降，從這個面向來看，這番話並不精確，根本是在羞辱人。

我完全精疲力竭，但我們有兩天的休息時間可以準備這一系列的最後兩盤。我非常想利用我第五盤執白棋的機會，讓葛斯特納啞口無言。

那天晚上，我們早已安排一頓好晚餐來犒賞我的團隊和朋友，不過我其實只想躺下來睡個十小時。第一個休息日，我們稍稍替第六盤執黑棋做準備。星期五，我們開始準備第五盤，決定繼續採用第一盤和第三盤還算奏效的反制電腦策略，確定採用列蒂開局。同時，我們也要求第五盤和第六盤的紀錄檔在下完後立刻封存，交由申訴委員會保管。

第五盤的開局又能看到反制電腦、反卡斯帕洛夫式的策略，會有哪些優劣之處。我在開局中雖然損失了一點時間，但獲得想要的移動式盤面。我的白棋雖然沒有取得真正的優勢，不過這盤還會下很久。深藍的第十一步非常出人意料：它將h列上的兵推進兩格。講評者認為，這也許又是深藍下出愚蠢、像電腦會下的棋步，我沒那麼確定。這樣對我的王翼造成威脅，我覺得看起來不像是機器的下棋風格，比較像是一位非常積極進攻的人類棋手。此時還是這盤棋的初期階段，所以黑棋有許多合理的走法。它這樣意外在棋盤邊緣推進，又讓我搔頭苦思深藍到底有哪些能耐。康培爾替深藍下出..h5後，我甚至還看了他幾秒，彷彿是要確認這一步不是操作員的疏失。

從事後來看，..h5這一步並不好，假如我將我的騎士移到e4，就能取得極大的優勢，我的回應很虛弱。這又重演了以前發生過的事：深藍下出怪異但虛弱的一步棋，最後反而比一著好棋更有效果，因為我的心理受到影響。我一直不知道自己該預期什麼，不確定自己該怎麼下，而且我又讓這些煩惱影響我的專注能力。除了這些怪異的棋步，更有棋盤之外的種種衝突，因而讓我被自己的各種幻想綁架了。

盤面打開了，我試著找出方式來確立優勢。現在分析這盤棋，我又會訝異自己錯過了多少機會。我當時正值棋手生涯的顛峰，而現在寫這本書時，已經從職業棋壇退休超過十年，現在看當時的棋步，有一些明顯看起來很糟，分析後也確實如此。雖然我那盤下得那麼差，還算運氣好，因為最後結局有可能更糟。

交換了幾顆棋子後，雙方的盤面看起來大約均等，我不覺得任何一方有可能贏。然而，深藍下出一步讓我欣喜：它的王后走了極差的一步，讓我能以王后換王后。棋盤上少了強大的王后，無法創造出新的威脅後，黑棋的結構弱點變得更明顯。這時我有目標了，可以像在費城的第二盤那樣明確追殺。

這樣奏效了一陣子，有更多主力棋子被交換，我取得一些進展。正如第四盤的情況，我看了這個殘局，十分確定我面對任何人類棋手都能贏。然而，深藍又積極防禦，找到了一些驚人的戰術資源來維持住。它將它的兵和國王向前推，對我的國王造成威脅，最後我的兵只差一格就能晉升為王后，卻被迫接受一個亮麗的重複局面和棋。我比講評者更早發現我會被逼成和棋，幾乎一直到最後一刻為止，講評者仍然認為我會贏。我已經連續兩盤感到崩潰，深信我浪費了一次獲勝的機會，也對自己下棋品質之差勁覺得羞愧。

我離開棋盤之前，要求將紀錄檔立刻交給仲裁者或申訴委員會。房間裡頓時擠滿了人，讓在電視畫面上收看比賽的觀眾困惑。譚崇仁稍早告訴申訴委員會，紀錄檔要到系列賽結束後才會交出來，此時他提出更多承諾後，我們到樓下和觀眾討論這一盤。討論結束後，我們到樓上拿紀錄檔，卻發現沒有人在。我先回到飯店，科達洛夫斯基和我的母親一邊等著，試著找人來處理紀錄檔。紀錄檔最後總算由仲裁員賈芮基（Carol Jarecki）送達。（深藍的完整分析紀錄要到這場比賽後好幾年才公開，他們後來默默地將紀錄檔上傳到ＩＢＭ為這場比賽架設的網站上。）

我在演講廳又受到觀眾歡呼。雖然聽到觀眾歡呼不錯，我實在無法感同身受。我覺得自己什麼都看不到了。即使深藍給了我幾次機會，我卻找不到確信一定存在的獲勝契機，最後又讓機器難以置信地逃走。這實在讓我非常挫折。用現在的西洋棋引擎分析，會發現我那樣的感受是正確的：我錯過了兩個可以獲勝的機會，深藍又一次犯下大錯，我也又一次錯失利用它犯錯的機會。過了很久以後，我發現我的確錯失了第五盤殘局時一次獲勝的機會[4]，但知道此事並沒有讓我覺得比較好。

在記者會上，我再次坦然說出我對深藍某些棋步有多麼驚訝和意外，特別是讓講評者笑出來的那一步。我說：「我對..h5非常驚訝。這一次比賽有許多發現，其中一個是電腦有時候會下出非常像人類的棋步。..h5是一步好棋，我必須稱讚機器，因為它理解非常、非常深邃的盤面因素。我認為這是個卓越的科學成就。」

每當有人說我對深藍和它的創造者不公，我就要指出我說過這番話，特別是因為從事後分析來看，..h5不算是多好的一步！系列賽第二天結束時，由於結束的方式十分可議，我完全沒有逢迎的心情。

有人提問時指出，伊耶斯卡斯認為我害怕深藍，我的回答又直截了當。「我不怕承認我害怕！我也不怕說明我為什麼會害怕。它的確超越世界上任何已知的程式。」記者會最後，艾許利問我會不會在最後一盤執黑棋時試著獲勝，我回答：「我會試著下出最好的棋步。」

這一系列比賽創下了許多先例和紀錄，第六盤更是創下好幾項紀錄，沒有一項對我是好的。那是我職業生涯中最快輸的一次。那是我職業生涯中第一次在傳統計時賽輸。那是第一次機器在正式的系列賽中打敗世界冠軍。這種比賽和展演賽一樣，當對手是電腦時，紀錄上會標記一個星號，但我不關心是否標星號，或是我在歷史中的地位。我輸了，我又痛恨輸。

關於最後第六盤的各種故事已經有各式演變，我想這樣也符合這麼歷史性的一刻。這一盤有了自己的神話，各方各有自己的詮釋方法。第六盤到底發生了什麼事？忠貞的信徒彼此交流相關的傳言，有如傳遞觀仰某位先知的衣袍一般。

對我來說，西洋棋永遠擺在第一順位，所以我寧願這一盤棋本身值得配上這麼歷史性的一刻，以及世人的注目。假如是輸了一場硬戰，甚至是下出一場傑作卻仍然敗北，都會更如我意。然而，這一盤只不過是一場醜陋不堪的西洋棋笑話，只因為時間與場合湊巧變成一件歷史文物。

系列賽此時戰成平手，雙方各有二．五分的比賽積分。我應該採用安全的策略，只以和棋為目標？或是我要賭上一切，想辦法用黑棋獲勝？由於賽前沒有休息日，我知道我沒有力氣再進行反制電腦策略必然產生的長時間戰鬥。我下的棋已經不太穩當了。我參加西洋棋比賽長達二十年，因此我很了解我的神經系統，知道它無法再抵抗對戰機器四、五個小時的壓力。可是，我還是得試著做到某件事，不是嗎？

這一盤是我在這次系列賽中第二次採用「真正」的開局法，第一次是第二盤的羅培茲開局，最後實驗失敗。這一回，我採用卡羅—卡恩防禦，這是堅強的盤面式開局法，也是我的死對頭卡爾波夫的最愛，我們對戰時他曾經使用過好幾次。我年輕時曾經常用這種開局法，但很早就決定尖銳的西西里防禦比較符合我這種積極進攻的風格。深藍持續下出一種主要的變著，我對這種變著非常熟悉，以前執白棋時下過幾次。也許深藍的開局手冊教練有一種挖苦的意味，或者他們只是想說，假如這招對我好，也應該會對他們的機器好。

第七步時，我們還依循主要套路，但此時我將h列的兵向前推一格；正常來說，動這顆兵之前，會先移動主教。深藍立刻就回應了，將它的騎士直接衝進我的盤面，進行一個威力強大的犧牲棋，講評者看到此事紛紛大叫無法置信。我的國王暴露出來了，主力棋子還沒有發展出來，白棋卻形成過人的威脅。這時只要看我的臉，就看得出我知道這一盤已經完了。我在腦中盤算著各種想法，看看這種盤面能怎麼防禦；假如面對的是任何一位特級大師，這樣的防禦都會極為困難，而現在面對的是深藍，我知道已經完全沒有希望。

我又自動下了十幾步，腦中幾乎完全沒有意識到棋盤上發生什麼事。操作員侯恩在第十步時動錯主教，我完全忽略了。第十八步時，我被迫放棄我的王后；到了下一步，看到我還會繼續有損失，我就投降了。整盤花了不到一個小時就結束。系列賽結束了。

想像一下，這一刻對我來說會有什麼感受；不妨再多設身處地一下，想像我有這種感受之後，還要面對幾百名記者和觀眾的問話。記者會感覺像是棋賽以詭異的方式延續著。我這時受驚受挫、精疲力竭，並對棋盤上和棋盤之外的一切忿恨不平。輪到我說話時，我向觀眾說，最後一盤發生了那樣的事情後，我完全配不起他們的掌聲；另外，我也承認我沒有在第五盤的殘局獲勝，就已經覺得這一系列比賽輸了。我說，我覺得羞愧；我承認，沒有針對這次比賽進行適當的準備，沒有下出我平常準備好的棋步，都是犯下大錯，我的反制電腦策略沒有奏效。

對於深藍那些無法解釋的棋步，我再次一面讚美、一面質疑；另外，我也對ＩＢＭ下挑戰書，要他們讓深藍參加例行的比賽，承諾會在例行比賽中「將它撕成碎片」。我也說，我仍舊會在任何條件下對戰深藍，唯一的要求只有ＩＢＭ只能有參賽者的身分，不可以當贊助者或主辦者。我還宣布，我願意賭上我的世界冠軍頭銜，再次對戰深藍。

我為了重溫記憶，重讀了記者會的逐字稿，自覺我並沒有像有些人事後所說的，聽起來那麼像壞人。我單單靠著腎上腺素撐了太久，而且不只一次重複先前說的話。另外，深藍團隊此刻享受著榮耀，我對他們不夠客氣，這一點我必須道歉。

不過，我聽了記者會的錄音後，可以理解他們為什麼日後說我「讓氣氛沒有喜悅」。我又疲倦又失望，聲音中可以聽見我的憤怒和困惑。我不能說我後悔自己直接說出內心話，因為我的個性本來就是會直接說出內心話，但我至少可以先休息、省思一番，等到第二天再說。我們可以公正地說，我在第六盤失敗了一次，記者會上又失敗一次。

所以，第六盤到底是怎麼一回事？我在記者會上數次被問到此事，我只用逃避的方式回答：「這甚至不能算是一盤棋。」「我必須跟你說，我完全沒有心情下棋。」「假如你讓這一步犧牲棋發生，你可以直接投降，西洋棋競賽裡有許多比賽發生過這種變著，但我根本無法解釋今天發生了什麼事，因為我沒有戰鬥的心情。」

這些話說得都沒錯，不過這樣還是無法說明我為什麼會下出糟透的7..h6，而不是正常的7..Bd6。有幾種不同的理論，建構出第六盤的神話。其一，我已經太困惑、太疲倦了，因此不小心將這兩步正常的棋步顛倒過來。我的朋友和替我辯護的人推廣了這個說法，因此各種報導和書籍會這樣說。其二，我想要將深藍引進陷阱裡，因為有一份電腦西洋棋期刊前陣子提出分析，證實騎士的犧牲棋步後，黑棋有辦法防禦。其三，卡羅—卡恩防禦是最後一刻突然來的靈感，我沒有先對此做準備，才會不知道有這麼重的一擊。

老實說，我覺得跟「我完全精神崩潰」的說法比起來，「我準備失誤」的說法還比較羞辱人。我當然知道騎士犧牲的那一步（Nxe6）。我也知道，如果深藍在第六盤下了這一步，一定是必殺棋步。我只是單純知道它一定不會這麼下。

機器在攻擊時不會揣測。它們投入資源之前，必須在搜尋裡看到它們投資能獲得回報。我知道，深藍不會下這一步犧牲棋，而是會讓騎士退回去，這樣我的盤面就不會有問題。我知道，我沒有精力進行一場複雜的戰鬥，這樣下就能取得穩定、平均的狀態。我們在幾個西洋棋引擎上測試過，它們全部將騎士退回去。它們也認為，白棋下這一步犧牲棋是可行的，但即使讓它們再向前幾步推算，它們還是不喜歡在沒有明確的利益下犧牲一整顆主力棋子，因此將退回騎士評估得更有價值。

我看了這一步後黑棋那麼糟糕的盤面，突然認知了一點：這種盤面只有電腦才有辦法防禦，這就是重點。電腦非常喜愛保住棋子，在防禦能力上無人出其右。我十分肯定，深藍看到我的盤面後，會應用它那驚人的防禦能力，評估時認為對黑棋沒有問題，因此會拒絕犧牲騎士。當然，我賭輸了，而且輸得徹徹底底，但是我輸的原因要超過十年後才會明白。

你可能會覺得意外：我猜測深藍的下法其實完全正確，它絕對不可能犧牲騎士。然而，它確實犧牲了騎士。為什麼呢？因為發生了一次西洋棋史上（甚至是一切歷史上）最出乎意料的巧合。

這裡再引述深藍的教練伊耶斯卡斯於二〇〇九年的訪問，他談論了災難性的第六盤：

「我們看了各種亂七八糟的棋步，像是 1.e4 a6 或 1.e4 b6，盡可能給電腦各種被迫要下的棋步。這一天早上，我們還引進了卡羅－卡恩防禦裡騎士至 e6 這一步，正好卡斯帕洛夫那天就是這麼下的。我們那天早上跟深藍說，假如卡斯帕洛夫下出 h6，那就直接下 e6，不要檢查資料庫。只要下這一步就好，完全不要思考……他會這樣賭：機器絕對不會喜歡犧牲這顆主力棋子，只換到一顆兵。確實如此，如果我們讓深藍自由選擇，它絕對不會這樣下的。」

我讀到這一段時，不禁脫口罵出一大串俄語、英語和各種未知語言的髒話，這裡就不必贅述。這是什麼鬼？在兩段之前，伊耶斯卡斯說ＩＢＭ找來會說俄語的人刺探敵情，現在又說他是當天早上才將這麼關鍵的一行輸入到深藍的開局手冊裡？這是幾乎沒人知道的變著，我只有在比賽進行的那一週，在廣場飯店（Plaza Hotel）的私人套房和團隊討論過這一招。

我沒有席佛的統計本領，但看到深藍團隊在比賽最後一盤當天，將一個我從來沒有下過的特定變著輸入深藍的開局手冊，而且比賽中還真的出現了這麼一個特定的變著，這樣的機率有多高？跟這個比起來，贏得樂透彩的機率高多了。而且，他們不只替機器準備了卡羅－卡恩防禦中 4...Nd7 的變著（我在十五歲時曾經用過卡羅－卡恩防禦一小段時間，即使是當時，也只下過 4...Bf5 的變著），甚至強迫深藍下 8.Nxe6，即使他們整體來說讓深藍「下棋時有高度的自由」，卻仍然強迫深藍下這麼一步。

天底下只有我覺得這一切發生的時間一點都不單純嗎？我不想要這樣想，但我做不到。ＩＢＭ團隊極盡本事揶揄我那番「上帝之手」的話，也許我真的罪有應得。深藍的棋步無法解釋，有一部分是因為ＩＢＭ不肯解釋這些棋步，但這些棋步不是人類下的。不過，當各種把戲不斷時，這也許只是心理戰的一部分。正如品欽（Thomas Pynchon）在小說《萬有引力之虹》（*Gravity's Rainbow*）的第三條「妄想者格言」：「假如他們能讓你問錯問題，他們就不必煩惱答案。」[5]

假如我沒有在第二盤崩潰提早投降，這一切都不會有問題。我提早投降不僅是我犯錯，之後更導致我下的棋遠低於正常的水平；現在為了寫這本書，重新檢視這幾盤棋時，我都覺得有些丟臉。比賽結束後第二天，我上了賴瑞．金（Larry King）的節目，此時我已經休息過了，心情也比較平靜，我在節目上說：「我不會怪ＩＢＭ，我會怪我自己。」我又一次向深藍下戰帖，我在第一次對戰中獲勝、第二次落敗，我相信我有權利要求再戰。我想要在中立的環境下再次對戰，也想要看我能不能用正常的西洋棋贏過它：不是反制電腦的西洋棋，而是卡斯帕洛夫式的西洋棋。

當然，這一切都沒有發生，深藍沒有再下過任何一盤棋。有些人認為，這是因為ＩＢＭ已經得到他們想要的東西，我可以理解這個看法；ＩＢＭ獲得了公關行銷的大勝利，而且股票市值在一週多的時間裡上漲了一百一十四億美元。ＩＢＭ說，他們在整個深藍計畫上花了大約兩千萬美元；如果這個數字是正確的，即使只有一部分的獲利是因為這場比賽所致，這個投資報酬率依然讓人稱羨。假如我在第三次對戰中獲勝，會讓他們感到難堪，而就算他們在第三次對戰中獲勝，世上從來不會有人記得第二個登上聖母峰的人是誰。

那天稍晚，我在廣場飯店的電梯中碰到動作片巨星「老查」查理士・布朗遜（Charles Bronson）。我們認出彼此後，他對我說：「真是不幸啊！」我回答：「是啊，我下次會想辦法更好。」他搖了搖頭說：「他們不會給你機會的。」他說得沒錯。

比賽結束後幾天，一位在華爾街工作的朋友替我安排和ＩＢＭ執行長葛斯特納的電話對談。我告訴他，我讓他的機器有再戰的機會，最後雙方各一勝一負，因此他欠我和世人一次確切論定勝負的機會。他對我非常客氣，提到這樣做多麼有潛力，但我聽得出再次對戰絕對不可能再發生。這次交談雖然客氣有禮，卻是客氣有禮的回絕。他沒有興趣；若是葛斯特納沒有興趣，那麼ＩＢＭ也不會有興趣。

有人說，ＩＢＭ會放棄深藍和西洋棋，是因為我在記者會上對他們凶，這個論點有些奇怪。假如他們以這個為理由拒絕第三次對戰，那就算了，為什麼要把深藍拆掉？一位專欄作家寫道：「它已經在指揮匹茲堡的交通了。」為什麼不讓它出戰大賽，或是用它來分析比賽棋譜？為什麼不讓它連上網際網路，讓成千上萬的西洋棋好手挑戰它？ＩＢＭ已經很久沒有冒出像深藍這樣的明星產品了，就連網球明星山普拉斯（Pete Sampras）的知名度都比不上它，為何不好好利用這個名聲，反而突然把它關掉？假如我那些針對深藍的能力是否公正的「狂妄指控」冒犯了ＩＢＭ，那麼立刻關掉它，又不讓深藍團隊的人公開談論，實在是一種奇怪的回應方式。即使它只再和別人下一盤棋，也會代表深藍不再矗立在神龕之上，讓它接受世人的檢視和批評。它就像費雪一樣，打敗了世界冠軍後就退隱，成為神話般的機器。

西洋棋界對這個決定相當不滿，電腦西洋棋界更是憤怒。他們說，這樣是犯下了科學的大罪，違反了自圖靈、夏農以來的聖杯冒險。弗瑞德接受《紐約時報》訪問時，似乎嘲笑了紐波恩將深藍獲勝比擬為登陸月球的譬喻：「深藍贏過卡斯帕洛夫是人工智慧的里程碑，但IBM不讓它再下棋實在是大罪。這就像是登上月球後，連看都不看一眼就回家。」

本書在二〇一六年十二月準備付梓之際，我的共同作者葛林加德（Mig Greengard）和深藍團隊的康培爾、班傑明以電子郵件聯絡，他們告知了一些值得注意的事情。康培爾仍然在IBM進行人工智慧研究，對西洋棋的熱情依舊不減。因此，他說他會想要看到第三次對戰，而且他們當時已經在研究如何讓深藍再進步。他指出當時新聞報導的錯誤，告訴我們一件讓人驚訝的事情：他寫道，深藍後來仍舊在他們的實驗室裡運作，一直到「二〇〇一年才關機。有一半捐給史密森尼學會（Smithsonian Institution）（二〇〇二年時），另一半捐給計算機歷史博物館（Computer History Museum）（二〇〇五年時）……。當時它仍然是一台極有能力的超級電腦。我們沒有經常用整個系統跑西洋棋硬體設備」。這樣一來，深藍被掩藏在大眾的視野之外更顯可惜。康培爾還告訴葛林加德，他從事電腦西洋棋的工作幾十年（從一九七〇年代末的學生時期開始），最喜歡的部分不是一九九七年的再戰，而是再戰之前的準備，因為比賽期間的壓力實在太大。可惜，我被壓力影響，深藍沒有！

特級大師班傑明在信中反駁伊耶斯卡斯對於第六盤的回憶，他說將定下生死的 8.Nxe6

這一步輸入深藍開局手冊的人是他（班傑明），而且是「比賽進行前大約一個月」輸入的。換句話說，不是第六盤「當天早上」；伊耶斯卡斯刻意強調這一點，他的那篇訪問甚至以此為標題。班傑明說，那篇訪問於二〇〇九年登出後，我撰文大表難以置信，他當時並沒有出聲，因為他不想要公開反駁老隊友。人類在十二年後與二十年後的記憶不一樣，這又是為什麼深藍的所有檔案和紀錄在當時應該全部公開，假如它從此之後不會再下棋，那更應該要公開才對。ＩＢＭ將深藍拆解時，等於是殺了唯一一位客觀的見證人。

至於我？我還是繼續下去。我發現，世界仍然需要一位人類的世界冠軍。我得知我沒有復仇的機會時，感到非常失望。我的內心深處一直很在意一件事：我們沒有替歷史留下紀錄，將深藍所有的棋步再製出來。這就像是懸疑小說顛倒過來：我們有充分的間接證據，也完全不缺犯案動機，但沒人知道犯罪行為到底有沒有發生。

「深藍有沒有作弊？」我被問這個問題的次數已經多到數不清，我的答案一直很誠實：「我不知道。」經過了二十年的內省、各種揭發和分析，我現在的答案是：「沒有。」至於ＩＢＭ：他們為了獲勝所做的事有違比賽公平，但真正被他們的背叛所害的，是科學。

第十一章　人類加上機器

我敗給深藍後，許多人用各種說法安慰我，唯一一個讓我（還有全體人類）覺得欣慰的說法是：這也是人類的勝利，因為機器是人類建造的。我在賽後諸多訪談中對深藍團隊表示祝賀時，也是這樣說的。雖然再戰的情況變得那麼醜陋，我仍然覺得我參與一項大型實驗，只是事隔了幾年後仍然不願承認實驗結束了。

說實在的，「我們都是贏家，因為我們都是人類」這個說法並沒有讓我比較好受，可是我生性樂觀；多年以來，我一直被人追問這段人生當中極為痛苦的經驗，而這正是一種安慰、樂觀的說法。我一直在想：假如做同一件事卻想要得到不同的結果是發了瘋，那麼問同一個問題卻想要得到不同的答案要算什麼？

至於全體人類？一如往常，人類很快就平復了。即使大家那麼瘋狂關注那場比賽，即使大家宣稱比賽結果可能會多麼影響地球上的生命，比賽結束隔天的一九九七年五月十二日，世界並沒有變得不一樣——除非你是西洋棋世界冠軍、深藍團隊成員，或是想要建造電腦打敗世界冠軍的程式設計師。這件事情有點諷刺：基本上，我落敗後回去做我正常的工作，但深藍團隊除了打敗我之外，也讓他們自己失業了。

深藍除了「打敗卡斯帕洛夫」這個狹小的目標之外，沒有任何用途可言，正好印證了電腦西洋棋界多年來的警語：我們早就知道這件事無可避免，更快的機器執行更聰明的程式，一定會在二〇〇〇年前後打敗人類世界冠軍，但除此之外我們幾乎一無所知。這不是在批評；這只是事實而已。世人對於西洋棋的迷思，與世界對電腦的無知相同，消逝的速度一樣快。撇開醒目的頭條標題不論，機器變得越來越強、越來越普及後，大家也越來越不相信人類可以在西洋棋上打敗機器，而且越來越不覺得這有意義。

英國人工智慧與神經網路先驅亞歷山大（Igor Aleksander）在二〇〇〇年的《如何打造心智》（*How to Build a Mind*）一書中說明：「到了一九九〇年代中期，有用過電腦的人比一九六〇年代多了數百倍。卡斯帕洛夫敗北後，大家認知到這是程式設計人員的大勝利，但這和我們日常生活中需要使用的人類智能無法匹敵。」

這不是說超強的西洋棋機器沒有任何影響，而只是說它們的影響只有在西洋棋界。好消息是，西洋棋界發生的事情，常常可以用來預示世界上其他的事情。以下我會檢視三個廣義層面，人類與機器的關係瞬息萬變，而無論是好是壞，在這三個層面上，我鍾愛的遊戲和我本人一直走在這個關係的尖端。人類與機器競爭十載後漸漸進入尾聲，此時要將人類與機器合作搬上臺面。簡言之，打不過他們，就加入他們。

早自原始人類拿石頭敲東西開始，「人類加上機器」一詞可以套用在任何使用科技的事物上。我們之所以比其他動物優越，主要展現方式不是語言，而是我們創造與使用工具。[1]由於我們的心智有能力製造出東西來增加我們生存的機會，天擇機制便不斷選擇出更擅長製造工具、使用工具的人。沒錯，許多動物會拿物品當工具，包括猿猴類、烏鴉和黃蜂，但其中有一個巨大的差異：一個是拿起某個物體當作工具，一個是看到某件工作，想像出正確的工具為何，並且創造出這個工具。

現代人類所做的每一件事，幾乎都會用到科技。這幾十年以來，討論的焦點漸漸變成我們的科技在沒有人類的狀況下，可以做多少事情。自動化科技已經漸漸從模仿人類能力，變成超越人類能力，包括體能方面的進展（從舉起重物變成精細的動作技能）和智能方面的進展（從計算到資料分析）。機器正在取代基礎認知功能（像記憶），而且取代得不著痕跡：電腦和手機可以處理的事情，我們現在會放手給它們去做。即使在iPhone將智慧型手機變成必備的配備之前，科技取代人類功能對大腦造成什麼樣的影響，已經是一項重要的議題。

二〇〇二年，科技作家暨記者多克托羅（Cory Doctorow）創造了「外包大腦」（outboard brain）一詞[2]，描述他在Boing Boing網站上的部落格。他寫道，這個外包大腦「不只讓我有一個中央儲藏庫，來存放我在各種資訊領域的勞動成果，也增加了成果的品質與數量。我知道的東西更多，找到的東西更多，也比以往更理解清楚」。就算你沒有寫部落格，任何人只要在自己的電子郵件信箱或社群媒體帳號裡搜尋過，就會知道這個感覺。跟翻閱老舊的相簿比起來，閱覽一年又一年的電子郵件或臉書貼文豐富多了：這些是混亂、臨時雜湊出來的日記，而且還有親朋好友的貢獻。

二〇〇七年，《連線》雜誌刊登一篇文章，標題是「你的外包大腦無所不知」，將此一概念更新至行動裝置的時代。第一代 iPhone 那時才剛剛上市幾個月，作者湯普森（Clive Thompson）所描述的現象日後威力還會更強。他提到黑莓機和 Gmail，以及記住別人的電話號碼沒有意義，甚至連記自己的電話號碼都不必，因為手機「可以在記憶體中儲存五百個號碼」。他繼續寫道：「電子人的未來已經到了。我們幾乎沒有察覺，就將重要的大腦周邊功能外包給我們周遭的矽晶片了。」[3]

這不算是多麼革命性的概念，只是再次展現出科技的民主化力量。打從開天闢地以來，主管和其他菁英階層就將日常、無趣的認知功能外包給祕書和私人助理。他們會用行事曆和名片架來整理及儲存聯絡和行事資訊（許多人至今仍然使用行事曆和名片架），而現今每個人都會在口袋裡的小電腦上儲存這些資訊。智慧型手機讓這道程序變得更強大、更有效率。我們現在可以查閱任何東西，不只有電話號碼而已。我們不會像以前那樣，在電話簿裡找出要去哪間餐廳吃飯，可以透過演算法找到推薦的餐廳，而且只需要按個幾下，手機就能替我們訂位或叫外送。

正如幾乎所有新科技一樣，沒有人擔心認知功能外包會有哪些潛在壞處，一直到小孩子也開始做這些事，而且他們的家長無法理解他們的做法。他們會用大拇指打字，打出來的盡是難看的口語和奇怪的符號。他們專注的時間變得很短。他們記不住自己的電話號碼。他們花在社群媒體上的時間比花在 irl 朋友上的時間還多（我女兒告訴我，irl 是「現實生活」的意思）。他們要變成沒有目標、沒有自由意志的殭屍了！《紐約時報》專欄作家布魯克斯（David Brooks）回應《連線》雜誌那篇文章時，打趣地描述他怎麼敗給外包大腦：「我以為資訊時代的魔力是我們可以知道更多，但是後來才發覺，資訊時代的魔力是我們可以知道更少……。」他繼續寫道：「你也許會想，我將思想外包時，是否喪失了我的獨立性。沒有……我失去的只是我的自主性。」[4]

十年過去了，還會有人懊悔自己不必記住電話號碼或地圖嗎？也許有吧，但這些人同樣會抱怨布料沒有小瑕疵、玻璃品不再是工匠親自吹製，還會懷念黑膠唱片的雜音。「懷舊」和「失去人性」兩件事不能混淆。有了衛星定位裝置、亞馬遜網站推薦商品和個人化動態消息後，我們就失去了自由意志嗎？我相信，我們不再在鄉間小道迷路時、在書店閱覽時，或在印刷出來的報紙中翻閱時找到意外發現，確實會稍微影響我們的整體性。可是，沒有人禁止我們做這些事情，更何況我們更容易滿足特定的需求後，就有更多時間去做這些事情。

我們沒有失去自由意志，我們得到了更多時間，只是我們現在還不知道要怎麼使用。我們得到無法想像的新能力，幾乎變得無所不知，可是還沒有讓我們滿意地應用這種新能力的目的。我們將文明的進展向前推動了更多步，逐漸減少日常生活中隨機難料、效率差的事情。沒錯，這是不一樣的狀態；不一樣的事情如果發生過快，可能讓人不安，但不會因為這樣造成傷害。跟著智慧型手機成長的新世代有了《紐約時報》的專欄後，這些嘲諷和警告的聲音就會消失。

這一切將大腦外包的行為是否有壞處？我們將大腦的認知程序推到我們的手機上，是否讓大腦某些部分停止運作？湯普森問道：「我連上線時無疑是一位天才，但我沒有連上線的時候，頭腦是否殘缺了？過度仰賴機器的記憶，是否會阻斷其他理解這個世界的重要方法？」[5]這是一個重要的問題，而且絕對不是晚近才浮現出來的。「取得知識」這種行為不可能只是為了處理手上的工作或是回答某個問題，至少假如我們的目標是更宏大的智慧時，絕對不可能僅止於此。透過 Google 和維基百科，你的手機可以讓你立刻成為專家，這樣確實非常有用。我們這樣做，並不會因此變得更笨，就像百科全書、電話簿或圖書館員也沒讓我們變笨。這只是科技讓我們更快速創造更多知識、與更多知識互動的下一個階段，而且這也不會是最終的階段。當中的危險，不是智能停滯，或對立刻找到事實上癮；真正的危機是，創造新事物需要另一種層次的理解與啟發，但我們以表面、膚淺的知識取而代之。

「專業知識」不一定可以轉變成為「理解」，更何況是「智慧」。這個爭論可以追溯至蘇格拉底，而思路如同許多其他議題，一路從亞里斯多德的《尼各馬可倫理學》（*Nicomachean Ethics*）推進到笛卡兒的《哲學原理》（*Principles of Philosophy*）。什麼是「智慧」？「智慧」是知識的累積嗎？是謙卑地接受我們一無所知嗎？是知道怎麼好好生活嗎？利用我們製造的機器，來取得、保留更多知識，本身不可能是壞事，問題在於這樣是否有認知的機會成本。我在西洋棋上看到整個過程以相對量化的方式運作，因此我認為這是無可否認的，但同時也認為假如我們清楚知道這一件事，它也不盡然是壞事。我反對的看法是將一切視為零和遊戲，任何認知的增益一定伴隨認知減退。假設我們大幅改變我們處理大腦的方式，有可能帶來淨獲益，而且事實確實如此。我稱之為「升級大腦內的軟體」；一如其他相關的層面，自我意識是最重要的關鍵。

前文已經提過，現在人人在家中或口袋裡都可以放一台特級大師實力的電腦，這使得世界各地出現許多實力高強的棋手。不過，這帶來的影響，不只有**誰**在下西洋棋，西洋棋機器也影響了人類**怎麼**下西洋棋。

這裡不是指在網際網路上下棋，或者和電腦下棋，不過這些事情的確在發生。我指的是，人類特級大師一生不斷使用超強的西洋棋引擎後，他們彼此之間的下棋方式。以前的年輕棋手可能學習早年教練的下棋風格：若教練偏好尖銳的開局和臆測式的攻擊方式，他的學生會受到影響，用同樣的方式下棋。我相信，同樣的情況可以套用在網球教練和寫作課程。

假如早年影響力最大的教練是電腦呢？機器才不管棋風、模式或幾百年以來建立的理論。它會算出每顆棋子的價值，分析個幾十億棋步，然後計算棋子的價值。它完全不帶偏見或規訓原則，不過有些程式確實會因為評估功能的調校方式，較偏好積極進攻或保守防禦。在練習與分析上廣泛使用電腦，使得新一代的棋手幾乎和他們的機器一樣，完全不受教條和規範的侷限。

越來越常見的情況是，某個棋步之所以是好是壞，不是因為沒有人這樣下過：奏效的就是好棋步，沒奏效的就是爛棋步。雖然我們仍然需要仰賴水準相當高的直覺、規範和邏輯才能下一手好棋，但當今的人類下棋時開始越來越像電腦了。

十年間，我在卡斯帕洛夫基金會的年輕明星計畫裡栽培了許多才華洋溢的孩子。他們的年齡介於八歲至十八歲，剛開始學習棋子走法時就使用強大的西洋棋機器；毫無疑問的是，他們的發展過程一定和我於一九八〇年代在蘇聯博特溫尼克學院教過的孩子不一樣。我自己現在無論是名、是實，已經算是「老」派了，因此我很難不去批評這些孩子看待西洋棋的方式，以及他們在西洋棋的思考上缺乏結構和教條規範。然而，我知道結果是無法反駁的，在學習時不受教條規束既有好處，也有壞處。有辦法從理論上說明某個棋步好或不好，跟在實務上展現這個棋步的好壞不同。

等到資料庫和西洋棋引擎從教練變成先知後，問題就出現了。這種事情常常發生：我會問學生某一盤棋裡為什麼要走某一步，假如這一步是那一盤棋的初期下的，答案幾乎一定是：「因為這是主要套路。」換句話說，那是資料庫中理論上的棋步，很可能是以前的特級大師下過的。有時候，這一步不在理論中，但學生準備的時候使用西洋棋引擎來輔助，所以答案也很相似：「這是最好的棋步。」也許吧，但我一定會問，為什麼這是最好的棋步？為什麼那些特級大師這樣下？為什麼電腦會推薦這一步？

這時問題就來了。為什麼？因為它是好的。為什麼它是好的？要回答這個問題，可能需要理解很多事情、進行很多研究。各種開局法是從幾十年的實務中發展出來的，有時發展的時間更超過一百年。如果在某個變著裡，第十二步讓主教走到某一格被大家認為是最好的走法，這背後會有一整個故事，在數十、數百盤的比賽中不斷嘗試，最後才確立了為什麼這時要下這一步。

小孩子想要跳過這一切，在開始自行思考之前，只想遵照先前的分析和比賽棋譜，直接從好玩的地方開始。若是你有留意，會發現這正好就是機器的下棋方式：使用開局手冊、特級大師的棋譜資料庫和下棋理論。人類用這樣的方式下棋時，會面對同樣的缺失。如果開局手冊有誤，要怎麼辦？假如你只是盲目依循前例，但你的對手針對你遵照的變著準備了一個可怕的新招，這樣要怎麼辦？

當然，這樣做有務實的想法。若實力強的棋手和電腦長久以來一直推薦某一步，這極有可能是最好的一步。然而，人類和電腦不同，盲從資料庫的說法會遇到兩個問題。首先，當你用完了記憶中準備好的棋步，就要開始用自己的大腦了。就算你知道你到達的盤面理論上對你是好的，沒有進行更充分的準備，可能完全不知道接下來要做什麼。這就像是划一艘船到湖中，等到船開始漏水了，你才想到你不會游泳。

如果你認真背誦主要套路，但對手不照章直接下呢？電腦完全不管，若資料庫裡有這一步，它們只會抓出正確的棋步；但若資料庫裡沒有，它們就會開始思考。除非你對整體的盤面有充足的認知，就算從資料庫來看，對手的棋步不是最好的一步，你的麻煩可能比你的對手還要大。這也是為什麼準備時不能只靠西洋棋引擎，也要靠你的大腦。機器會告訴你它認為雙方最好的棋步分別是什麼，不會告訴你對方最有可能怎麼回應，或是哪種走法會讓對方最難處理。假如你全盤相信機器所說的，過度仰賴機器可能會削弱你自己的認知，而不是增強你的認知。我會告訴學生，他們必須用西洋棋引擎來挑戰自己的準備和分析，不是叫機器替他們進行準備和分析。光是知道哪些棋步最好是沒有用的，你也需要知道為什麼這些棋步最好。

第二個問題比較深，直指人機合作能如何讓我們更有創意，或更少創意，一切端視我們如何使用我們的數位工具。資料庫裡不只有開局走法，還包括完整比賽的棋譜。兩位棋手完全複製既有比賽的所有棋步，雖然極為罕見，但偶爾會發生。就算兩位棋手都知道他們依循的是哪一次的比賽棋譜，通常會有一方想要尋找優勢，因而脫離先前比賽的走法。換言之：如果雙方依循的比賽最後是黑棋輸，執黑棋的一方當然會想在途中找到改善的方法。問題來了：你要什麼時候開始尋找改善的方法？是原本黑棋失誤的地方嗎？從這個地方開始不錯，而且從這裡開始改善，也許你能避免災難，最後下出不錯的成果。

然而，如果你要處理大型的創新，必須更早開始，不是從資料庫結束的地方接手。大家認為既有棋步之所以好，是因為這些棋步早就有許多人走過，但是你必須深掘進入這些既有棋步的搜尋樹裡。這就是我年復一年不斷讓對手感到有壓力的方法：他們知道，我不斷深深探索常見開局走法的改善方法，他們也會做同樣的事；然而，我有時候會非常早就下出新招，有時使得某個被遺忘的開局或變著有了新生命。這不只讓我得到好成績，我會覺得發揮創意的感覺很好，而且這些創意不只有應用在西洋棋而已。

站在巨人的肩膀上、模仿菁英棋手的開局、期望他們（和他們的電腦）沒有犯錯，並不是壞事，對年輕棋手來說更不是壞事。這就像是有些電子公司的產品模仿大廠牌的機器，只是價位更低，可能還會多一兩個新功能。從根本來說，他們並沒有創造出任何新的事情。他們只是模仿者，只能跟其他模仿者競爭，看看誰複製的速度更快、複製得更好。每當一個勞力更廉價或生產效率更高的新市場開放，他們可能被迫關門大吉，除非他們自己學會創新。

不論是西洋棋上的思考、商場上的思考，或是廣義的追求創新皆是如此。若能看到發展樹上越早的階段，越有可能帶來干擾現狀的成果，需要花費的心力也會更大。假如我們只依靠機器，讓它們告訴我們要怎麼成為好的模仿者，我們永遠不會踏出下一步，變成有創意的創新者。當然，世界夠大，各種成功之道都可能發生。舉例來說，有些人可能認為蘋果公司已經背離干擾現狀的根源，現在只是一個極富時尚頭腦和行銷手法的模仿者，因為他們的產品雖然極為暢銷，但產品內的科技大多不是他們發明出來的。不過，不是所有的歌手都會自己寫歌；另外，蘋果的股票持有人和消費者顯然認為蘋果公司的設計和品牌名聲替他們的產品增加許多價值。然而，如果大家都在模仿別人，不久就沒有東西可以模仿了。微幅的產品變異，只能刺激市場需求一小段時間。

企業家暨創業投資家列夫琴（Max Levchin）在描述矽谷和其他科技創業公司時，用了一個相當好的說法，完全如我之意。幾年前，我們一起寫作一本書時，他稱其為「邊緣上的創新」。這指的是尋找微幅的效能，而不是在主要的商業領域挑戰更大的風險。列夫琴於一九九八年共同創立PayPal之後，一直對線上付款和替代貨幣深感興趣，他說這些服務大多只是在百分之二至百分之三的銀行手續費中擠出零頭，讓大銀行承擔主要的風險。這樣會讓人更方便、更有效率，但這不是干擾的行為。

這樣實在很可惜，因為改變的可能性遠遠高過我們對改變的胃口。我們的機器越來越強大，讓我們有安全感去發揮更大的野心，進行更充分的準備，但我們仍舊需要自己決定去做這些事。科技讓進入數十種商業領域的門檻降低，理應刺激更多的實驗和投資才對。強大的電腦模型讓我們更善於模擬改變所帶來的衝擊，也因此降低了風險。

這裡再以西洋棋機器當作果蠅般的實驗對象和譬喻：特級大師使用西洋棋引擎和資料庫進行準備，因而嘗試下出更有風險、更實驗性的開局變著。西洋棋界有許多人擔憂，超強的機器會永遠破壞職業西洋棋，因為特級大師可能變成傀儡，下出的棋步只因為西洋棋引擎告訴他們這些是最好的棋步。老實說，在菁英層級以下，確實有這樣的狀況，畢竟在創新者之下一直都有一群模仿者。在等級最高的西洋棋裡，西洋棋機器帶來的效應正好相反，只有幾個明顯的例外。

在家準備時，有了西洋棋引擎的安全網，許多特級大師更敢在大賽中採用尖銳的變著。

準備好致命一擊、讓對手措手不及的誘因，遠遠大過準備好致命一擊卻失敗的機率。人類的記憶不是完美的，你的對手也許同樣準備充分，或是下出你在家裡沒有想到的一招。無論如何，現今的西洋棋手依然下出許多精采的變著和比賽。

例外的情況，可以稱為菁英人類棋手中的反制電腦運動。這牽涉到非常講究盤面和策略的開局變著，假如你的對手使用電腦發現出來的布滿詭雷的招數，這種開局會讓他的招數難以奏效。這類開局裡最顯著的是羅培茲開局的柏林防禦（Berlin Defense）變著；二〇〇〇年的世界冠軍賽，克拉姆尼克對我用了這種變著，獲得很好的成效。在柏林防禦裡，雙方的王后很早就會被吃掉，而且雖然白棋一如往常稍有優勢，這種開局的盤面需要非常精細的下法，即使是現今強大的西洋棋引擎也往往會被困住。有些棋手使用西洋棋引擎準備，往比較有創意的方向走；有些人則是被對手的西洋棋引擎威脅，往更保守的方向走，等於是西洋棋界的反機器運動。我認為不幸的是，柏林防禦是現今最主要的下法。我認為這樣是不幸，一方面是因為我個人覺得這類盤面非常無趣（因此克拉姆尼克很聰明，用柏林防禦對付我），另一方面是因為這些細微的盤面通常會讓雙方變得均等，最後導致許多比賽以和棋結束，西洋棋迷喜歡看到棋盤上的廝殺，也喜歡比賽論定勝負[6]，這樣的下法會讓棋迷覺得西洋棋變得不吸引人。

現今只要動一動手指，就能從資料庫取得幾百萬盤比賽的棋譜，因此最好的西洋棋手變得更年輕。換句話說，棋手達到菁英水平的年齡比以往更小。費雪在十四歲的時候贏得全美大賽，晉升菁英棋手之列，幾十年來一直是世界紀錄。第二年（一九五八年），他正式成為特級大師，但他下棋的實力明顯早就達到特級大師的水準。這個世界紀錄維持了三十三年，一直到一九九一年，匈牙利的波爾加．朱迪以幾個月之差打破了費雪的紀錄。波爾加的紀錄沒有維持多久，一九九四年就被打破了，從此之後門戶大開。費雪當年的紀錄，至今已經至少有三十個人打破。

二〇〇二年以來，世界紀錄的保持人是烏克蘭出生、現今效力俄國的卡爾亞金（Sergey Karjakin），他以十二歲七個月的年紀成為特級大師。他絕對不是費雪那樣的棋手，但他又印證了「小時了了、大必定佳」的格言，於二〇一六年十一月取得世界冠軍決賽的資格。那次世界冠軍賽中，他最後敗給了衛冕的卡爾森，卡爾森同樣是一九九〇年出生。（在「最年輕的特級大師」排行榜中，卡爾森排名第三，成為特級大師時年僅十三歲四個月。）

若要找到這當中的關聯，只需要看一下紀錄是什麼時候被打破的。一九五八年、一九九一年、一九九四年，然後洪流來襲：一九九七年、一九九九年、二〇〇〇年，接下來的十年內，更有超過二十人成為特級大師的年齡比費雪還小。人數大飆漲之際，正好與採用強大西洋棋引擎的訓練軟體及線上下棋風行的時間吻合。

現今年輕特級大師產生的速度難以置信，當中有幾個小因素，包括儘早取得特級大師頭銜成為時尚，以及多年來積分不斷膨脹，導致兩千五百分的門檻變得相對容易達成（但仍非彈指之舉）。十幾歲成為特級大師，原本代表這個人在他的世代之中極為突出，現在則幾乎變成例行公事。費雪不僅在十五歲時取得特級大師頭銜，更在同一年獲得世界冠軍資格賽的參賽資格，躋身世界排名前八名的棋手之列。現今想要成為特級大師的年輕棋手有更多機會來獲得相關的資格認證，比賽的頻率也比以往高出許多。雖然我在十五歲時取得蘇聯大賽（世界上實力名列前茅的大賽之一）的參賽資格，一直到十七歲才獲得特級大師頭銜。一九八〇年十二月，國際棋聯在馬爾他舉行大會，我在大會上獲頒特級大師頭銜；一九八一年一月的積分排行榜上，我排在世界第六名。有一個有趣的故事，說明了特級大師的頭銜以前有多難取得。這是塞拉萬告訴我的故事，主角是二〇一五年過世的華特·布朗。一九九〇年代，國際棋聯每一次大會都會頒發好幾十個特級大師的頭銜，布朗抱怨這個情況說：「我在一九七〇年成為特級大師時，當時只有兩個人。另一個人是卡爾波夫，而且大家對他還沒那麼確定！」

若要達到特級大師的水平，需要吸收幾千種必備的模式和開局棋步，以往需要花費好幾年時間，緩慢的進程可以說明我在前文提到葛拉威爾所謂「一萬個小時成為專家」的說法。但實務上已經證實，科技可以大幅提高訓練的效率，讓所需的時間大幅減少。現今十幾歲的孩子（越來越多人的年紀甚至更小）可以加速整個流程，輕易取得洪流般的西洋棋資訊，並且完善運用年輕腦袋的吸收能力，將這些資訊全部記住。假如硬要挑一個數字，與其說要花一萬個小時，現在更準確的說法可能是要記住一萬種模式，或者五萬種盤面。

卡爾森於二〇〇九年攀登西洋棋高峰時，我曾和他共事過一年。他顯然是世代中的天才，年僅十八歲已經排名世界第四。我發現，他運用電腦西洋棋引擎的方式十分睿智。他不像我的許多年輕學生那樣，看到機器分析有如完美時，並沒有因此被迷住。卡爾森很熟悉自己的長處，也適切地視機器為工具，不是先知。這對他的訓練有幫助，因為他會建立關鍵的解題技能，不會單純讓機器告訴他答案。這也對他在棋盤上的表現有幫助，因為當他需要解開一道難題時，不必在頭腦裡想著要用滑鼠。

相較之下，想一下你記不得某件事的時候，會不會直覺伸手過去拿手機。你會不會至少暫停一下，看看自己是否可以弄懂？你也許不是一位正在訓練中的世界冠軍，也許只是想找某部電影的資訊，或是一位朋友的電子郵件信箱，但讓認知能力偶爾運作一樣是有用處的。人類的大腦天生有創意的能力，假如能以創意的方式運用知識，那麼取得知識、記住知識就有價值。大腦會將各種瑣碎的知識綜合起來，轉變成啟發和想法，而且常常是在無意識中發生。我們也許不再經常逛書店，卻仍然必須讓頭腦散步來尋找靈感。

這些年輕西洋棋好手來自世界各地，地理位置的多樣性也十分可觀。前蘇聯的各個強國依然存在，也有許多人來自印度、挪威、中國、祕魯和越南。在國家層級上，同樣的效應可以在美國看到。美國的西洋棋界以前幾乎全部集中在紐約市。卡斯帕洛夫基金會將各地的年輕明星聚集在一起，這些年輕人來自加州、威斯康辛州、猶他州、佛羅里達州、阿拉巴馬州和德州。過去二十年來，特別是因為網際網路和手機的興盛所致，一個重要的主題是科技如何讓世界各地的人變成企業家、科學家，或任何他們在居住當地想要變成的人物。在這方面，實驗室果蠅般的西洋棋也讓人看到未來的樣貌。世界各地皆有才華之士，他們只是需要工具來展現才華。

西洋棋披著無害消遣的外貌，滲透了文化、地理、科技和經濟的藩籬。它一再成為各種事情的模範，包括人工智慧、線上遊戲、解開難題和在教育中應用遊戲。年輕特級大師的大量崛起，以及他們思考的方式，應該成為傳統教育的範例，需要注意的事項也相同。孩童的學習能力非常迅速，遠遠快過傳統教育方式的速度。他們生活的環境遠比父母的複雜，在這種環境裡生活和玩耍，已經在自我學習大多數的事情了。

我有時會想，如果在一九六〇年代巴庫的住家附近有像今天這麼多讓孩子分心的事物，我會不會成為西洋棋世界冠軍。我和每個世代的家長一樣，擔憂年齡最小的小孩被各種讓人分心的事情吸走注意力。然而，這是他們的世界，我們必須讓他們準備好迎接這個世界，不應該把他們和世界隔開，因為這樣注定失敗。孩子會因為各種連結和創造而蓬勃發展，今日的科技能讓他們更有能力，用無限種方式去連結和創造。最能夠接納這種動能的學齡孩童，一定可以蓬勃發展。

我們的教室看起來還像一百年前，這並不是古意盎然的事；這根本太荒謬了。孩子只需要幾秒鐘，就能從口袋裡的裝置取得所有的人類知識，而且取得的速度遠比他們的父母或老師快，在這樣的情況下，一位老師或一疊書本怎麼可以當作唯一的資訊來源？世界改變的速度太快了，我們沒辦法教導孩子一切他們需要知道的事情；我們必須給他們方法，讓他們自己教自己。這表示我們需要教導創意解題、線上與非線上的動態互動、即時的研究，以及修改、創造自身數位工具的能力。

雖然美國、西歐和亞洲傳統經濟強權有著富裕的社會和高水平的科技，但發展中國家最有可能看到教育方式快速改變。他們追上已開發國家的腳步時，沒有必要模仿即將被淘汰的教育方法。許多比較貧窮的國家跳過了個人電腦和傳統銀行的階段，直接採用智慧型手機和虛擬貨幣；同理，他們可以非常迅速採用更具動態的新教育典範，因為需要取代的既有結構不多。

助他們一臂之力的，是我們讓強大的科技可以輕易存取。只需要幾分鐘的時間，一整間的孩子可以在平板電腦上用拖拉物件的方式，創造出自己的數位教科書和課程大綱，而且從一開始就彼此密切合作。我知道這種事情有可能發生，因為我看到小孩子這樣創造西洋棋課程。孩子可以隨選取得新資料，他們的教師可以在世界上任何地方，隨時可以聯繫，不再只有上課的時間而已。

富裕的國家面對教育時，有如富裕貴族家庭面對投資。既有的情況已經好好運作很多年了，何必干預這一切？我在巴黎、耶路撒冷、紐約和世界其他地方的教育會議發表過許多演講，但我從來沒在任何其他的領域看到那麼保守的思維，不僅是行政官僚，甚至包括教師和父母。大家一樣滯泥不前，只有小孩子沒有。最常見的心態是，教育太重要了，不能冒險。我的回應是：教育太重要了，不能**不**冒險。我們必須找出哪些方法管用，而這一點只有透過實驗才能辦到。小孩子有能力應付，他們自己已經在這樣做了。會害怕的只有大人。

我和印度特級大師安南德於一九九五年在紐約舉行的系列賽，是首度在冠軍賽的準備工作時採用電腦西洋棋引擎。我和我的人類副手團隊決定，我們可以在準備過程中採用Fritz第四版，不過只會當作一種驗算用的計算機。我們沒有讓它處理任何策略方面的事，但在分析極度講求戰術的盤面上，它確實省了不少時間，也讓我們不必冒著犯下愚蠢失誤的風險。

對戰開始後，我和安南德（我們暱稱他為「維西」〔Vishy〕）連續下了八盤和棋。一開始，大家看好我衛冕成功，可是我們又不斷怯懦地下成和棋，這時大家開始懷疑我是不是已經失去魔法了。老實說，我自己也有些擔心。安南德準備充分，我下棋時沒有太多自信。假如你有一段時間下得不好，你會開始對自己的決定游移不定，因此讓你繼續下得不好。然而，我的靈感降臨時不是在比賽的棋盤上，而是在我們團隊於曼哈頓下城的住處。我想出一招讓人嘖嘖稱奇的犧牲棋，來應付安南德偏愛、保衛王翼兵的開放式羅培茲開局法。我和我的團隊花了整個週末，一步步研究出棋子犧牲之後極為複雜的戰術，即使當時的西洋棋引擎相對不強，此時機器仍舊相當有用。

問題是，下一盤我不會執白棋。我非常急切想要下出這個好點子，我們因此沒有專注在下一盤比賽，而我在這一盤會執黑棋。我還要再一盤棋才能對安南德和全世界使出這個殺手鐧，對我來說實在很擾人。英文俗諺道：「不要把馬車放在馬之前」、「不要在小雞孵出來前數雞」，果然如同這些譬喻所言，我下一盤輸得很慘。這並不是貶抑安南德下很差，他這一盤下得非常強，確實應該獲勝。我一直咒罵自己分了心，而且我知道我必須再讓自己專注，第二天才不會浪費我的新點子。系列賽此時已經下完一半，我在比賽中落後。

第二天總算來了，我全身充滿能量。我希望安南德看到我的表情時，不會覺得事有蹊蹺。若是他的下法和第六盤不同，不用開放式羅培茲開局法，我會震驚不已。我的情緒實在太緊繃了，裁判不小心讓計時器「砰」一聲掉在棋盤上時，我跳了起來，用手遮住自己的臉一陣子。

還好，安南德如我所願，重複了同樣的開局法，我們依此下到第十四步。從某方面來說，安南德重複開局法是有道理的。他在那一盤下得不錯，既然如此，何必改變呢？需要找到改善之道的是我。換個角度想，假如我沒有想到某個強大的新招，他真的會以為我甘於重複同樣的下法嗎？這表示，他對自己開局的準備自信滿滿，系列賽前半確實看得出他用心準備開局。沒有人可以預測接下來發生的事。

到了第十四步，我下的和第六盤不一樣，改動了主教。其他棋手分析過主教的這一步，但沒有分析完整。前世界冠軍塔爾以驚人的戰術遠見聞名，他多年前曾提出這一著犧牲棋，但他的建議被大家忽略，因為他接下來提出的棋步對白棋來說不夠充分。其他人分析時，也認為這個想法特別不管用。我找到一個難以置信的扭轉方式，可以完全翻轉以往的評估，至少可以在關鍵的一盤棋中奏效。塔爾建議將騎士帶到棋盤中間，這種走法看似比較有道理，不過我沒有照塔爾的建議走，改將騎士帶到棋盤邊緣。騎士在這裡可以保護我的城堡、攻擊黑棋的騎士，同時不會擋住其他主力棋子一同攻擊黑棋的國王。

過去三天，我在腦中一直想著這一步，等到總算下出來，實在控制不住我的緊繃情緒，跳了起來去走動一下。我讓比賽場地的門在我身後「砰」一聲關上，有些人認為這是粗魯的心理戰術。然而，這只是我情緒太緊張，樂得讓我的這一步替我自己說話。在這個新招裡，我提出犧牲一整顆城堡，來換取對安南德的國王發動猛烈攻勢。我們在準備時沒有找到任何還手的方法，安南德也讓人驚訝，花了整整四十五分鐘去想要怎麼回應。（對他來說，這格外讓人訝異，因為他在西洋棋史上下棋出了名的快。）

安南德想盡辦法走出陷阱，但我準備好的棋步還有很多。他在好幾個困難的地方找到最好的防禦方法，我仍然需要精準下棋，才能拿下這次系列賽的首場勝利，在比賽積分上打平。我們還有十盤棋要下，可是主動權現在完全靠向我這邊。下一盤棋時，我又露出一個意外招數：這一盤是我這輩子第一次下西西里防禦龍式變著。這一盤又是我獲勝，接下來三盤中我又贏了兩盤，在系列賽中大幅領先，而且一路領先到系列賽結束。

現在回頭看這些比賽，以及所有關於這次比賽的文章和書籍，再將之與我和深藍的比賽相比，是一件十分有趣的事。不論是我的團隊、安南德的團隊，或是其他記者和評論家的分析，這些著述多半聚焦在心理上。舉例來說，以下是美國特級大師沃爾夫（Patrick Wolff）在第十盤之後所寫的，他是安南德在比賽期間的副手之一：「第九盤後，安南德團隊所有人都欣喜若狂。第十盤後，我們全部感到沮喪。這些強烈的情感在比賽當中至關緊要。比賽不是用來測驗一個人的下棋能力（姑且不論這指的是什麼），而是一個人下這幾盤棋時能下得多好。因此，談到比賽結果時，控管自己情緒的能力非常重要。」[7]

比賽開始後，我們連續下了八盤和棋，後來安南德贏了一盤，但他在接下來五盤棋中輸了四盤；此時我們還剩四盤棋，但比賽基本上已經結束了。安南德並沒有在第十盤後突然變得很弱，我也沒有突然變強。另外，即使我想要讚美我和我的團隊找到這些開局大意外，安南德在這麼一長串的比賽中下得遠遠不及平常的水平，不是因為我們的新招造成的。他有一盤輸給一個強大的新招，下一盤碰上意外的防禦後發生失誤，接下來一直無法讓他的心情平穩，而心情平穩正是表現平穩所需。從某方面來說，還好我沒有在系列賽開始前的準備裡找到這個強大的新招。假如決定生死的不是第十盤，而是第二盤，他就會有回復心情的時間。

這不是在批判安南德，而是在批判人類天性。我在一年半後再戰深藍時，也發生類似的情況，即使我熟知這個情況發生，仍無法抵抗它的效應。我們情感凌駕在認知之上的方式數不完，許多方式也說不清楚。有些棋手在即將摔倒不起時，似乎反而下得更好：他們會死守寸土，防禦起來有如毒蛇猛獸，將之視為必須躍起面對的挑戰。科爾奇諾伊就是這樣的人，就算吃下一顆兵會惹來無情的攻擊，他也會樂得吃下那顆兵。他在童年時經歷過列寧格勒圍城，想當然爾不會在棋盤上輕易被挑釁。即使在菁英特級大師之列，這種頑強的心智也難以見到。錯誤幾乎不會只發生一次。

這種情況可以在人生所有層面看到。許多研究顯示，抑鬱或缺乏自信會造成決策速度變慢、變得保守，品質也更差。[8]心理學家說，悲觀的心態會導致一個人在做決定時「對預期結果可能讓人失望更加敏銳」。[9]這又會導致游移不前，以及想要避免或拖延關鍵決定的想法。如果受到這些情況所擾的人能運用常見的決策制定技巧，他們得到的結果幾乎不會變差。崩潰的情況更早發生，抑鬱會影響做出合理決定的根本習性。

直覺是經驗與自信之積。這裡指的是數學上的「積」，就像是算式一樣：「直覺＝經驗×自信」。直覺是在深度吸收、理解知識之後，反射式回應的能力。抑鬱會讓直覺短路[10]，因為它會阻斷將經驗處理成為行動的自信。

人類行為不合理、難以預測，情緒的影響只是原因之一。經濟理論假設人類是「理性行為者」，我們一定會依照自己的最佳利益去做決定。也許是因為這樣，經濟學被稱為「沮喪的科學」，也有人說經濟學家對經濟的影響，就跟氣象預報專家對天氣的影響一樣。人類有時候根本不理性，無論是群體或個人皆然。

若要說明我們有多麼容易被假直覺欺騙，一個簡單又強大的例子是「蒙地卡羅謬誤」（Monte Carlo fallacy），亦稱「賭徒謬誤」（gambler's fallacy）。假定有一枚公正的硬幣，拋硬幣的方式也公正，如果連續拋了二十次都是正面朝上，下一回正面朝上的機率為何？當然，連續二十一次出現正面實在極不可能。我們直覺會賭反面朝上，推定統計數據最後一定會偏袒你的想法。這種想法完全錯了，但我們深信這個想法為真，也因此拉斯維加斯和澳門的賭場大亨不必煩惱付不出巨額的電費。每一次拋硬幣，正面朝上的機率都是百分之五十，不論先前連續出現多少次正面朝上，或任何其他排列順序。連續二十一次正面朝上的機率，就和任何其他二十一次正反面的順序一樣高，不多也不少。

就算你沒聽過「蒙地卡羅謬誤」，也會在某種層面上知道這是正確的。你知道每一次拋硬幣時，哪一面朝上都有百分之五十的機率，而且和先前發生的情況無關。但是……直覺非常強烈地認為機率會被先前的情況牽連。這種謬誤的名稱由來，許多人相傳是蒙地卡羅的一個輪盤，珠子連續二十六次落在黑色數字上。沒錯，這種情況很罕見，可是如果你有留意，就會知道輪盤轉二十六次，總共有六千七百一十萬八千八百六十三種可能的顏色順序，每一種順序出現的機率一模一樣，包括連續出現二十六次黑色。只有偏好看見特定模式的人類才覺得連續二十六次黑色很特別，相傳這位賭徒押注在下一次會出現紅色數字，結果賭輸了好幾百萬法郎。

如果遊戲中運氣好（或運氣不好）的紙牌或骰子連續出現，人類的決策會受到影響，但電腦不會，由此可見電腦在這類遊戲中占有優勢。機器不會在隨機的事物中尋找模式，就算它們的程式被設計成會尋找模式，它們找模式的方式也和我們的大腦不一樣。

康納曼（Daniel Kahneman）、特沃斯基（Amos Tversky）、艾瑞利（Dan Ariely）等研究者進行精采的研究，證實人類的理智思考能力有多麼糟糕。人類大腦雖然能力無限，卻很容易受騙。我堅信人類直覺的力量，以及我們必須憑靠直覺，藉此來訓練直覺；不過我必須說，讀完康納曼的《快思慢想》（*Thinking Fast and Slow*）、艾瑞利的《誰說人是理性的！》（*Predictably Irrational*）等書之後，我的信念開始動搖了。讀了他們的著作，你可能會懷疑：我們到底是怎麼生存的？

正如特級大師下棋時一樣，我們釐清周遭環境種種複雜的事情時，會憑靠各種假設和啟發。我們做決定時，不會每一個都用暴力法計算，檢驗所有可能的結果。這樣既缺乏效率，又沒有必要，因為一般來說，我們憑靠假設就可以過得不錯。當這些假設被研究人員獨立出來，或是被廣告商、政客或其他騙子利用，你就看得出我們都可以多一些客觀的力量來監督我們，這就是機器能幫助我們的地方。機器不只會告訴我們正確答案，也會揭露出我們的想法有多麼容易被個人特性和外力左右。知道自己有這些謬誤和認知盲點，不會讓我們完全避開它們，但至少朝向打敗它們邁進一大步。

我每年固定造訪牛津一次，二〇一五年時在賽德商學院（Saïd Business School）辦了一場決策過程的講座。講座其中一段是我依循康納曼的描述，對學生進行一項實驗，來測試認知心理學所稱決策過程中的「錨定效應」（anchoring effect）。即使這些ＭＢＡ學生知道我想要騙他們，實驗手法會不會對他們奏效？

我把他們分為七組，一組五至六人，每一組都拿到一份講義，上面有六個問題，但問的內容稍有出入。前三個問題都是以下幾個是非題的變化：

甘地過世的時候是否年紀超過二十五歲？
世界上最高的樹是否高過六十英尺（十八公尺）？
大馬士革的年均溫是否高過攝氏三度（華氏三十七度）？

接下來三個問題，七組都一樣：

甘地過世的時候幾歲？
世界上最高的樹有多高？
大馬士革的年均溫是幾度？

每份講義的差異只有前三個問題的數字，每一組拿到的數字大約比前一組高百分之二十五。換句話說，第二組拿到的講義裡，甘地的問題是「年紀超過三十歲」，樹的問題是「高過一百英尺（三十一公尺）」，大馬士革年均溫是「高過攝氏八度（華氏四十六度）」，依此類推。到了第七組，數字分別是一百二十五歲、一千三百英尺（四百公尺）和攝氏四十八度（華氏一百一十八度）。

我挑的內容盡可能是大家不確切知道，但有強烈直覺的問題。大家都知道，甘地過世的時候並非小於二十五歲或大於一百二十五歲，世界上最高的樹也一定比六十英尺高很多。然而，重點不是前三個問題：前三個問題只是用來影響後三個問題的答案，而且確實有影響。這裡要注意：講義上沒有任何確切的資訊，只有問題，而且我告知他們要客觀思考，因為我試圖欺騙他們。

第一組學生的答案平均起來是七十二歲、三十公尺、攝氏十一．四度。第五組的平均答案是七十八歲、一百一十二公尺、攝氏二十四度。第七組的平均答案是七十九歲、一百三十六公尺、攝氏三十一．二度。每一組的平均答案越來越高，只有兩個例外。（其中一組有三位印度來的學生，他們知道甘地過世的時候是七十八歲。另外兩個問題的正確答案是三百七十九．七英尺〔一百一十五．七公尺〕和攝氏十一．二度〔華氏五十二．一度〕。）學生回答的平均溫度分別是十一．四度、十八．一度、二十一．三度、二十一．八度、二十四度、三十．七度和三十一．二度。雖然前三個問題沒有提供任何有用處的知識，有些明顯誇大不實，但前三個問題的數字直接影響了後三個問題的答案。

根據康納曼的描述，即使影響力更低的因素也會出現同樣的錨定效應，像是在班級前旋轉一個隨機數字的輪盤，然後要學生回答各種事物相關的數字。如同所料，輪盤上的數字越高，學生推估的平均答案也越高。就算學生被告知要忽略輪盤，平均答案仍然會跟著輪盤的數字變高或變低。大腦的自我欺騙能力非常強。

我們和人生其他事情一樣，在西洋棋盤上也會受類似的不理性思考和認知錯覺所擾。我們常常衝動下出棋步，但縝密的分析會說明我們的規畫有誤。我們會愛上自己的規畫，拒絕接受與這些計畫相反的證據。我們會不管確切的資料，讓確認偏誤影響我們接受信以為真的事情。我們會在沒有模式與相關性的隨機資料裡，欺騙自己以為找到模式與相關性。

進行西洋棋分析時，讓一個西洋棋引擎看著你的一舉一動非常有益，但若它隨時都在運作，也可能把你嚇住，讓你變成它的奴隸。除非你在口袋裡有口袋版的 Fritz，否則下棋時不會有西洋棋引擎輔助。在日常生活中，使用手機不算作弊，但是你有可能因為過度仰賴數位輔助工具，變成認知出現殘缺。我們的目標必須放在讓這些強大、客觀的工具幫助我們即時進行更好的分析、做出更好的決定，而且更需要讓這些工具幫助我們成為更好的決策者。

我西洋棋生涯的每一個棋步都代表一個決定。由於西洋棋有既定的範疇，每一項決定都能進行分析、檢驗品質。人生就沒有那麼黑白分明了，我們日常的決策過程不像西洋棋棋步那樣容易進行客觀分析。然而，這種狀況正在改變。我們將越來越多的日常生活資料輸入機器後，它們越來越能幫助我們更清楚自己所做的決定。你的個人理財狀況會有銀行和專員在線上追蹤，也會有特定的網站和應用程式控管。教學目標可以受到監督，學習表現也能追蹤。你手腕上的穿戴式裝置和手機程式會監控你的健康狀況，幫你計算燃燒的卡路里和仰臥起坐次數。研究告訴我們，我們一直高估自己的運動時間，低估自己的食量。為什麼這樣？這種思考方式會滿足我們的需求：我們想要認為自己的狀況好，也想要吃更多零食。人機合作可以讓你誠實，只要你對你的機器誠實就好。

我們可以用這些工具來測試自己的假設和決定，也就是我先前所說的訓練腦力。你覺得你需要多久才能完成某項計畫，或是達到某個目標？之後，你可以回頭看看你的評估是否精準。假如評估失之千里，為什麼評估會出錯？若要讓思考有條理、規畫有策略，列出清單和階段目標至為緊要。我們在嚴格的工作環境外常常不會這樣做，但這樣做的好處甚多，現今的數位工具讓我們可以輕易追蹤。

常常有人說我是一個很衝動的人，我不反對這種說法，不過對一位西洋棋世界冠軍來說，這種性格看起來像是缺點。許多人曾經問我，我怎麼協調我那種「先走再問」的心態與菁英西洋棋手必備的冷靜、客觀思考。我回答時一定會先說明，若要變成思路清晰的人，我沒有任何所有人適用的訣竅。每個人都不一樣，對我有用的做法可能對別人不適用。我有幸有一位殷勤的母親和偉大的老師，他們沒有讓我沉浸在衝動的性格裡，從一開始就強調紀律。我的母親克拉拉和我的老師博特溫尼克都知道，他們試圖控制我的衝動個性時，我的才華不會被打壓或消失。

接下來，我會回答：你必須在最關鍵的地方誠實到近乎苛求。我分析自己的比賽時，盡可能像機器一樣客觀；就算有時候沒有成功，至少能說我做得夠成功了。若搜集資料和評估時勤奮、坦誠以對，你會越來越擅長做出正確的評估。

我的西洋棋學生會用西洋棋引擎，訓練他們做出更客觀、更精確的決定。同理，你也可以用越來越有智慧的機器，幫助自己成為更好的決策者，不只是將一部分決定外包給機器，更要以更客觀的角度來觀察和分析自己的決定。假如你不把資料當一回事，就算你擁有全世界的資料，也不會勝過你的偏誤。不要再去找藉口或合理化的理由，因為這些只是你的大腦欺騙你自己，讓它可以為所欲為。讓資料自己說話可能不容易，畢竟我們不是機器。

不知你是否還記得莫拉維克悖論？機器的長處是人類的短處，人類的長處是機器的短處。西洋棋清楚印證了這個悖論，而這也讓我有個實驗的想法：如果我們不是人機對戰，而是人機合作呢？我的想法於一九九八年在西班牙雷昂實現了，我們稱之為「先進西洋棋」。比賽進行時，每一位棋手有一台電腦，跑著自己喜愛的西洋棋軟體。這個想法的目標是要結合人類與機器的長處，創造出史上水準最高的西洋棋。

我當時並不知情，不過偉大的英國人工智慧研究專家暨賽局理論專家米契早在一九七二年就提出這個概念。他在《新科學家》週刊（*New Scientist*）撰文討論機器西洋棋時，稱之為「參酌式西洋棋」（consultation chess），認為這種做法應該會很有意思，可以看到人類棋手在比賽時使用「暴力法功能」後能進步多少。一九七二年的西洋棋引擎不太有用處，所以雖然米契和其他人那幾年提出這方面的建議，卻一直沒有人實現。

我在雷昂的對手是保加利亞的托帕洛夫，他當時是世界頂尖棋手之一，雖然我為了這種新異的比賽方式進行充足的準備，但比賽處處有奇特的感受。下棋時可以使用西洋棋引擎，既是一件精采萬分的事，也讓人不安。由於我們可以存取內含幾百萬盤比賽棋譜的資料庫，開局時不必那麼絞盡腦汁。因為我們同樣可以存取同一個資料庫，到了某個地步還是需要發展出新招來取得優勢。

有電腦當助手，表示我們不需要擔心犯下戰術失誤。電腦可以預言我們思考的每一步棋會帶來什麼後果，指出我們可能忽略的後果或反制之道。有電腦處理這些事情，我們就能專心在策略規畫上，不必耗時進行繁複的計算。在這種情況下，人類的創造力並沒有減低，反而更為重要。

雖然這樣綜合了兩種優勢，我和托帕洛夫的比賽遠遠不及我理想中的完美狀態。我們下棋時仍有計時限制，與矽晶片助理商議的時間有限。雖然如此，比賽的成果依然顯著。這次比賽的前一個月，我在正常計時限制的快速棋比賽中，以四比〇的比賽積分打敗托帕洛夫。相較之下，這次的比賽最後下成三比三平手。我在戰術計算上的優勢被機器消弭了。

先進西洋棋的比賽繼續在雷昂舉辦數年，經常出現有趣的啟發。我喜歡的其中一件事，是棋手的電腦畫面可以同步讓觀眾看到，有如特級大師頭腦裡裝了一個隱藏攝影機，看他們怎麼衡量各種變著。就算沒有機器輔助，這樣即時看見棋手的思考方式也很有意思。每一位棋手比賽時的完整分析樹都能保存下來，和另一位棋手進行對照，來看他們處理關鍵盤面時採用的手法有何不同。

更顯著的成果是先進西洋棋的實驗是怎麼接續下去的。二〇〇五年，線上西洋棋網站Playchess舉辦一個「自由式」大賽，任何人都能組隊來對戰其他棋手或電腦。在一般的情況下，下棋網站會使用「反作弊」的演算法，防止棋手用電腦輔助來作弊，或者至少減少這種情況發生。（這類演算法會對棋步進行診斷分析、計算可能性。我會想：這些演算法和它們試圖偵測的程式相比，是否一樣「有智慧」？）

由於比賽獎金豐厚，多位同時操控數台電腦的高強特級大師組成好幾隊參賽。一開始，比賽的結果似乎與預期相符：即使實力最強的電腦，也敵不過人機合作的團隊。西洋棋機器 Hydra 是一台位於阿拉伯聯合大公國的超級電腦，和深藍同樣是專門下西洋棋用的電腦，但它打不過一位實力強的人類用一台普通的電腦。人類的策略指導，加上電腦的戰術敏銳度，可以橫掃一切。

但比賽結束時出現了意外。最後獲勝的隊伍，結果不是採用頂尖個人電腦的特級大師，而是同時使用三台電腦的兩位美國業餘棋手克拉姆頓（Steven Cramton）和史蒂芬（Zackary Stephen）。他們操控、「訓練」電腦去深入研究盤面，技術精湛到勝過特級大師更優越的西洋棋知識和其他參賽者更強大的電腦運算能力。這是靠程序獲勝的戰果：聰明的程序打敗更優越的知識和科技。當然，此舉並沒有讓知識和科技變得無用，但證實了提高效能和協調合作方式可以大幅改善結果。我用這種方式說明我的結論：「弱人類＋機器＋更好的程序」勝過「單一強電腦」，更驚人的是還會勝過「強人類＋機器＋較差的程序」。

我在《走對下一步》一書中提到這次自由式西洋棋大賽的結果，以及我從中得到的結論；二〇一〇年為《紐約書評》雜誌（*New York Review of Books*）撰文時，又補充了一些看法。我收到的回應讓我意外，世界各地都有人致電或以電子郵件詢問我提出的那個小點子。Google 和其他矽谷公司紛紛邀請我演講，談論人機合作時程序的重要性；另外，投資顧問公司和商用軟體公司紛紛告訴我，他們多年來一直向客戶強調同一件事。美國麻州劍橋市Pegasystems公司的創辦人兼執行長特弗勒（Alan Trefler），年輕時曾是認真的西洋棋手和西洋棋軟體設計師。該公司製作商業程序管理軟體，特弗勒看到我的文章後異常興奮：「我們就是在做這件事，只是我一直無法說得這麼好！」

這種說法現在有許多版本，有人稱其中一些版本為「卡斯帕洛夫定律」，讓我覺得有點好笑，不過我想我們通常無法決定這種東西會叫什麼名字。這篇文章之所以那麼成功，時間點是一個很大的因素。由於機器學習和其他技術所致，智慧機器有了長足的進展，可是在許多方面，它們已經逼近資料式智慧的現實極限。資料庫從幾千種範例跳到幾十億種範例後會帶來巨大的改變，但從幾十億種範例增加到幾兆種不會帶來多大改變。為了因應這個問題，現在有了相當諷刺的轉折：許多公司和研究計畫花了幾十年，試圖用演算法取代人類智慧，現在卻要將人類大腦再度放進海量資料裡的分析與決策程序。西洋棋程式從知識演變成暴力法，但在暴力法出現收益遞減效應後又需要稍稍向知識走一些，其他方面的程式也一樣。在這一切中，程序又是關鍵，因為只有人類才能設計出程序。

改善合作效率還有一個障礙：介面。不論是視覺上的辨識或解讀意義，人類在許多方面的能力比機器更好，可是我們要怎樣讓人類與機器合作，好讓雙方的強項都能盡可能發揮，同時又不拖累電腦的速度？IBM和許多其他公司現在專注於「智力放大」（intelligence amplification, IA），將資訊科技當作增強人類決策的工具，而不是用自動人工智慧系統來取代人類決策。[11]在這方面，我們的孩子又遙遙領先：他們偏好照片勝過符號、偏好符號勝過簡訊、偏好簡訊勝過電子郵件、偏好電子郵件勝過語音留言。這一切講求的是速度，他們發展出越來越快的溝通方式，不僅是彼此互相溝通，還有和他們的裝置溝通。

一行程式碼、一顆滑鼠、一根手指、一道語音指示：和當今機器的驚人能力相比，這些只是原始的類比式工具。我們需要新一代的智慧工具，來當作人類與機器（以及機器與機器）的翻譯。一群人在會議中彼此說話並不是問題，因為大家都以人類的速度在運作，然而既然機器現在進入決策的領域，我們要怎麼和它們互動？日後仍有許多工作被自動化的智慧機器取代，可是如果你想要進入一個還會大幅成長許多年的領域，不妨試試看人機合作，以及程序架構與設計。這不只是「用戶體驗」（UX），更是用全新的方式將人機合作帶進各種不同的領域，並且創造這一切所需的新工具。

我們的演算法會持續變得更聰明，硬體會持續變得更快。機器處理某項工作的能力會漸漸增加，一直到它們與人類合作不再有利的地步，正如電梯最後不再需要操作員一般。事情的演變就是如此，而且假如我們運氣夠好，還會看到源源不斷的科技進展，事情就會一直這樣演變下去。我認為此話為真，而且這是好事，因為若非如此，我們只會停滯、生活水準下降。若要走在機器前面，我們不能想辦法讓機器減速，因為這樣一來我們的速度也會降低。我們必須讓機器加速。我們需要給它們成長的空間，也給我們自己成長的空間。我們必須向前進、向外拓展、向上推。

結語
向前進、向上推

一九五八年，美國科幻小說巨擘艾西莫夫（Isaac Asimov）寫了一個極短的短篇故事，標題是「權力感」。故事裡卑微的技工奧伯（Myron Aub）發現，他可以在紙上將兩個數字相乘，因而仿製他電腦的工作。太驚人了！這個驚人的發現一路傳到更高的階層，將領和政治人物紛紛被奧伯的黑暗魔法震懾。最高階的將軍對此更好奇，因為人為的計算可能讓地球的軍隊有決定性的優勢，在對敵對星球德尼布（Deneb）的戰事中突破長期一直被電腦侷限住的僵局。

奧伯這項驚人的能力被稱為「圖像算術」，他可以在紙上計算，甚至可以在頭腦裡計算，消息最後一路傳到總統耳裡。一位議員這樣說明這種能力的潛力，讓總統非常激動：「我們會結合計算的機制與人類的思考；我們會有與智慧電腦相等之物；而且會有好幾十億個。我無法詳細預測這有什麼後果，但後果一定難以估算……理論上，電腦能及之事沒有人腦辦不到的。電腦只會拿有限的資料，對之進行數量有限的操作。人腦可仿製這個程序。」

因此，總統被說服發動「數字計畫」，探索這種能力的軍事應用。故事的結局是典型的艾西莫夫式諷刺情節：將軍告訴新成立的團隊（其中包括剛剛升階的奧伯），他的願景是將太空船和飛彈上的昂貴電腦，以使用圖像算術的人類取代。他最後說：「戰爭的迫切需求讓我們記住一件事：人類比電腦更可有可無多了。」[1]這對可憐的奧伯太難受了，他回到房間裡自殺，留下一張紙條說他無法承受發明圖像算術的責任，他本來希望這個能力可以用來造福人類。

艾西莫夫對人機關係的演變著迷，他的機器人故事遠比這個短篇小說有名，也印證了他的著迷。從〈權力感〉的出版時間來看，可以確定的是艾西莫夫想的不只有人類變笨、被機器取代而已。美國和蘇聯不久前都測試過氫彈，世人也爭辯著核融合發電的願景與終結全世界的災難。我們這些強大的新能力會被用於善事，還是被當成毀滅的工具？

從人類的歷史來看，答案通常是「以上皆是」，但最近幾十年來我們更奮力將這些能力用在造福人類。不論你看完一個小時的電視新聞後有何感想，我們現今的生活比人類歷史上任何時間更健康、更長壽、更安全。我在上一本書《寒冬將至》（*Winter Is Coming*）裡警告，這是一個地緣政治的潮流、季節，如果我們不設法保住，這種潮流會逆轉。我們的科技不會管是善是惡，它們對此不可知。智慧型手機讓全世界的人相連，同一個手機可以讓家人彼此聯絡，也可以用來計畫恐怖攻擊。道德的層面在於我們人類怎麼使用科技，不是我們應不應該打造這些科技。

這個討論當中有許多明顯相互牴觸的思路，本書裡也涵蓋不少。我不想假裝我有一切的答案。關注我們的科技將把我們帶向哪裡，既是一件有益的事，也是必要的事。我在大部分的時間裡樂觀，有時感到擔憂，大半只會擔心我們也許沒有遠見、想像力和決心來做到我們必須做的事情。

談論人工智慧，很難不在科技、生物學、心理學和哲學領域切來換去。這當中也許還可以加上神學和物理學，而既然現在自動化智慧在商業模型中非常重要，其後果又對有投票權的公民一樣重要，那麼可以再加上經濟學和政治學。

在我的經驗裡，相關討論會迅速拓展到各種多元的專業領域，最感挫折的通常是科技專家。科技專家在做什麼、怎麼做這些事，以及這些事情到底代表什麼意義？幾乎每個人都有自己的見解。電腦專家被問到「大腦」等形而上的概念時往往已經覺得厭煩，遑論「人類靈魂」這個主題了。另外，程式設計師和電子工程師很少會去逼問哲學家，或跑去敲教堂的大門，來討論人類意識的性質；他們也不會打電話給政治人物，討論超智慧機器人在全球安全方面有什麼影響。好消息是，當哲學家和政治人物上門時，有一些人的確會開門應答。

許多人工智慧研究員經常與神經科學家聚在一起，偶爾還會放下身段和心理學家聊天，但大多數時間只想要不受打擾，專注研究他們的機器和演算法。如費魯奇、諾米格和其他人所說，他們想要解決可以解決的問題，不想花上可能長達幾十年的時間去研究或許沒有什麼實際效果的事情，就算他們取得進展也一樣。人生太短了，他們想要帶來改變。「什麼東西讓我們是人類？」「什麼是智慧？」這類與人工智慧相關的哲學問題，可以引來大眾和媒體的關注，可是就真正做事情來說，這些只是不切實際的紛擾。

無論論證有多麼好，我們到底有沒有必要關心某個東西是否在某種定義下「有智慧」？我必須承認，我在這方面知道的越多，越不想管。西洋棋是泰斯勒（Larry Tesler）所謂「人工智慧效應」的最佳範例，「人工智慧效應」係指「智慧就是機器還沒有達成的事情」。我們一旦找到方法讓電腦做出某種有智慧的事情（像是下出世界冠軍水準的西洋棋），就會認為這件事並不是真正的智慧。另有人指出，一旦某個東西變得實用、通用，這個東西就不再被稱為「人工智慧」。這種情況又印證了一件事：這些論述只會在短時間內有意義。

例外是那些想要探索人類認知的奧祕、挑戰潛在機器認知的人，但商業界和學術界越來越強調現實結果，這些人經常不被商業界和學術界重視。最大型的大學仍舊是例外，不過即使是覆滿常春藤的象牙塔，仍有一股壓力推著大家去發表論文、申請專利和獲利。貝爾等大型跨國公司和國防高等研究計畫署等政府研究計畫，以前大量挹注基礎研究和實驗性計畫，這些日子已經結束了。多年以來，研發經費不斷被刪減，任何不會討好基層的事物都被投資人懷疑。政府資助的研究偏好產出用在既有需求上的特定裝置，而不是解答具野心、無具體目標的大問題，像是克萊洛克的大哉問：「我們要怎麼讓世界上所有的電腦彼此交談？」

牛津大學馬丁學院聚集了一些這種例外的人，在專門化、基準化與九十頁長的經費申請書當道的今天，馬丁學院鼓勵大家進行已經退流行的跨領域連結和自由聯想。二〇一三年起，我成為馬丁學院的資深訪問學者，在那裡有幸遇到許多天才，包括《超智慧：出現途徑、可能危機，與我們的因應對策》（*Superintelligence: Paths, Dangers, Strategies*）一書作者伯斯特隆姆（Nick Bostrom），以及在他人類未來研究所的其他學者和研究人員。馬丁學院創始院長戈爾丁（Ian Goldin）認為，讓我和他的同事進行非正式的工作坊，來談論更廣面的問題，而不是討論他們每天在實驗室和研究中面對的東西，應該是有意義的事。[2]

商業界有言：假如你是房間裡最聰明的人，表示你走錯房間了。每年造訪牛津結束後，我得說：覺得自己是房間裡最不聰明的那個人也不好受。我對自己熟知新事物相當自豪，通常面對複雜的主題也能快速跟上。我閱讀的範圍很廣，各種領域都有許多聰明的朋友，幫助我的頭腦隨時走在尖端。牛津大學的討論完全是另一個層次，而且每一次都太早結束了。

除了讓我自己聽起來不像房間裡唯一一個沒有五、六個高等學位的人之外（不過實際情況確實如此），我的目標是要稍稍攪動大家的專業思維。我請他們踏出自己的安全範圍，說出他們對自身領域最失望的事情是什麼，以及他們認為大眾更應該關注的事。我們討論了前五年最重要的預測失準是什麼，也請他們預測接下來五年的事。我還請他們談論政治與官僚制度裡阻礙重要研究的瓶頸，以及取得贊助和其他經費時經常有違常理的制度。

大家的回答一直非常吸引我，看到這些頭腦菁英聽到隔壁棟的同事正在做類似的事後大感驚訝，或是他們有常見的怨言和煩惱，也是一件好事。我回顧過去三年的筆記，發現他們許多人面臨一個難題：要處理能幫助現今很多人的問題，還是要處理在中、長程未來能幫助人的問題？資源是有限的，如一位醫學研究人員所說，你要致力研發更好的蚊帳，還是治癒瘧疾？我們當然可以兩者都做，也應該想辦法並行，可是這樣說明了現實的難題，即使是最迫切的研究也都需要面對。

我多年對戰電腦下來，哪件事情比較重要？如果我準備得更好，也許可以讓無可避免的事情拖個幾年？還是，經過數十年的研究和科技進步，機器達到顛峰？我想，你應該知道我自己的答案一定帶有一些偏見，可是我不可能阻擋機器太久。一九九六年至二〇〇六年間，人機對戰西洋棋是真正的競賽，我覺得這段期間很久，是因為我處在前線上。隔一段距離來看，這是一個好例子：與加速進步的科技相比，人類的時間和能力根本不算什麼。

假如把這個轉變畫成圖表來更清楚理解，就能輕易看到人工智慧與自動化技術的興盛為什麼會讓人驚恐。幾百年來，人類在西洋棋和所有需要認知能力的行為上，都遠勝機器。我們在所有需要智能的領域主宰了幾千年，從未受到挑戰。到了十九世紀，機械計算機的影響稍微可見，但真正的競賽是到數位時代（姑且說是一九五〇年以後）才開始的。自此之後，機器又花了四十年，深思才真正威脅到頂尖的人類棋手。八年後，我輸給一台特製、造價極昂貴的深藍。再過六年，即使我準備更充分，比賽規則也更公平，面對最頂尖的 Deep Junior 和 Deep Fritz 兩個西洋棋引擎，只能在兩次系列賽中打成平手；這些西洋棋引擎至少和深藍一樣強，但用來運作的機器只是標準的伺服器，要價分別只有幾千美元。二〇〇六年，從我手中接下世界冠軍頭銜的克拉姆尼克與最新一代的 Fritz 對戰，比賽規則對他更有利，結果卻以四比二的成績落敗；以標準人類競賽規則進行的人機對戰於此告終。日後的對戰必須設法讓機器讓步才能進行。

把這一切畫成時間軸：幾千年來人類主宰是常態，再來是幾十年虛弱的競賽，接著是幾年互相爭奪王位，再來就一切結束。時間無限地延續下去，在人類接下來的歷史裡，機器下西洋棋的能力都會比人類好。在歷史時間軸上，競賽的期間只不過是蕞爾一點。無論是軋棉機、生產線機器人或智慧程式，所有事物的科技進展都是這樣單向、無可避免。

競賽的那一點期間會受到大家注意，因為當這一點發生在我們生命當中，我們會有強烈的感受。競爭的階段常常直接反映在我們的現實生活中，所以我們會誇大它在宏觀歷史中的重要性。當然，這不是說這一點完全不重要：假如我們認為，因為干擾性科技出現而受害的人都應該被略過才對，畢竟從長遠來看，他們受苦完全無關緊要，這種看法非常冷血。重點是，我們若要尋找方式來減輕受苦，沒有「往回走」的選項。這會帶出一個必然的結果：跟對抗改變、死命保住既有狀態相比，開始尋找替代方案、將改變帶往更好的方向，幾乎一定比較好。

最重要的結論不在競賽的那一點附近，而是在那一點之後通往永恆的長線上。我們從來不會回到以前的狀況。不論有多少人擔憂工作機會、社會結構或殺人機器，我們絕對不可能回頭。回頭走有違人類的進展，也有違人類天性。一旦機器可以把工作做得更好（更便宜、更快、更安全），人類只會為了消遣做同樣的工作，再不然就是停電時。一旦科技讓我們有辦法做到某些事情，我們絕對不會放棄它們。

流行文化不會論定命運，可是以前的科幻市場現在大多被超自然和中世紀幻想取代，我認為是一件顯著的事情。快速看一下亞馬遜網站的「科幻與奇幻」暢銷排行榜，就會發現榜上的二十本著作全都有吸血鬼、龍或巫師，甚至三者全包。許多才華洋溢的作家寫下出色的奇幻故事，我自己也很迷托爾金的小說和哈利波特，可是我們若在流行文化裡尋找指向，看到巫師的魔杖揮一揮，就取代了「想像未來」這件艱困又甚具價值的工作，無疑讓人失望。

換個角度想，看完詹姆斯．卡麥隆的《魔鬼終結者》（一九八四年）或前華卓斯基兄弟（Wachowski Brothers）*的《駭客任務》（一九九九年），很難不對科技抱持悲觀的想法。兩部電影的主題都是人類的科技以暴力打擊人類。這是經典的動機，但這個古老想法現今更切身相關，因為我們從一九八〇年開始被電腦包圍，而且人工智慧現今是重要的研究與討論課題。美國人工智慧協會（Association for the Advancement of Artificial Intelligence）於二〇〇九年在加州蒙特雷（Monterey）開會時，其中一個討論主題是超智慧電腦是否可能擺脫人類的控制，多數人認為不可能。

超智慧機器會超越它們的創造者，甚至可能攻擊創造者，此一想法有悠久的歷史。一九五一年，圖靈在演說中提出看法，認為機器會「擺脫我們的虛弱能力」，最後「拿下控制權」。電腦科學家暨科幻作家文奇（Vernor Vinge）推廣了這個概念，在一九八三年的文章中創造「奇異點」（singularity，或稱「奇點」）一詞，現今多用來描述科技凌駕人類的那一刻。他寫道：「我們不久就會創造出超越自己的智慧。這件事發生時，人類歷史有如屆臨奇異點，一個難以透視的智能轉換，有如黑洞中心打結的時空一樣不可見，世界會遠遠超出我們的理解能力。」[3]十年後，他補上更明確、更可怕的一行字，現今已廣為人知：「三十年內，我們會有創造超人類智慧的科技能力。不久之後，人類的時代便會終結。」[4]

伯斯特隆姆拾起了這面旌旗，繼續向前跑：他結合了淵博的知識與教育大眾的專長，向大眾宣傳超智慧機器的危險。《超智慧》一書超越一般常見的驚恐之詞，詳細說明（但有時仍然讓人恐懼）我們要如何創造出遠比我們有智慧的機器，為何要創造出這樣的機器，以及它們為何會覺得沒必要讓人類活下來。

創造出無數發明的未來學家庫茲威爾（Ray Kurzweil），則是拿著超智慧機器的概念往反方向走。他在二〇〇五年出版的著作《奇點臨近》（*The Singularity is Near*）成為暢銷書，

---

* 譯注：美國導演勞倫斯・「拉里」・華卓斯基（Laurence "Larry" Wachowski）和安德魯・保羅・「安迪」・華卓斯基（Andrew Paul "Andy" Wachowski）分別於二〇一二年和二〇一六年公開變性後的女性身分，並分別改名為拉娜・華卓斯基（Lana Wachowski）和莉莉・華卓斯基（Lilly Wachowski），成為華卓斯基姐妹（The Wachowskis）。

不過他的預言與許多預言一樣，「臨近」表示距離近到讓人覺得不祥，又沒有近到讓人清楚看見。庫茲威爾描述的未來近乎烏托邦，科技奇異點結合遺傳科學和奈米科學，增強了人類的大腦和身體，讓人類趨向程度極高的認知與壽命。

夏吉採取比較務實的研究方向，替自主機器設立道德規範，特別是他簡扼描述為「殺人機器人」的自主機器。我們已經非常接近這個地步了：現今的無人飛機已經可以做到所有的事，只差自己按下扳機而已；另外，遙控殺人的道德與政治面向理應是我們早就要面對的課題。夏吉的責任機器人基金會（Foundation for Responsible Robotics）也要我們思考自動化的社會效應，以及自動這件事會如何影響人性本身。夏吉說：「我們現在應該退一步，在科技偷偷過來咬我們一口之前，好好想一想科技的未來。」讓夏吉等知名科技專家發聲是重要的事情，因為這樣可以避免一種責罵聲：任何倡議暫停一下的人，都是唯恐天下不亂的反科技分子。

我和夏吉於二〇一六年九月在牛津碰面時，他向我說明，我們除了在維安和軍事上面臨機器人化的革命，舉凡看護照料、教育、性愛、交通和服務業等工作，也即將面臨機器人化的革命。雖然如此，關於這方面的統合政治或國際討論仍然少得令人憂心。他說：「大家的做法好像是一直夢遊下去，就像我們對網際網路那樣。」他的結論是：「有些大人物在外頭拚命大喊，人工智慧會占據全世界，把我們全部殺光。我不認為這種事會在近期發生。在此同時，這種聲調又干擾了近期未來的迫切議題。雖然大家誇大其詞，人工智慧其實非常愚笨又狹窄，我們卻逐步讓人工智慧控制更多人生的面向。」

夏吉的基金會倡議國際性的人類科技權利議案，這個議案會定義與規範機器針對人類所做的決定，以及人類與機器人的互動。我立刻想到艾西莫夫的「機器人三定律」，但在現實生活裡，事情遠比這個複雜。[5]

我問了麻省理工學院的麥克費（《第二次機器時代》〔*The Second Machine Age*〕和《與機器競賽》〔*Race Against the Machine*〕的共同作者），他認為現今對人工智慧最大的誤解是什麼，他的回答很簡要：「最大的誤解是，大家期望奇異點近在咫尺，或者恐懼超智慧即將到來。」麥克費以合乎常理、人性的方式研究科技對社會的影響，與我的觀點最接近。他的務實手法與機器學習專家吳恩達（Andrew Ng）的思路相仿。吳恩達曾任職於Google，現任職中國的百度，他曾經說過，現在憂慮超智慧的邪惡人工智慧，有如擔憂「火星上人口過多」。

我不是說我不感激伯斯特隆姆等人憂慮這些事，只是想要他們替我憂慮這些事就好，因為當下還有更多迫切的事情要處理。即使是明顯有害的副作用，我也習慣將之視為成長痛，在新科技的初期可能看似影響重大，但長遠看來沒什麼。「新」不一定代表「好」，但認為「新」一定代表「不好」也是一種錯誤的想法，如果一直悲觀視之，對我們文明的發展更有害處。

我們無法確知新科技會帶來什麼改變，但是我對這些與科技一同成長的年輕人有信心。

我相信，他們會找到新奇的方式來運用科技，就像我的世代運用電腦和人造衛星，以及每一個世代運用科技來實現人類夢想一樣。

結語通常是用來結束討論用的，但我比較想用這個結語來激發想法。我希望你把這段結論當作閱讀清單，起而主動創造出你想見到的未來。這個爭辯是獨特的，因為這不是學術爭辯，也不是事後檢驗。只要相信未來的科技是正面的人越多，未來是正面的可能性就越大。我們都會透過自己的信念和行動，選擇出未來的樣貌。我不相信有我們控制不了的命運。沒有事情是先決定好的。沒有人是旁觀者。賽局已經開始，我們全部都在棋盤上。如果要贏，只能讓夢想更大、讓想法更深入。

這不是烏托邦與反烏托邦之間的抉擇，也不是我們對抗任何其他的事物。我們必須全數發揮自己的野心，才能走在科技之前。我們很擅長教機器做我們的工作，未來只會更擅長。唯一的解決之道，就是創造出連我們自己都不知道要怎麼進行的新工作、新任務、新產業。我們需要新的疆界，以及探索這些疆界的意志。我們的科技善於讓我們的人生少去困難、不確定之事，所以我們必須不斷尋找更困難、更不確定的挑戰。

我先前說過，我們的科技能讓我們更有人性，因為科技讓我們更有自由發揮創意的空間，可是人性不只有創意。我們還有其他的特質，是機器無法匹敵的：它們只有指令，但我們有目標。機器不會做夢，就算在休眠模式裡也不會。人類會做夢；我們需要我們的智慧機器，才能將最宏大的夢想變成事實。假如我們停止做大夢，假如我們不再尋求更宏大的目標，那麼我們也只不過是機器而已。

謝辭

我要感謝西洋棋界與電腦科學界諸位先驅，一同參與史上最長的科學實驗：追求建造出世界冠軍等級的西洋棋機器。站在他們的肩膀上，一同參與這項追求，我的人生與職業生涯更為豐富，增色的程度難以言喻。本書強調了許多人的名字和貢獻，其中有些人是我可敬的對手，有些人更成為我的好友。

弗瑞德點燃了我對西洋棋機器的興趣，不過他太愛西洋棋機器了，我一直無法確定他到底站在哪一邊。湯普遜對我從事的競賽及我對戰機器的比賽貢獻了可貴的專業知識和善意。李維和紐波恩將電腦西洋棋當作一種方法，來教導大眾機器智慧與西洋棋。薛弗、馬斯蘭（Anthony Marsland）和米契除了有諸多科技成就，數十年來關於賽局機器的著作亦深具啟發。魏倫韋伯與墨希創造了ChessBase和Fritz，這些程式界定了職業西洋棋界的電腦時代。安南塔拉曼（Thomas Anantharaman）、康培爾、侯恩和許峰雄在卡內基美隆大學創造了深思，到了ＩＢＭ轉變為深藍。他們奪下圖靈、夏農和維納夢想的聖杯實至名歸；他們當時從我手中奪下這個聖杯，並非我的不幸，而是我的大幸。我的朋友布辛斯基和班恩創造了驚人的Junior程式，我於二〇〇三年進行生涯中最後一次人機對戰時，Junior是我的對手。

近年來，許多專家有耐心地教導我關於人工智慧與機器人學的知識。這些人包括伯斯特隆姆與他在牛津大學馬丁學院人類未來研究所的同事、麻省理工學院的麥克費、謝菲爾德大學的夏吉、牛津布魯克斯大學的庫爾克，以及橋水公司的費魯奇。我沒有親自見過侯世達或莫拉維克，但他們關於人類與機器認知的著作非常發人深思，也極為重要。

在此也要特別感謝我在葛納特公司（The Gernert Company）的經紀人帕里斯—蘭姆（Chris Parris-Lamb），以及我在公共議題出版社（PublicAffairs）的編輯班・亞當斯（Ben Adams）。他們的耐力十分出眾，西洋棋手向來熱愛時間限制帶來的麻煩，而他們也願意配合調整截稿期間。另外，要感謝公共議題出版社絕佳的團隊：奧斯諾斯（Peter Osnos）、普萊德（Clive Priddle）和萊費爾（Jaime Leifer）。葛林加德身為我近十九年來的合作對象，在本書寫作時，他以前在程式設計和西洋棋的經驗更顯難能可貴。

附錄

西洋棋基礎

王年愷　撰文

由於本書有數章描述卡斯帕洛夫和深藍的西洋棋比賽，為了讓不熟悉西洋棋的讀者能理解書中的描述，因此在這裡淺略說明西洋棋的基本規則與棋譜記譜方式。

西洋棋使用八行八列、格子黑白相間、總共六十四格的棋盤；棋盤上橫向的一排方格稱為「行」（rank），記譜時由近至遠以阿拉伯數字1至8表示，縱向稱為「列」（file），記譜時由左至右以英文小寫字母 a至h表示（遠、近、左、右一律以白棋的觀點而論）。以圖案表示時，習慣上一律將白棋放在下方。擺盤時，棋手面對棋盤時的右下角必須是白格（換句話說，左下角必須是黑格）；卡斯帕洛夫在正文裡提到，電影中出現西洋棋時棋盤常常擺錯，就是指棋盤的方向錯誤。

西洋棋的棋子分為白、黑兩色，下棋時由執白棋的一方先動。雙方各有十六顆棋子，分別如下：

兵（pawn，圖示為♙♟，記譜時不寫代號）：只能向前走，不能向後退；除了第一步可以選擇走一格或兩格外，其餘每步只能走一格，吃子時為向斜前方吃。在一開始時，雙方各有八顆兵，占滿離自己倒數第二近的整行（亦即：白棋的兵占滿第2行，黑棋的兵占滿第7行）。在圖一中，c4的黑兵可以吃掉b3的白兵；e2的白兵由於位於起始位置（第2行），第一步可以選擇走到e3或e4，但f6的黑兵由於已經離開起始位置（第7行），下一步只能走到f5。兵走到最後一行時會「晉升」（記譜以＝表示，後接晉升為何種棋子，如晉升為王后則記為＝Q），可以升級成為國王以外的任何棋子，一般而言會選擇晉升為王后（因為威力最強，可以走與城堡、主教相同的棋步，因此晉升為城堡或

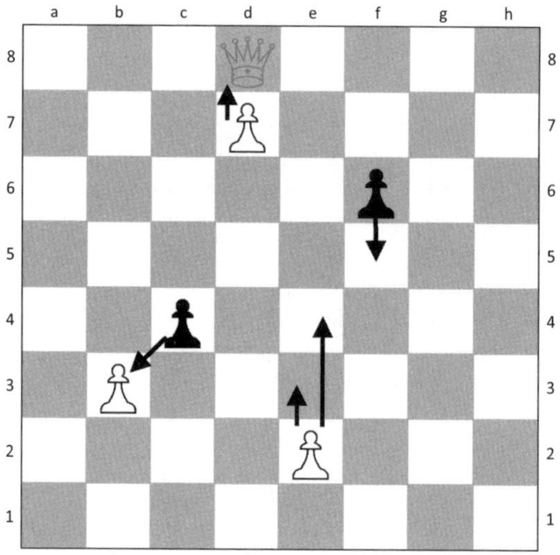

圖一

主教沒有太大的意義），但有時可能會為了戰術考量選擇晉升為騎士。圖中d7的白兵只差一格就會到達第8行，下一步就能晉升。

城堡（rook，圖示為♖♜，記譜代號為R）：如**圖二**，走法如象棋的車，可以前、後、左、右直向走，格數不限。

騎士（knight，圖示為♘♞，記譜代號為N）：走法類似象棋的馬，為L字型，先朝一個方向移動兩格，再轉九十度移動一格。騎士可以跨越任何別的棋子，但與象棋的馬不同的是沒有「拐馬腳」的限制。在**圖三**中，d5上的白騎士可以移動至e7、f6、f4、e3、c3、b4、b6、c7，不受黑城堡或白兵的影響。由於騎士的走法特殊，卡斯帕洛夫在正文裡說這種走法最難以視覺化；另外，數學上有一種謎題叫

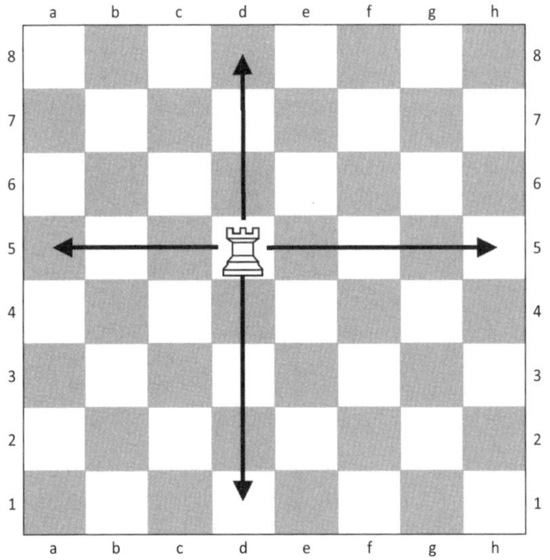

圖二

「騎士的旅程」，係指讓一顆騎士走完棋盤所有六十四格，而且每一格只走一遍的路徑。

主教（bishop，圖示為♗♝，記譜代號為B）：如圖四，只能斜走，但格數不限，因此黑格上的主教只能走黑格，白格上的只能走白格。

王后（queen，圖示為♕♛，記譜代號為Q）：威力最強的棋子，如圖五，可以直走、橫走、斜走，格數不限。

國王（king，圖示為♔♚，記譜代號為K）：如圖六，可以直走、橫走、斜走，但每步只能走一格。與象棋的將／帥不同，西洋棋裡的國王沒有「王不見王」的規定，也沒有限制活動的範圍；國王在開局和中盤時雖然威力不強，但到了殘局經常會需要保護兵至兵晉升，或者與其他

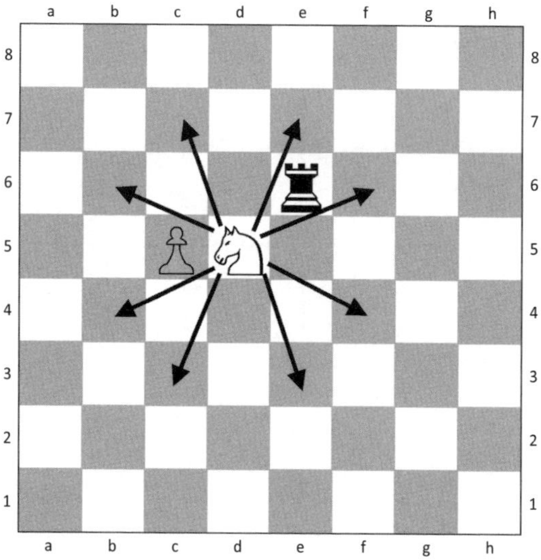

圖三

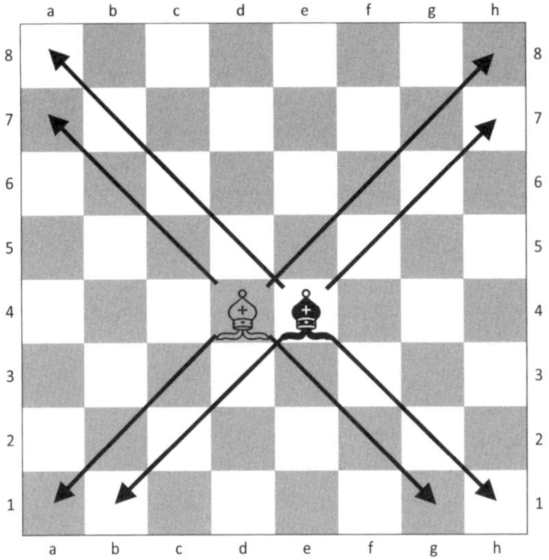

圖四

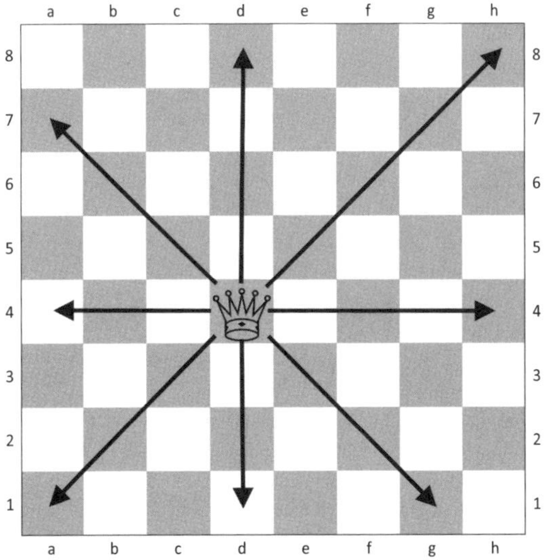

圖五

主力棋子一同進逼對方的國王，威力因此大增。

擺盤時各個棋子的位置如下：雙方在最接近自己的一行放置主力棋子，由外而內依序為城堡、騎士、主教；王后放在同色的格子上，國王放在王后旁邊（白棋的王后放白格、黑棋的王后放黑格；因此，雙方的王后會放在同一列上，國王也會放在同一列上，這是經常會出錯的細節）；最後在前面一行放滿八顆兵。完整起始位置如圖七。

棋子在上述的基本走法之外，另有兩個例外走法。一個是「吃過路兵」（en passant）：兵在走第一步時可以選擇走一格或兩格，但如果其中一方的兵只走一格會被對方的兵吃掉，因而改走兩格，對方

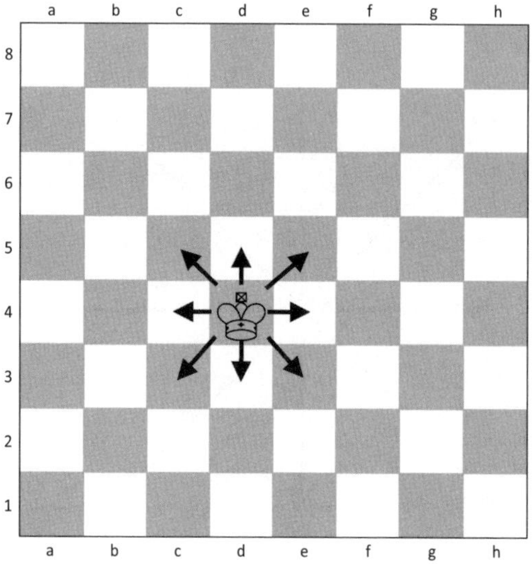

圖六

仍然可以依照正常的吃法將兵吃掉。如圖八，如果黑棋f7的兵向前移動兩格至f5，白棋位於e5的兵可以向斜前移動到f6吃掉黑棋的兵。此一規則只有在吃與被吃者都是兵時才適用。

另一種例外的走法是「國王入堡」（castling），亦有仿象棋的稱呼稱之為「王車易位」。這是唯一一種國王走超過一格、騎士以外的棋子越過其他棋子，以及同一步內動兩顆棋子的走法。當國王與城堡之間完全沒有別的棋子時，國王可以和城堡交換位置：國王先向城堡的方向移動兩格，城堡再移動到國王另一側的鄰格上。如果國王與靠近它這一側（王翼）的城堡交換位置，稱為「短入堡」（記譜為0-0；依照不同的習慣，可以是阿拉伯數字0或大寫英文字母O）；與靠近王后

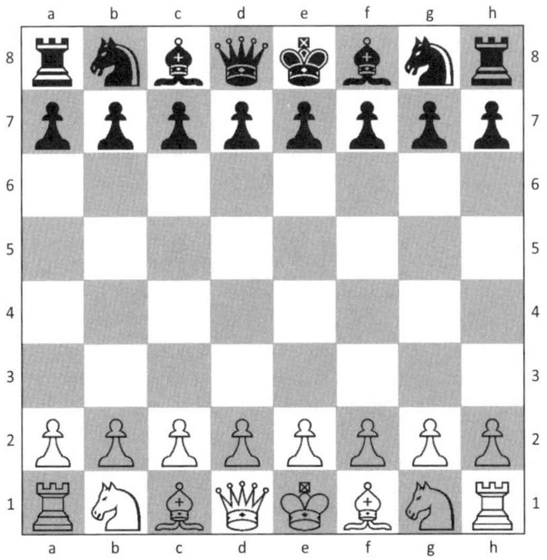

圖七

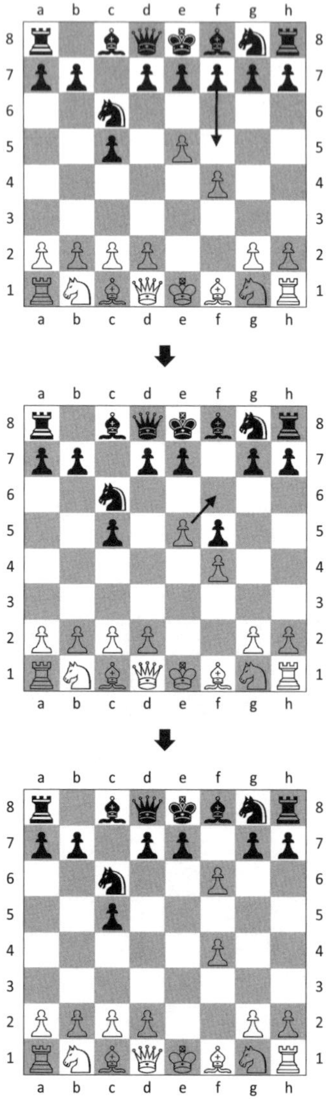

圖八

那一側（后翼）的城堡交換位置，稱為「長入堡」（記譜為0-0-0）。如圖九，假設雙方的城堡與國王都沒有移動過，黑棋可以長入堡，白棋可以短入堡。

國王入堡有限制：首先，國王和要移動的城堡不能動過（也不可以移動過又回到原位）；再者，國王在移動之前不能被將軍、移動時經過的格子不能被將軍、最後落點的格子也不能被將軍。在圖十中，假設雙方的國王與城堡都沒有動過，如果輪白棋動，假如與a1的城堡進行長入堡，國王會經過d1，但這一格會被黑騎士攻擊，所以白棋只能和h1的城堡進行短入堡。如果輪黑棋動，國王長入堡會落在c8，短入堡會落在g8，但這兩格都會被白主教攻擊，所以黑棋兩側都不能入堡。受攻擊的限制只適用於國王，城堡則沒有此限。

國王被將軍（受到對方棋子直接攻擊）時，將軍的一方需要口頭說「check」，以提醒對方叫吃；此時對方必須想辦法解除威脅（移動國王、吃掉叫吃的棋子，或是用別的棋子擋住），不能走別的棋步。當其中一方的國王受到直接攻擊，但解除不了威脅時，稱為「將死」（checkmate），此時便分出勝負。不過，西洋棋與象棋另一個不同之處是和棋的規定，因此西洋棋的比賽經常以和棋收場。如第十一章所述，一九九五年卡斯帕洛夫與安南德的世界冠軍賽總共預計下二十盤（最後只下了十八盤便分出勝負），一開始雙方連續八盤下成和棋，成為當時世界冠軍賽中連續和棋次數最多的紀錄；在十八盤當中，分出勝負的總共只有五盤，剩下十三盤全以和棋結束。除了比賽中雙方直接議和之外，西洋棋的和棋規則總共有三種：

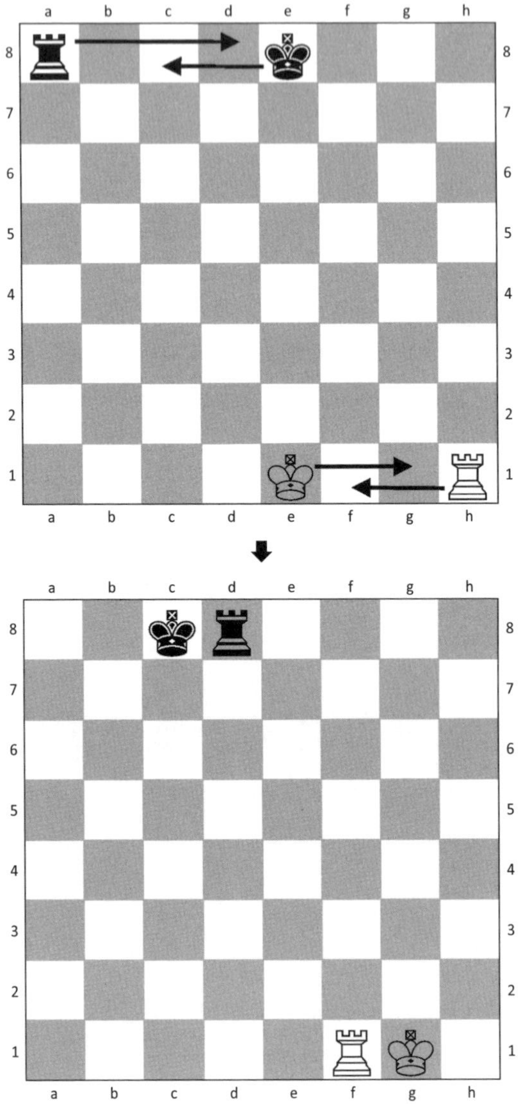

圖九

逼和（stalemate）：如果一方的國王沒有受到直接攻擊，但無法動彈，而且沒有任何其他的棋子可以動，這樣稱為「逼和」。這一點與象棋不同：象棋在這樣的狀況稱為「困斃」，無子可動者判負，但西洋棋算和棋。圖十一輪黑棋動：黑棋的國王無法移到g8或h7（皆會被白城堡攻擊），無法吃掉白城堡（因為會被白國王攻擊），除了這些之外完全無路可走，但是也沒有受到白棋的直接攻擊，因此視為和棋。

三次局面重複（threefold repetition）：假如同樣的局面（所有的棋子位置都一樣）在一盤棋中出現三次，視為和棋。

五十步規則（fifty move rule）：假如雙方合起來總共走了五十步，但這五十步

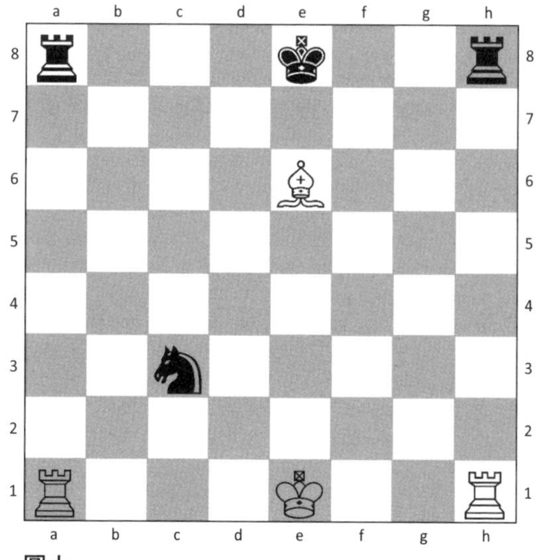

圖十

內沒有任何棋子被吃，而且也沒有任何兵走動過（或是棋盤上完全沒有兵），視為和棋。

要注意的是，以上三種和棋規定當中，後兩者必須由其中一位棋手提出和棋，不是三次局面重複或五十步沒有吃子就自動視為和棋。五十步規則是為了避免其中一方在盤面棋子數量不足的情況下繼續拖延時間，因為絕大多數的殘局都可以在五十步以內將其中一方逼至將死。但到了二十世紀後半，電腦西洋棋引擎發現有一些殘局可以在超過五十步逼至將死（包括城堡與主教對城堡；白棋有一顆城堡與位在a2的兵，黑棋有一顆位在黑格上的主教與位在a3上的兵；以及兩顆騎士對一顆兵），因此一九六五年時國際棋聯修改規

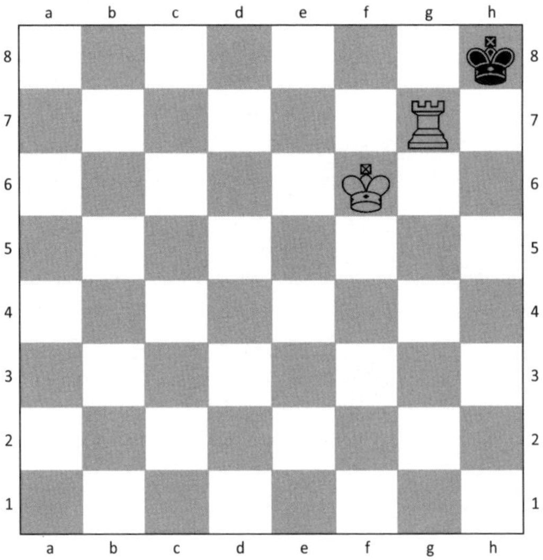

圖十一

則，變成特定盤面下可以延長。這項規則在二十世紀後半經過多次修正，除了詳細列出哪些盤面可以延長之外，需要走的步數也分別改成一百步和七十五步，但二〇〇一年又全數改回五十步。一般來說，在正式比賽裡真正走到將死或和棋所需之步數的情況很罕見；職業棋手平常就會練習各種組合的殘局，因此殘局時只需要看盤面上雙方各有哪些棋子就能知道哪一方會獲勝，或是最終會變成和棋。以圖十一為例，只有非常拙劣的棋手（或是不懂西洋棋和棋規定的人）才會下成那樣的局面，因為所有研究過單城堡殘局的人都會練習用城堡和國王逐步縮小另一方國王的範圍，理論上最後會變成圖十二的將死局面，因此照理來說只要殘局時變成國王加城堡對國王，雙方會立刻知道勝負已定。

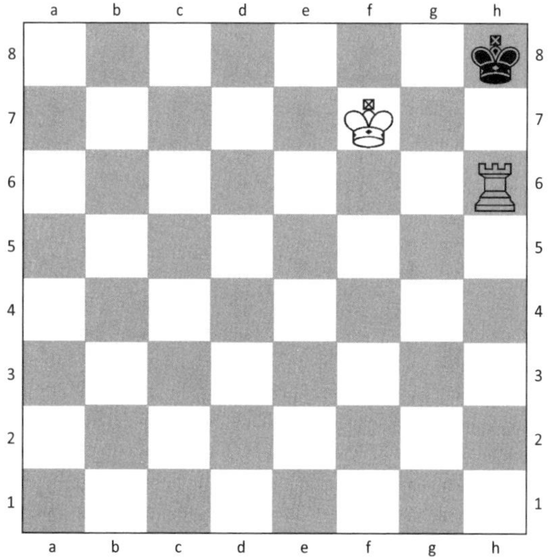

圖十二

記譜時，每一步（雙方各動一次為完整的「一步」）前方會用數字標明第幾步，接下來分別標出白棋與黑棋移動到哪一格上。以常見的開局法「西西里防禦」而言（一九九六年二月十日，卡斯帕洛夫對戰深藍的第一盤便是西西里防禦，此盤中深藍執白棋），各種西西里防禦的變著都是以這一步開始的：

1.e4 c5

下完後如圖十三。

由於這一步雙方都是移動兵，如先前所述，兵在記譜時不會特別標記代號。另外，記譜時只標記棋子移動到哪一格，原則上不會標記棋子的起始格；以此例而言，由於在格子代號前面沒有棋子的代

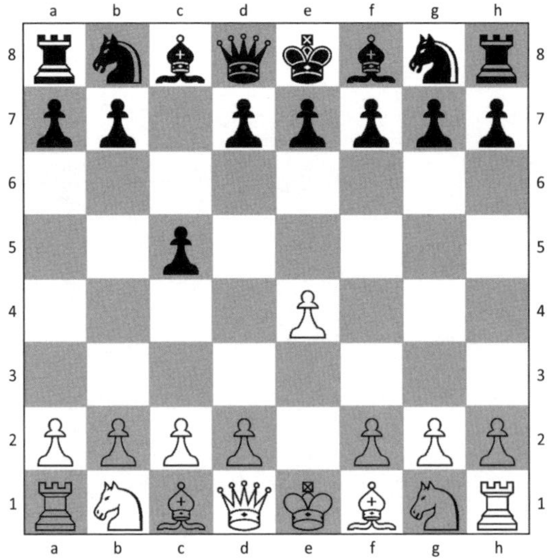

圖十三

號，可知移動的是兵，不是任何別的棋子，而能夠分別移動到e4和c5的兵各只有一顆，因此沒有混淆的問題。

延續此例，西西里防禦可以再延伸出許多變著（variation），《西洋棋開局百科》（*Encyclopedia of Chess Openings*，簡稱ECO，各種開局法皆有ECO編號）總共列出了八十種變著，但所有的變著皆以同樣的第一步開始。西西里防禦龍式變著（Sicilian Dragon）便是其中一種，以這一套棋步走完後白棋的棋形有如一條龍而得名，另外此一變著也遵循「先發展騎士，再發展主教」的原則，讓騎士先出動：

1.e4 c5 2.Nf3 d6 3.d4 cxd4 4.Nxd4 Nf6 5.Nc3 g6

走完這五步棋後的盤面如圖十四。

在記譜時，假如有可能分辨不出移動的是哪顆棋子，就會另外標出移動的棋子原本位於哪一行或哪一列。以下的例子出自一九九六年卡斯帕洛夫對戰深藍的第二盤（一九九六年二月十一日，卡斯帕洛夫執白棋），下完第八步後的盤面如圖十五。第九步時，白棋吃掉黑棋位於c4格上的兵，但由於a3和e5上的騎士都有可能移到c4上，因此記下第九步時需要再標記是a列上的騎士移動，並再以x表示這一步有吃子。第九步結束後的完整棋譜如下；另外可以注意白棋在第五步時進行短入堡，黑棋在第六步和第八步時分別吃下一顆兵：

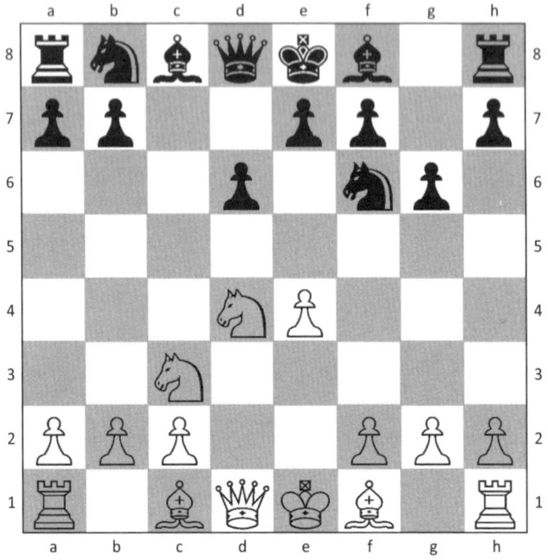

圖十四

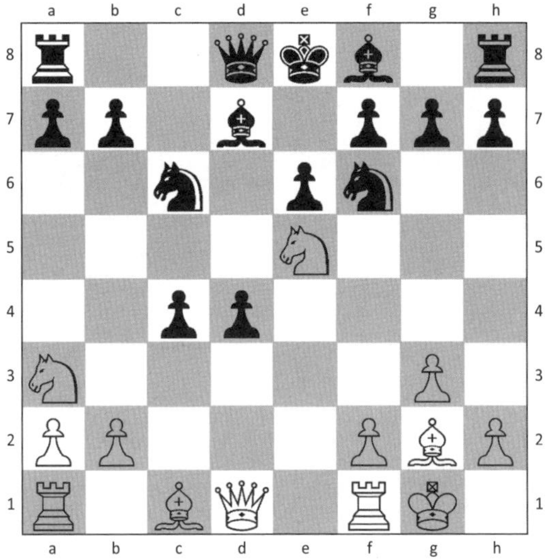

圖十五

1.Nf3 d5 2.d4 e6 3.g3 c5 4.Bg2 Nc6 5.0-0 Nf6 6.c4 dxc4 7.Ne5 Bd7 8.Na3 cxd4 9.Naxc4 Bc5

如果只討論某一棋步當中黑棋的移動，數字後會用兩個句點「：」表示省略白棋的棋步。如第十章談論一九九七年對戰的第五盤時（一九九七年五月十日），卡斯帕洛夫提到深藍在第十一步下出..h5，讓他覺得很意外。此盤中深藍執黑棋，因此它的這一步才會標上「：」。走完第十一步的完整棋譜如下：

1.Nf3 d5 2.g3 Bg4 3.Bg2 Nd7 4.h3 Bxf3 5.Bxf3 c6 6.d3 e6 7.e4 Ne5 8.Bg2 dxe4 9.Bxe4 Nf6 10.Bg2 Bb4+ 11.Nd2 h5

其中，第十步黑棋走完後標記加號，表示這一步時黑棋用主教對白棋國王將軍；第十步走完的盤面如圖十六。此時卡斯帕洛夫用騎士擋住黑棋主教的攻擊（11.Nd2）；先前講述國王入堡的限制時，曾提到國王受到直接攻擊時不能入堡，因此這一步不能下 11.0-0 躲掉攻勢，但由於國王移動後也不能入堡，此時若移動國王來逃掉便會失去入堡的條件，因此亦較為不好；事實上，白棋在這一盤第十九步時將后翼清空，進行了長入堡（19.0-0-0）。這一盤最後結束在第四十九步，第四十九步後的盤面如圖十七，可以看到白棋在g7上的兵只差一

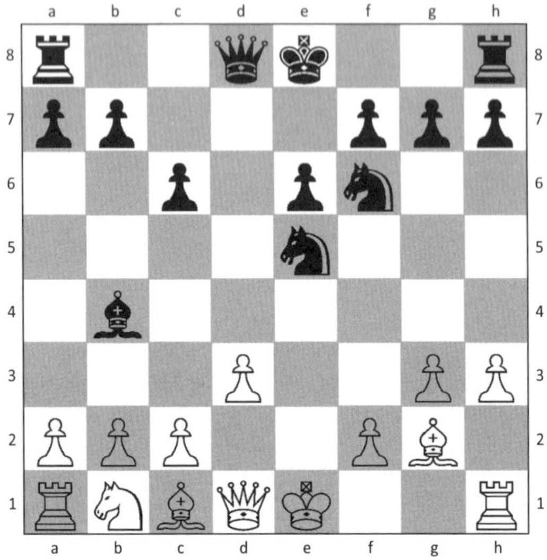

圖十六

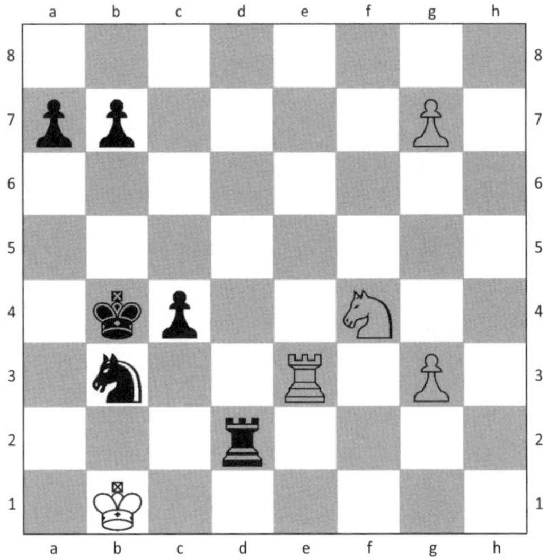

圖十七

格便能走到最後一行，晉升為王后（如果晉升為王后，那麼我們會將這一步表示為50.g8=Q），但此時白棋的國王被黑棋的城堡限住在a1至c1裡面，而a1與c1兩格又直接被黑棋騎士攻擊，因此處於極為不利的局面。如果卡斯帕洛夫沒有在這一步結束時握手言和，而是將兵晉升為王后，黑棋就能以50...d1+逼迫白棋移動國王至第2行，讓晉升的王后無法加入戰局，但這樣最後會變成長將（perpetual check；亦即國王不斷受到同一顆棋子將軍，而且一直反覆）、三次局面重複的和棋；卡斯帕洛夫看到了這一點，因此在第四十九步時握手言和。

另一例是一九九六年卡斯帕洛夫對戰深藍的第三盤（一九九六年二月十三日，深藍執白棋），最後的盤面如圖十八，可

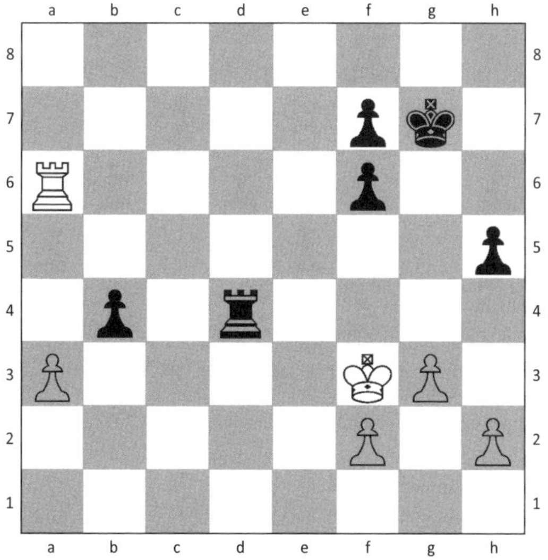

圖十八

看到雙方的國王都沒有直接受到攻擊，但盤面上同樣為一顆城堡、三顆兵，因此實力均等。卡斯帕洛夫知道，深藍在這種戰術防禦上幾乎不可能會犯錯（「戰術」指的是短期目標，有別於長遠規畫的「策略」），因此寧願及早言和。

最後一例是一九九六年卡斯帕洛夫對戰深藍的第六盤（一九九六年二月十七日，卡斯帕洛夫執白棋）。如第七章的描述，深藍（黑棋）漸漸被卡斯帕洛夫的反制電腦策略掐死，白棋下第四十三步後的盤面如圖十九，可以看到黑棋的城堡和主教全部被卡在第8行（黑棋的第1行），黑棋的王后也被自己的兵困住，無法自由移動。相對地，白棋的城堡和王后都有很大的活動範圍，國王也被三顆兵的兵陣與c1的城堡保護著，因此情勢遠較黑棋優

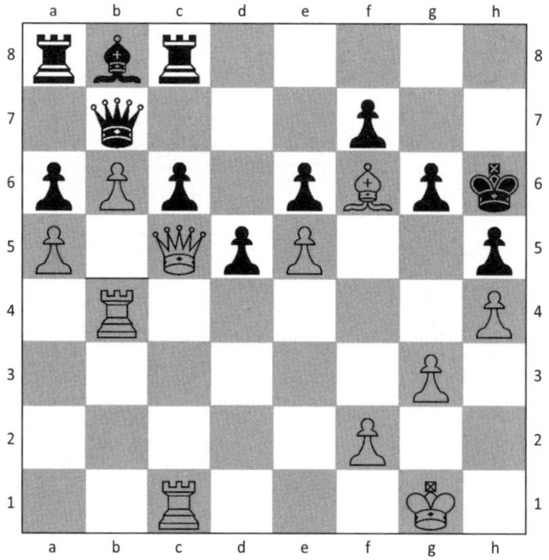

圖十九

越。黑棋的國王雖然沒有直接被攻擊，但在這樣的盤面下亦無法發展，只能等著漸漸被白棋攻破防線，因此深藍團隊在第四十三步時投降。

注釋

前言

1 Hans Moravec, *Mind Children* (Cambridge, MA: Harvard University Press, 1988).

2 一個顯著的例外是二〇〇三年關於這場比賽的紀錄片《遊戲結束：卡斯帕洛夫與機器》（*Game Over: Kasparov and the Machine*）。雖然這部紀錄片成功反映出我的觀點，仍有許多事情留給大家臆測。這樣有戲劇效果，也是成就好電影的手法，卻缺乏嚴謹度與深度，一直等到寫作本書，我才覺得準備好用嚴謹、有深度的眼光來檢視。

3 Associated Press, September 24, 1945. Online via the *Tuscaloosa News*: https:// news.google.com/newspapers?nid=1817&dat=19450924&id=I-4-AAAAI- BAJ&sjid=HE0MAAAAIBAJ&pg=4761,2420304&hl=en. 與此相關：任何關於經濟日益不平等的討論，必須考量科技在亙古的勞動／資本對立中的影響。

第一章 用腦的遊戲

1 西洋棋不只向西傳播，也向東傳播，傳播下來的各種形式融合了各地獨特的文化。許多東亞國家有自己的棋類，很可能皆源自印度的原型，而且這些棋類在各國風行的程度遠勝西洋棋。日本有將棋，華語地區有象棋。另外，這一帶許多國家也風行圍棋，圍棋與西洋棋沒有關聯，而且歷史比西洋棋更悠久。

2 歌德於一七七三年創作的戲劇《鐵手騎士蓋茲・馮・貝爾力希傑》（*Götz von Berlichingen*）中，一位角色阿德海黛（Adelheid）稱西洋棋為「智能的試金石」。

3 《明鏡周刊》的文章標題是「天才與熄火」（Genius and Blackouts），一九八七年第五十二期，德文版參見：http://www.spiegel.de/spiegel/print/d-13526693.html。

4 穆雷（H. J. R. Murray）著作《西洋棋史》（*A History of Chess*），自報紙《World》一七八二年五月二十八日版引述此句。

5 蘭格（Marc Lang）是德國籍國際棋聯大師棋手，積分大約兩千三百分。他於二〇一一年蒙眼下四十六盤棋。古代的紀錄常常有爭議，因為各個條件沒有標準化。舉例來說，有些人可以看到每一盤棋的棋譜。更多關於此項紀錄的內容，參見：https://www.theguardian.com/sport/2011/dec/30/chess-marc。

6 I. Z. Romanov, *Petr Romanovskii* (Moscow: Fizkultura i sport, 1984), 27.

7 有一件史達林個人崇拜的典型範例：有一份出版的棋譜，據稱是他以優雅的方式打敗未來祕密警察首長葉若夫（Nikolai Yezhov）。

8 一九七八年，匈牙利將蘇聯逼至亞軍，這在當時被認為是極大的恥辱。我年僅十七歲時就成為「報復團隊」的一員，一九八〇年獲得金牌。

9 我不顧蘇聯體育官員和對手卡爾波夫的反對，堅持要更換國旗。完整的故事參見我二〇一五年的著作《寒冬將至》。

第二章　西洋棋機器的興起

1 Claude Shannon, "Programming a Computer for Playing Chess," *Philosophical Magazine* 41, ser. 7, no. 314, March 1950. 本論文最初發表於 National Institute of Radio Engineers Convention, March 9, 1949, New York。

2 Norbert Wiener, *Cybernetics or Control and Communication in Animal and Machine* (New York, Technology Press, 1948), 193.

3 Mikhail Tal, *The Life and Games of Mikhail Tal* (London: RHM, 1976), 64.

4 這個數字已經十分樂觀，一直要到一九九〇年代，西洋棋機器才有辦法達到每秒分析上百萬種棋步的速度。達到這個速度之前，更有效率的演算法早已讓純A式的程式消失。

5 一般認為摩爾定律指的是「電腦運算能力每兩年會增加一倍」，數十年來一直是科技的黃金定律。與許多口語上流行的定律相同，摩爾原本的陳述比較特定，他後來再提出更新版的陳述。摩爾是英特爾的創辦人之一，他在一九六五年時指出電晶體發明後，積體電路上的電晶體密度每一年都增加一倍。一九七五年，他將預言更新，變成每兩年增加一倍。

6 這裡可以再看到摩爾定律在現實生活中的展現，以及電腦變快、變小的速度有多麼迅速：一九八五年的Cray-2又是當時世界上最快的電腦，重量達幾千磅，最高速度是 1.9 gigaflops（gigaflops 為「每秒十億浮點運算」）；相較之下，二〇一六年的 iPhone 7，重量不到一百五十公克，但最高速度可達 172 gigaflops。

第三章　人類對抗機器

1 傳奇的美國奧運金牌得主、一九三六年柏林奧運英雄人物傑西·歐文斯曾經在表演賽中與馬、狗、汽車及摩托車競賽。

2 一九八八年上市的個人電腦遊戲 Battle Chess，廣告標語是：「人類花了兩千年才讓西洋棋變得更好！」我想這未必是事實。

3 早在費雪提出現今相當盛行的西洋棋變體，將各個棋子重新排列之前，布龍斯坦就提議將各個棋子重排。另外，他也比費雪更早提出每一步後增加時間，讓棋手每一步至少都有幾秒的時間下出棋步。現今的職業比賽裡，延長或增加時間已成標準。

4 一直有人傳言，布龍斯坦「不被允許」打敗忠貞於蘇聯的博特溫尼克；數十年後，我與卡爾波夫多次對決時，亦有此傳言。

5 不同的棋手與不同的電腦程式，分別對於棋子價值點數提出些許修正。最激進的可能是費雪，他提議主教應該值三．二五顆兵。

6 Leo D. Bores, "AGAT: A Soviet Apple II Computer," *BYTE* 9, no. 12 (November 1984).

7 《走對下一步》一書曾經提過這個故事。寫作那本書以來，這十年間我越來越清楚，科技就像語言一樣，最好用及早浸入式的方式學習。

8 如果我記得的沒錯，對我大喊的人是帕奇科夫（Stepan Pachikov），他是電腦科學家，與我共同主持電腦社團。他在蘇聯 ParaGraph 公司對於手寫辨識軟體的貢獻，日後會應用在蘋果公司的 Newton 掌上型電腦。他後來搬到矽谷，創辦了極為流行的 Evernote 筆記軟體。

9 假如你想知道 AltaVista 後來怎麼了，去 Google 一下就會知道！

10 Bill Gates, *The Road Ahead* (New York: Viking Penguin, 1995).

第四章　什麼事對機器重要？

1 Douglas Adams, *The Hitchhiker's Guide to the Galaxy* (New York: Del Rey, 1995), Kindle edition, locations 2606–14.

2 費菲爾德（William Fifield）原本的畢卡索訪問（“Pablo Picasso: A Composite Interview,” published in the *Paris Review* 32, Summer–Fall 1964）與他在一九八二年的著作 *In Search of Genius* (New York: William Morrow) 裡，可見這句話的不同版本。

3 Steve Lohr, “David Ferrucci: Life After Watson,” *New York Times*, May 6, 2013.

4 Mikhail Donskoy and Jonathan Schaeffer, “Perspectives on Falling from Grace,” *Journal of the International Computer Chess Association* 12, no. 3, 155–63.

5 比奈對於西洋棋手的結論，出自他於一八九三年寫作的數篇論文，在以下著作中有扼要的摘要：Ann Robinson and Jennifer Jolly, *A Century of Contributions to Gifted Education: Illuminating Lives* (New York and London: Routledge, 2013)。

6 麥卡錫日後將「果蠅」的說法歸功於蘇聯電腦科學家克朗洛德（Alexander Kronrod）。

第五章　造就頭腦之物

1 我毫不懷疑，若某項頭腦體育活動可賺進大把鈔票，國際奧委會一定會迅速改變他們對「消耗體能」此一定義的看法。但在這方面，橋牌比西洋棋更有優勢，電玩（電競）又比橋牌和西洋棋更有優勢。

2 Malcolm Gladwell post on Reddit, https://www.reddit.com/r/IAmA/comments/2740ct/hi_im_malcolm_gladwell_author_of_the_tipping/chx6dpv/.

3 我於二〇一四年前往東京宣傳一場人機對戰的將棋比賽時，大家戲稱我是「西洋棋的羽生善治」。真是太誇獎我了！

4 近年數項研究證實，練習大致上確實是可以遺傳的。我在二〇〇七年寫下「努力就是一種天賦」，不完全是這個意思，但看到科學研究佐證你的臆測總是好事。其中有研究以數千對雙胞胎為受試者，測量工作勤奮程度的遺傳特性，參見：https://www.ncbi.nlm.nih.gov/pubmed/24957535 與 http://pss.sagepub.com/content/25/9/1795。

5 Donald Michie, "Brute Force in Chess and Science," collected in *Computers, Chess, and Cognition* (Berlin: Springer-Verlag, 1990).

6 我在阿根廷布宜諾斯艾利斯時，有人告訴我這則故事，我無法確定是否為真，但確實像是費雪會說的話。另外，這有尖銳刻薄的啟示，因為世界冠軍棋手的比賽若少了專家講評，沒有幾位棋迷會知道比賽的品質如何。今日的情況就大不相同了，大家都能取得超強的西洋棋引擎，假如世界冠軍棋手犯了錯，大家都會覺得自己有嘲笑他的立場，彷彿這個錯誤是他們自己找到的一樣。

第六章　走進競技場

1 Remarks by Bill Gates, International Joint Conference on Artificial Intelligence, Seattle, Washington, August 7, 2001, https://web.archive.org/web/20070515093349/http://www.microsoft.com/presspass/exec/billg/speeches/2001/08-07aiconference.aspx.

2 其中包括發展「深度奪旗」的比賽草案。參見：https://cgc.darpa.mil/Competitor_Day_CGC_Presentation_distar_21978.pdf。

3 Josh Estelle, quoted in the *Atlantic*, November 2013, "The Man Who Would Teach Machines to Think," by James Somers.

4 凱薩琳・史帕拉克蘭（Kathleen Spracklen）回憶的故事，她與先生丹・史帕拉克蘭（Dan Spracklen）共同創造著名的微型電腦程式「薩爾貢大帝」。"Oral History of Kathleen and Dan Spracklen," interview by Gardner Hendrie, March 2, 2005, http://archive.computerhistory.org/projects/chess/related_materials/oral-history/

spacklen.oral_history.2005.102630821/spracklen.oral_history_transcript.2005.102630821.pdf.

5 那天是華生參加比賽的第一天。線上可以看到華生回答「腿」的影片；另外，許多人看到機器的敗點後相當高興，看看這些人在 YouTube 上的留言（至少可以推測是人類寫的留言）也很有趣。別讓鄉民不開心！*Jeopardy*, aired February 14, 2011, https://www.youtube.com/watch?v=fJFtNp2FzdQ.

6 應是「疲倦」而非「虛脫」，所以是「休息區」。假如知道以下三件事，第二個誤譯完全可以理解：一、burrito 是「墨西哥捲餅」；二、burro 在墨西哥口語裡是「笨」的意思；三、在西班牙語裡，-ito 是小稱的字尾。因此，burritos ＝小的 burros ＝小笨蛋。

7 James Somers, "The Man Who Would Teach Machines to Think," *Atlantic*, November 2013.

8 F-h. Hsu, T. S. Anantharaman, M. S. Campbell, and A. Nowatzyk, "Deep Thought," in *Computers, Chess, and Cognition*, Schaeffer and Marsland, eds. (New York: Springer-Verlag, 1990).

9 Danny Kopec, "Advances in Man-Machine Play," in *Computers, Chess, and Cognition*, Schaeffer and Marsland, eds. (New York: Springer-Verlag, 1990).

10 我無意掩飾我在當時談論棋壇上的女性時，確實說了一些性別歧視的話，為此感到愧疚。一九八九年接受《花花公子》雜誌訪問時，我說男性比較擅長西洋棋，因為「女性是比較弱的戰士」，以及「答案可能在基因裡面」。撇開兩性的大腦有可能不同，我現在實在很難相信我竟然說出這種話，因為我的母親是我認識的人裡面最堅強的戰士。

11 如果你有興趣的話，這一步是 43.Qb1；這會是非常聰明的一步，但在關於這場比賽的書籍和文章裡，我沒看到有人提出這一步。黑棋的盤面仍然遠遠好過白棋，但需要花費一番力氣才能突破。假如下出 40..f5，我便能保住壓倒性的優勢。我裝在筆記型電腦裡的免費西洋棋引擎只需要半秒鐘就會找到 43.Qb1，科技進展之迅速可見一斑。

12 這一句不是以精確的統計結果而論，因為在網球中發球所占的優勢，遠遠勝過西洋棋中執白棋的優勢。網球與西洋棋的相似之處，是先發的一方擁有主動權，更能控制比賽的發展。

13 Andrea Privitere, "Red Chess King Quick Fries Deep Thought's Chips," *New York Post*, October 23, 1989.

第七章　深淵

1 Raymond Keene, *How to Beat Gary Kasparov* (New York: Macmillan, 1990). 我的名字的英文寫法，不同的著作分別寫成 Gary、Garry，甚至還有 Garri，但我個人偏好 Garry。

2 關於社會在後隱私時代要如何應變，我推薦布林（David Brin）一九九七年的著作《透明社會：個人隱私 VS. 資訊自由》（*The Transparent Society*），以及他在個人網站上的更新與討論。

3 Hsu et al., "Deep Thought," in *Computers, Chess, and Cognition.*

4 在下一輪比賽裡，Chess Genius 打敗了特級大師尼科利奇（Predrag Nikolic），到了準決賽敗給安南德。

5 Feng-hsiung Hsu, *Behind Deep Blue* (Princeton, NJ: Princeton University Press, 2002).

6 「重新開機導致」的錯誤是 13.0-0。更強的棋步應是 13.g3；有一位觀察者說，深藍在斷線之前正在思考這一步。之後它下出 14.Kh1，又是一次錯誤，但 Fritz 錯過了 14..Bg4；假如 Fritz 下出這一步，它會立刻獲勝。兩步之後的 16.c4 是導致深藍落敗的一步，立刻被 16..Qh4 重懲，此後白棋不可能挽救。奇怪的是，比賽過後幾天，許峰雄在線上西洋棋討論版上提到 16.c4 這一著錯誤棋步，但在他的書中略而不提。

7 我知道，理論上我在一九八九年面對的是「深思」，不是「深藍」，從根本上來說兩個是完全不同的機器；我為了方便起見，一直將一九八九年、一九九六年、一九九七年的比賽對手，視為同一個對手的不同版本。

8 我在《走對下一步》裡提到一個歷史上的例子：拉斯克與史坦尼茲於一八九四年的世界冠軍賽裡，有一盤在過去一百年來一直被大幅誤判。

9 Brad Leithauser, "Kasparov Beats Deep Thought," *New York Times*, January 14, 1990.

10 如果立刻以 27..f4 回應，而不是錯誤的 27..d4。27..Rd8 對黑棋來說亦不差。

11 Charles Krauthammer, "Deep Blue Funk," *TIME*, June 24, 2001.

12 Garry Kasparov, "The Day I Sensed a New Kind of Intelligence," *TIME*, March 25, 1996.

13 當然，沒有辦法證明股價攀升是因為這場比賽造成的，但如紐波恩所述，就算股價上漲只有百分之十是因為比賽造成的，這樣的市值也超過三億美元。六盤西洋棋能達到這樣的效果，實在不賴。

第八章　更深的深藍

1 或是，如許峰雄在《深藍揭祕》（*Behind Deep Blue*）一書中所述：「比賽只有可能辦得更盛大。IBM就算賭上性命，也一定會要再戰。」

2 塔爾的健康狀況向來不理想，但在這次再戰中有時極差，不過大家看得出博特溫尼克確實有備而來。

3 Mikhail Botvinnik, *Achieving the Aim* (Oxford, UK: Pergamon Press, 1981), 149. 本書最初於一九七八年以俄文出版，此句話出自該書的英譯本。

4 Monty Newborn, *Deep Blue: An Artificial Intelligence Milestone* (New York: Springer-Verlag, 2003), 103.

5 Bruce Weber, "Chess Computer Seeking Revenge Against Kasparov," *New York Times*, August 20, 1996.

6 卡斯帕洛夫俱樂部網站確實在比賽前沒多久以公開測試的版本上線，焦點轉到深藍後，網站幾乎立刻被撤下。我在俄國親自資助這個網站，一九九九年取得新的創業資金，改稱「卡斯帕洛夫線上西洋棋」（Kasparov Chess Online）上線。

第九章　棋盤燒起來了！

1 Dirk Jan ten Geuzendam, "I Like to Play with the Hands," *New In Chess*, July 1988, 36–42.

2 一篇故事特別值得一提：Klint Finley, "Did a Computer Bug Help Deep Blue Beat Kasparov?" *Wired*, September 28, 2012。這篇故事把所有的細節混為一談，混亂的程度宛如文章是電腦寫的一般。該文將第一盤的城堡誤著與第二盤深藍的主教誤著搞混了，因此將深藍最讓人訝異的一步當作隨機產生的臭蟲。

3 Robert Byrne, "In Late Flourish, a Human Outcalculates a Calculator," *New York Times*, May 4, 1997.

4 Dirk Jan ten Geuzendam, "Interview with Miguel Illescas," *New In Chess*, May 2009.

5 馬拉度納稍後在這場比賽讓英格蘭以外的人忘掉「上帝之手」一事，躲過了半個英格蘭隊後射門得分，精采萬分的進球人稱「世紀最佳進球」。

第十章　聖杯

1 Bruce Weber, "Deep Blue Escapes with Draw to Force Decisive Last Game," *New York Times*, May 11, 1997.

2 我在這一盤最後一次取勝的好機會應該是 35..Rff2。讓人難以置信的是，我下了 35..Rxg4 後，黑棋似乎沒有明白獲勝的機會。

3 Murray Campbell, A. Joseph Hoane Jr., and Feng-hsiung Hsu, "Deep Blue," *Artificial Intelligence* 134, 2002, 57–83.

4 在第五盤，假如我下 44.Rd7，而非 44.Nf4，我就會獲勝。深藍下出 43..Nd2 是錯誤，因為 43..Rg2 會變成和棋。

5 Thomas Pynchon, *Gravity's Rainbow* (New York: Viking, 1973), 251 列出全部五條格言，有幾條似乎在這裡貼切到讓人不安，我就不說是哪幾條了。「一、你也許永遠碰不到大師，但你可以搔他創造物的癢。二、創造物的純真與大師的永生不朽成反比。三、假如他們能讓你問錯問題，他們就不必煩惱答案。四、你躲藏，他們尋找。五、妄想者並非因為妄想而成為妄想者，而是因為他們這些下三濫的白痴一直故意讓自己進入妄想的情況。」

第十一章　人類加上機器

1 認知科學家平克（Steven Pinker）和他的同事的研究，讓我相信人類發展語言的淵源是未知的，而且可能是不可知的；平克談論這個主題的文章標題是「科學上最難的問題」，確實相當貼切。我在奧斯陸自由論壇（Oslo Freedom Forum）曾經短暫和平克碰面，但沒有機會和他討論語言的演化，否則這本書可能會更長。因此，我在這裡只提出能由考古學家確認的工具和其他文物。另外，穴居史前人類就算能說出粗糙聲音以外的話語，也不能讓他們免於受凍或挨餓，但有皮毛、火和矛就能飽暖。參見：Morten H. Christiansen and Simon Kirby, eds. *Language Evolution: The Hardest Problem in Science?* (New York: Oxford University Press, 2003)。

2 Cory Doctorow, "My Blog, My Outboard Brain," May 31, 2002, http://archive.oreilly.com/pub/a/javascript/2002/01/01/cory.html.

3 Clive Thompson, "Your Outboard Brain Knows All," *Wired*, September 25, 2007.

4 David Brooks, "The Outsourced Brain," *New York Times*, October 26, 2007. 他在這裡的語氣是嘲笑，或者至少無可奈何，不過布魯克斯以往精確記錄了各種美國文化怪癖。他在《BOBO族：新社會精英的崛起》（*Bobos in Paradise*）一書中描述了權貴階級尋找假真誠的過程，也以相似的心態批評我們取代過時類比科技所需的新科技。

5 Thompson, "Your Outboard Brain Knows All".

6 二〇〇〇年的世界冠軍賽裡，克拉姆尼克使用柏林防禦，使得這種開局流行起來；自此以降，菁英棋手的比賽若使用這種開局，有百分之六十三以和棋結束。相較之下，我鍾愛的老招數是西西里防禦，在同一段時間內使用此開局的比賽只有百分之四十九以和棋結束。

7 Patrick Wolff, *Kasparov versus Anand* (Cambridge: H3 Publications, 1996).

8 這份二〇一一年的研究是一篇好的概論："Decision-Making and Depressive Symptomatology" by Yan Leykin, Carolyn Sewell Roberts, and Robert J. DeRubeis, https://www.ncbi.nlm.nih.gov/pmc/articles/PMC3132433/。

9 Wolff, *Kasparov versus Anand*.

10 關於此一主題有許多研究。一個近期很有趣的研究在英國心理學會（British Psychological Society）的網站上受到討論："When we get depressed, we lose our ability to go with our gut instincts," https://digest.bps.org.uk/2014/11/07/when-we-get-depressed-we-lose-our-ability-to-go-with-our-gut-instincts/。

11 IBM智力放大計畫的其中一位領導人，是深藍團隊的康培爾。這表示他現在的立場和我一樣嗎?!

結語　向前進，向上推

1 Isaac Asimov, "The Feeling of Power" in *If*, February 1958.

2 戈爾丁寫了一本重要的著作《發現的時代：21世紀風險指南》（*Age of Discovery: Navigating the Risks and Rewards of Our New Renaissance*），他在二〇一六年中離開了牛津大學馬丁學院。新任院長是史坦納（Achim Steiner）。

3 Vernor Vinge in an op-ed in *Omni* magazine, January 1983.

4 Vernor Vinge, "The Coming Technological Singularity: How to Survive in the Post-Human Era," originally in *Vision-21: Interdisciplinary Science and Engineering in the Era of Cyberspace*, G. A. Landis, ed., NASA Publication CP-10129, 11–22, 1993.

5 艾西莫夫的機器人三定律是：「一、機器人不得傷害人類，或因不作為使人類受到傷害。二、除非違背第一法則，機器人必須服從人類的命令。三、在不違背第一或第二法則下，機器人必須保護自己。」Isaac Asimov, *I, Robot* (New York: Gnome Press, 1950).